影视后期设计与制作项目实战

（After Effects+Premiere pro+DaVinci Resolve）

王薇薇　肖　磊　　主编

杨　静　高亚娜　副主编

清華大学出版社

北　京

内 容 简 介

本书是一本综合讲授影视后期处理的教材，在教材中详细阐述了After Effects软件、Premiere pro软件和DaVinci Resolve软件的基本功能和使用技巧。教材编者均为教学一线的教师，熟悉软件的操作方法，掌握学生的心理，由浅入深地讲解了视频处理的方法和技巧，并融入了自己多年的工作经验。

本书既可以作为中、高职院校相关专业学生的教材，也可作为影视后期爱好者的参考用书。

图书在版编目(CIP)数据

影视后期设计与制作项目实战：After Effects+Premiere pro+DaVinci Resolve / 王薇薇, 肖磊主编. —北京：清华大学出版社，2022.12

ISBN 978-7-302-62215-4

Ⅰ. ①影… Ⅱ. ①王… ②肖… Ⅲ. ①视频编辑软件 ②图像处理软件 Ⅳ. ①TN94 ②TP391.413

中国版本图书馆CIP数据核字（2022）第221049号

责任编辑：李玉茹
封面设计：李　坤
责任校对：翟维维
责任印制：宋　林

出版发行：清华大学出版社

网　　址：http://www.tup.com.cn，http://www.wqbook.com
地　　址：北京清华大学学研大厦A座　　**邮　　编：**100084
社 总 机：010-83470000　　**邮　　购：**010-62786544
投稿与读者服务：010-62776969，c-service@tup.tsinghua.edu.cn
质量反馈：010-62772015，zhiliang@tup.tsinghua.edu.cn

印 装 者：三河市君旺印务有限公司
经　　销：全国新华书店
开　　本：185mm×260mm　　**印　　张：**18　　**字　　数：**438千字
版　　次：2022年12月第1版　　**印　　次：**2022年12月第1次印刷
定　　价：79.00元

产品编号：095857-01

前言

本书是一本综合讲授影视后期处理的教材，在教材中详细阐述了After Effects软件、Premiere pro软件和DaVinci Resolve软件的基本功能和使用技巧。教材编者均为教学一线的教师，熟悉软件的操作方法，掌握学生的心理，由浅入深地讲解了视频处理的方法和技巧，并融入了自己多年的工作经验。

全书共分为10个项目。项目1主要讲解了After Effects软件的基础知识，重点讲解了合成的用法；项目2至项目9，分别讲解了转场及预置效果、蒙版的认识及应用、色彩调整、文字特效、三维模型、粒子与木偶工具、跟踪与稳定工具及抠像技术，项目10为综合实例。各项目在最后都有任务书呈现，带领同学们梳理本项目知识点，并以习题的形式考查学生们的掌握程度。

本书既可以作为中、高职院校相关专业学生的教材，也可作为影视后期爱好者的参考用书。

本书由天津市经济贸易学校王薇薇、肖磊担任主编，杨静、高亚娜担任副主编，刘晟、周伟、孙博雅、史辰霄、陈天辰参与编写教材，其中项目1、6、7由王薇薇编写，项目2由杨静编写，项目3由周伟编写，项目4由高亚娜编写，项目5由史辰霄编写，项目8由刘晟编写，项目9由孙博雅编写，项目10由肖磊编写。感谢天津书画家陈仰曌先生为本书提供的书法素材，感谢陈天辰对本书的出版做了大量工作。

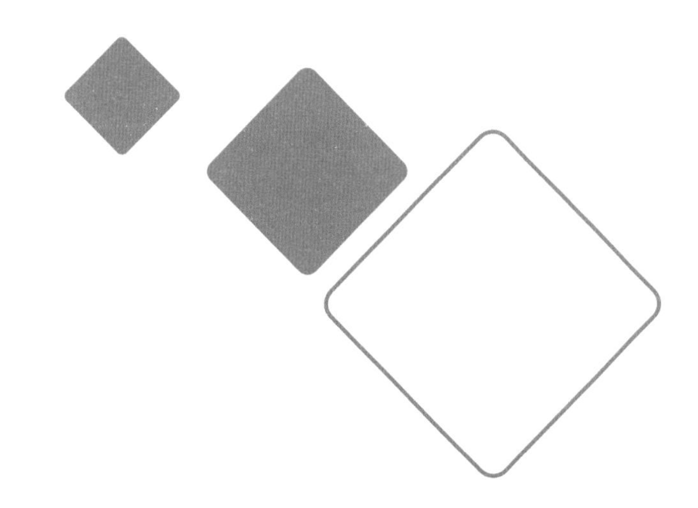

本书是新形态教材，配备了图文声像等多媒体，开发了微课视频资源，学生可以使用微课视频资源对书中涉及的重点、难点进行解读，相关的素材可以登录网站自行下载。

由于作者水平有限，本教材难免有疏漏之处，敬请广大读者批评指正，提出宝贵意见。

编　者

扩展资源二维码

扫码获取配套资源。

目录

项目1 后期效果初探 合成的世界

项目导读：

影视后期制作，其目的在于将拍摄后的视频或者制作完成的动画视频在后期进行处理，其中包括效果的设置、文字的添加、音效的添加等。本项目将带领大家进入非线性编辑软件 After Effects 的精彩世界。

一场倒春寒，让刚刚萌发新意的草木重新盖上了厚厚的积雪，然而从大地深处传来的温度让积雪快速地融化，你能从视频素材中听到雪化的声音；冬日离去，春天不会再遥远。春日的明丽，定会让你眼前一亮；夏天的风景最为新鲜，各处美景无须滤镜；秋天为你带来的，是辉煌，是繁华，是收获。

在本项目中，我们将使用影视后期设计与制作软件，将四季链接，记录下生活的所触所想。项目中，将要多次应用“合成”的概念，为了项目的连贯性，本书会在“知识链接”和“提示”环节中对各个知识点进行详细的讲解。

1.1 项目的新建和保存

启动 After Effects 软件后，首先需要创建一个新的项目文件，或者打开已经保存的项目文件才能进行后续的处理工作。

1. 新建项目

每次启动After Effects软件后，系统会默认新建一个项目，也可以自己重新创建项目。操作步骤为：选择【文件】|【新建】|【新建项目】命令，或按 Ctrl+Alt+N 组合键，如图 1-1 所示。

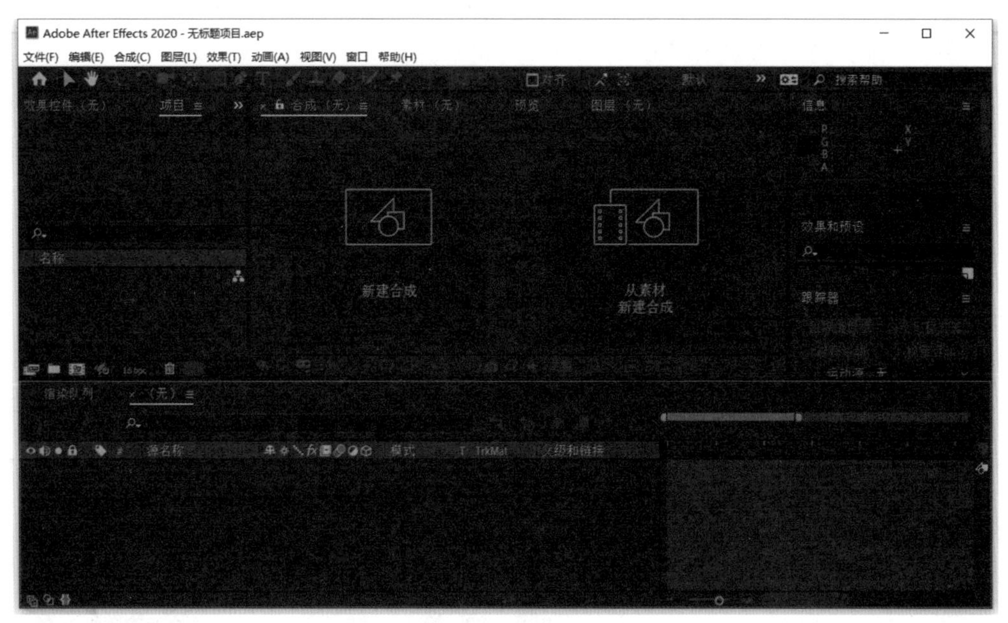

图 1-1 新建项目

2. 保存项目

选择【文件】|【另存为】|【另存为】命令，在弹出的对话框中将【文件名】设置为“合成的世界”，将项目文件保存在相应的文件夹中。也可以按 Ctrl+S 组合键保存项目。

1.2 合成组“冬”的建立

合成组是一个项目文件中不可或缺的部分。合成组就像是一部话剧中的每一幕，在每一幕中有多个演员，每个演员有自己的站位，有自己的表演内容。每一幕合成起来，就形成了一部完整的话剧，而所有的合成组按一定的规则顺序排列起来，就组成了一部视频。

新建合成组有以下六种方法。

在新建完项目后，在界面中会出现两个按钮：新建合成和从素材新建合成。

1. 新建合成

单击【新建合成】按钮，则会弹出如图 1-2 所示的【合成设置】对话框。

在【合成设置】对话框中，可以设置合成的名称，用于区别本项目中的其他合成组，还可以设置预设制式、像素长宽比、帧速率、分辨率、开始时间码和持续时间。背景颜色系统默认为黑色，也可以在这里进行更改。

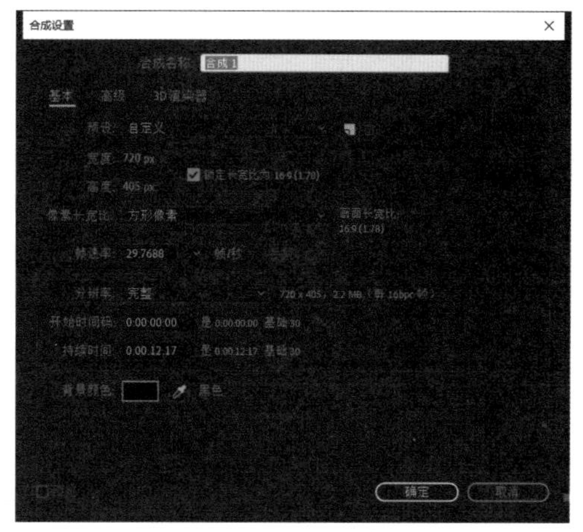

图 1-2 【合成设置】对话框

2. 从素材新建合成

单击【从素材新建合成】按钮，则会弹出如图 1-3 所示的对话框。

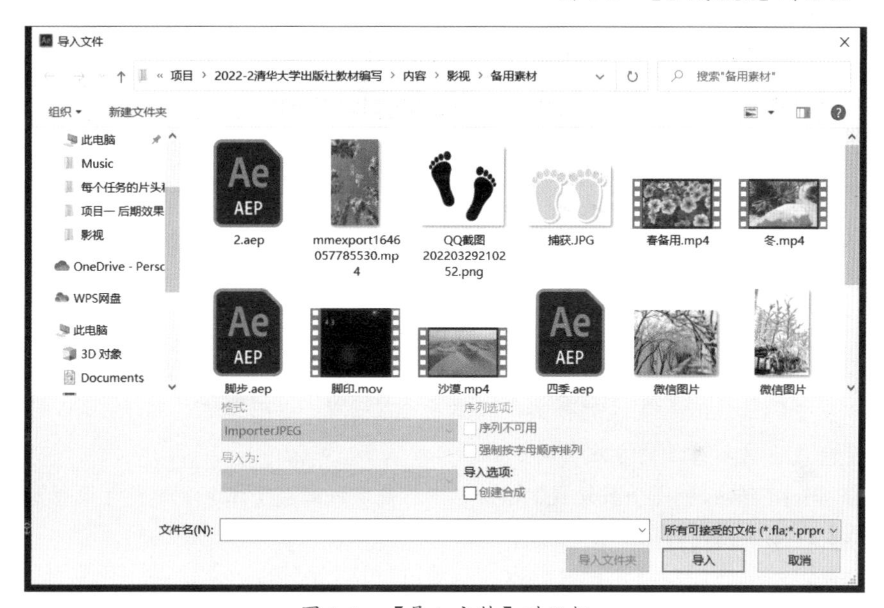

图 1-3 【导入文件】对话框

知识链接：合成的基础知识

视频图像的最小单位——帧

1824 年英国伦敦大学教授彼得·马克·罗杰特在他的研究报告中最先提出了视觉暂留现象。即：人在观察景物时，光信号传入大脑神经，需经过一段短暂的时间，光的作用结束后，视觉现象并不立即消失。每秒钟连续播放一系列的静止图像，在观众的眼中就出现了平滑而连续的活动，而一系列的静止图像组成的序列，就是视频。每一幅静止的画面被扫描后得到的模拟信号，就是视频图像的最小单位——帧。每一幅画面，我们可以称之为一帧。如果一部影片每秒播放25幅图，那么它的播放速率就是25帧/秒。

帧率

帧率也就是帧速率，表示每秒钟所扫描的帧数，比如PAL制式帧率为25帧/秒，NTSC制式帧率为30帧/秒。

帧长宽比

帧长宽比是指图像长和宽的比例。我们常说的4∶3或者16∶9就是帧长宽比。所展示出来的图像效果如图1-4和图1-5所示。

图1-4　长宽比为4∶3的图像

图1-5　长宽比为16∶9的图像

像素长宽比

像素长宽比就是组成图像的一个像素在水平和垂直方向的比例。计算机图像软件制作的图像大多数使用的是方形像素，即图像的长宽比为1∶1，而电视设备所产生的视频图像则不一定是1∶1。

PAL制式规定的画面宽高比为4∶3，分辨率为720像素×576像素。如果像素比为1∶1的话，PAL制式的分辨率应该为768像素×576像素。这时PAL制式实际上是通过将画面拉伸的方法实现了画面4∶3的比例。

在After Effects的【合成设置】对话框中，我们一般将【像素长宽比】设置为【方形像素】，来进行图像像素比的设置。

制式

电视的制式就是电视信号的标准，主要是以帧频、分辨率、信号带宽、色彩空间的转换关系来区分。不同制式的电视机只能接收和处理相应制式的电视信号。目前分为三种：PAL制式、NTSC制式和SECAM制式。所处的地区不同，制式也不相同。欧洲和我国大部分地区使用PAL制式，帧频为25帧/秒；日本、韩国及东南亚和美国等国家使用的是NTSC制式，帧频为29.97帧/秒；法国、东欧国家及中东部分国家使用的是SECAM制式。

时间码

时间码可以用于计算一段视频的开始、结束时间和持续时间。每一帧都有一个唯一的时间码，在素材中可以精确地定位到每一个位置。格式为小时:分钟:秒:帧。如果一段视频的持续时间为00:02:56:20，则代表此段视频的持续时间为2分56秒20帧。在书写时，为了方便起见，也可以忽略其中的冒号和前面无意义的0，写成025620。

选择所需要的素材，单击【导入】按钮，系统便会依据素材的像素比和时间自动创建一个合成组，如图 1-6 所示。

图 1-6　从素材中新建合成

出现在屏幕左上角的是【项目】面板，如图 1-7 所示。生成新的合成组后，素材在【项目】面板中显示，生成组前面有▣标识。

3. 单击合成组标识新建合成

在面板的左下方也有合成组的标识，单击合成组标识将弹出【合成设置】对话框，即可新建合成。

4. 其他操作

(1) 在【项目】面板的空白处右击，在弹出的快捷菜单中选择【新建合成】命令。

(2) 单击【合成】菜单，在弹出的下拉菜单中选择【新建】命令，也可以新建合成。

(3) 按组合键 Ctrl+N。

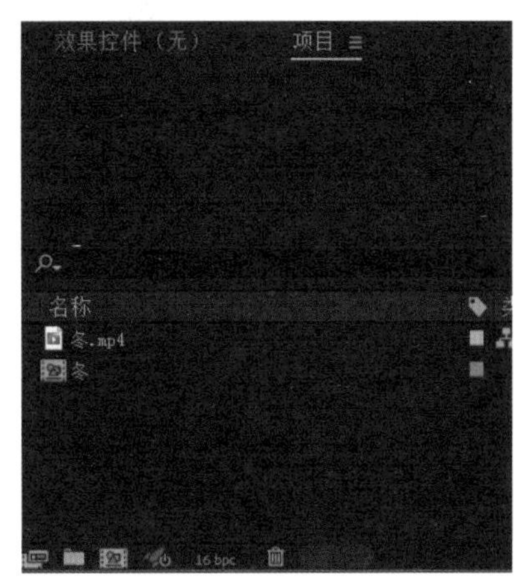

图 1-7　【项目】面板

提示： 在【项目】面板的左下角有一个文件夹图标▣。当导入的素材比较多时，可以新建素材文件夹，用于对素材进行分类和整理使用。其使用方法与一般的文件夹类似。

设置合成组“冬”，如图 1-8 所示。

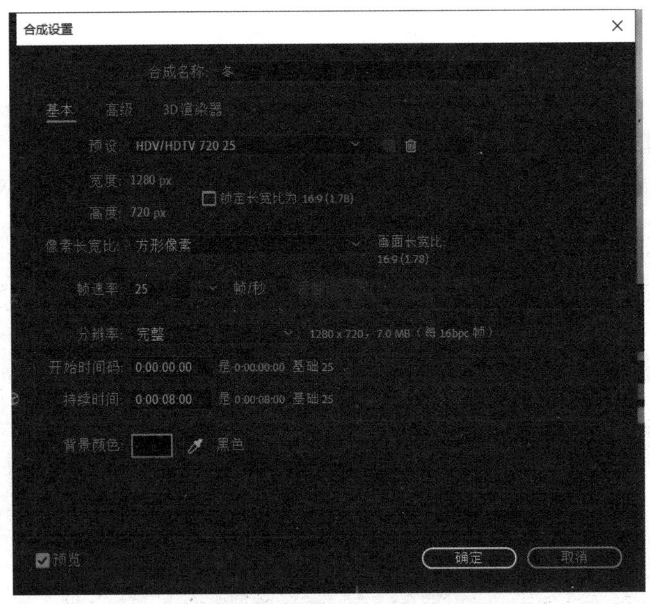

图 1-8　设置合成组“冬”

1.3　为合成“冬”添加文字及特效

1. 添加标题文字“冬”

单击【文本工具】按钮T，在【合成】窗口中输入一个“冬”字，【时间轴】面板中则会添加一个文字层，如图 1-9 所示，窗口右侧的【字符】面板被激活，可对文字进行如图 1-10 所示的设置。

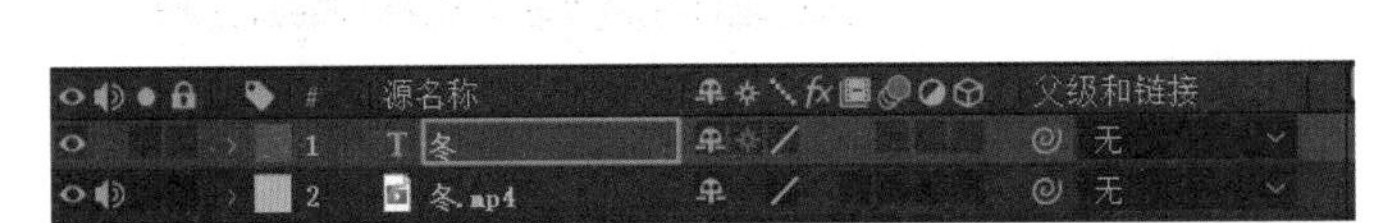

图 1-9　文字图层“冬”

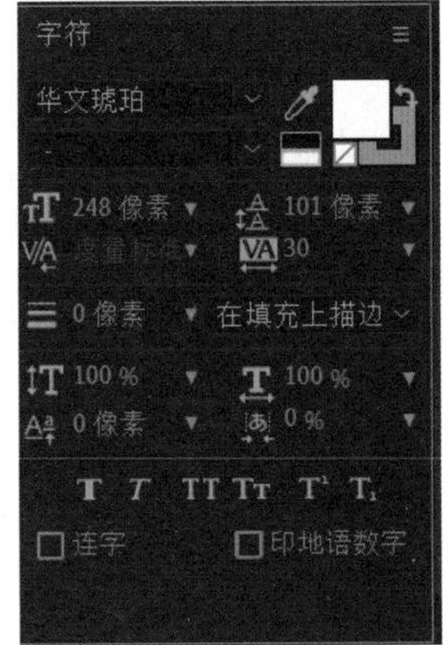

图 1-10　设置标题文字

为了突出文字效果，选中文字图层，在菜单栏中选择【效果】|【透视】|【投影】命令，在打开的投影特效面板中可以为文字添加投影特效，如图 1-11 所示。

图 1-11　投影特效面板 1

投影特效面板在屏幕的左上方被激活。在其中可以通过【阴影颜色】参数来调整文字的投影颜色，通过调整【不透明度】参数可设置投影的透明度，通过【方向】参数可以调整阴影的投射方向，【距离】参数可以调整阴影的投射面积，【柔和度】参数可以柔化投影的边缘，如果选中【仅阴影】复选框，那么文字将不会显示而只显示投影的效果，调整后的文字效果如图 1-12 所示。

为了突出文字效果，选择文字图层并右击，在弹出的快捷菜单中选择【风格化】|【发光】命令，则文字的边缘会有一层淡淡的发光效果，而文字本身也会提升亮度。

图 1-12　投影特效面板 2

在对视频进行后期制作时，我们需要添加文字或者制作动画，为了保证后期效果都会显示在窗口内，因此还要进行安全框的设置，单击【合成】窗口中的按钮，在弹出的下拉菜单中选择【标题 / 动作安全】命令，如图 1-13 所示，则弹出如图 1-14 所示的安全框。

图 1-13　设置安全框

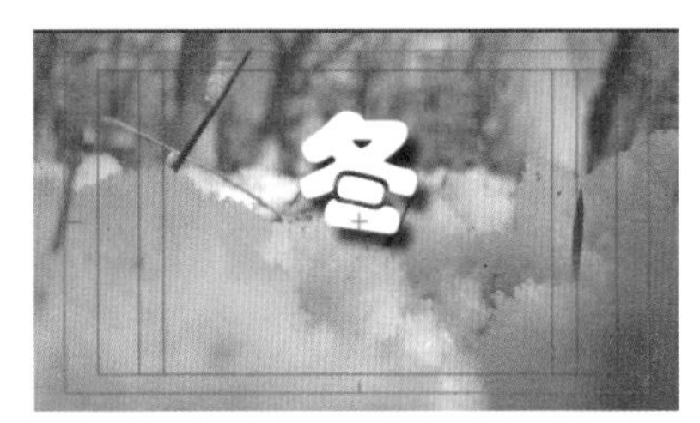

图 1-14　显示安全框

提示：视频系统在传输时，会存在实时数据信号损失的问题，反映到终端屏幕上，有可能会小于标准画面，安全框会提醒制作者将画面置于安全框中，内侧边框为标题安全框，外侧边框为动作安全框。一般最外框用来表示可能会被裁剪的部分。

2. 添加文字背景

在【时间轴】面板的空白处右击，在弹出的快捷菜单中选择【新建】|【纯色】命令，在弹出的对话框中设置【名称】为“冬的背景”，将背景颜色设置为 #3A769B，则屏幕上会出现一个纯色图层。

提示：以“#”开头的 6 位十六进制数值表示一种颜色。6 位数字分为 3 组，每组两位，依次表示红、绿、蓝三种颜色的强度。在 RGB 颜色模式中，颜色由表明红色、绿色和蓝色各成分强度的三个数值表示。从极小值 0 到最大值 F，当所有颜色都在最低值时被显示的颜色将是黑色，当所有颜色都在它们的最大值时被显示的颜色将是白色，如图 1-15 所示。

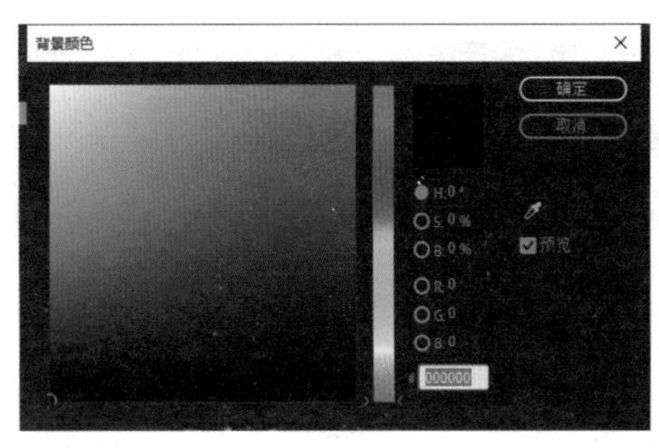

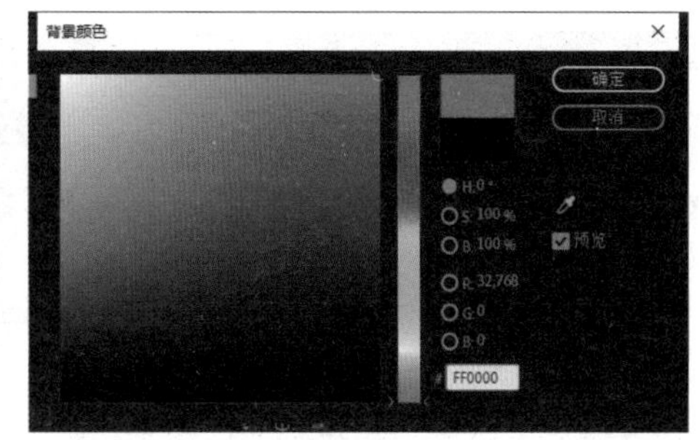

图 1-15　黑色与红色的十六进制数值

知识链接：纯色图层

在早期的版本中，“纯色图层”也叫作“固态层”。新建纯色图层后，系统会自动在【时间轴】面板中添加一个图层，各个属性遵从用户设置的名称、大小、颜色等。

纯色图层的建立方法

纯色图层的建立方法有三种：在【时间轴】面板的空白处右击，在弹出的快捷菜单中选择【新建】|【纯色】命令；在菜单栏中选择【新建】|【纯色】命令；按组合键 Ctrl+Y，都可以快速地新建纯色图层。

新建纯色图层后，会出现如图 1-16 所示的【纯色设置】对话框。

名称

纯色层的默认的名称会随着颜色的变化而进行改变。用户也可以根据项目的需要自行设置纯色层的名称。

大小

纯色图层的大小与合成设置类似。在右侧可以将纯色图层的长宽比锁定。图层的单位可以是像素、英镑等。如果需要设置成与合成同样大小，则可以单击【制作合成大小】按钮。

图 1-16 【纯色设置】对话框

颜色

纯色图层的颜色可以设置成项目所需要的颜色。

以上设置完毕后，在【时间轴】面板中会增加一个有颜色的“卡片”，有些特效可以在素材上直接应用，而有些特效则需要借助于纯色图层才能应用，在后期的学习中，本教材将陆续带领大家使用纯色图层进行更多的应用。

提示：选中图层后使用图形工具时，图形工具就会变成蒙版工具。被绘制出的图案遮罩的部分，将会显示出来，没有被遮罩的部分则被滤去。

选中纯色图层，按住矩形工具右下角的三角按钮，直到显示出如图 1-17 所示的椭圆工具。从左上方到右下方拖动，绘制出一个做“冬”字背景的椭圆图案。

After Effects 软件中图层的关系如同 Photoshop 中的图层关系，此时刚刚绘制的椭圆遮罩在了文字的上方，单击纯色图层将其拖动到“冬”字的下方，当出现蓝色横条时，释放鼠标，则纯色图层和文字图层就交换了位置，如图 1-18 所示。

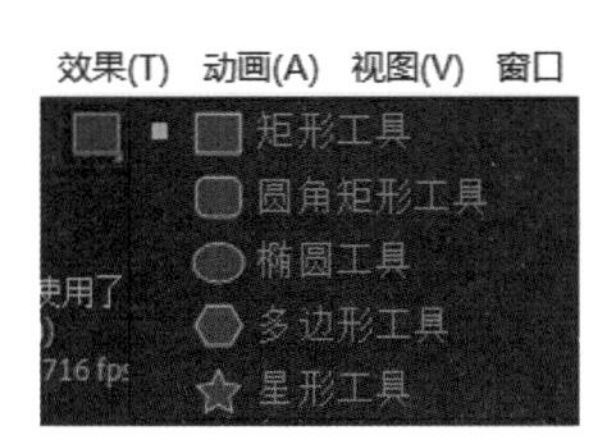

图 1-17 【矩形工具】选项组

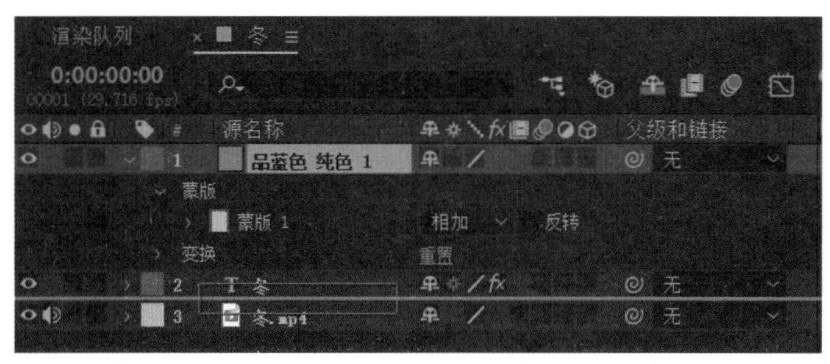

图 1-18 交换文字和椭圆背景图层的位置

选择图层后，使用鼠标拖动或者小键盘上的“上”“下”“左”“右”箭头，都可以对图层进行位置的调整。调整背景图层的位置后，呈现的效果如图 1-19 所示。

此时从视觉效果上看，文字的背景在画面中较为突出，对其进行调整。使用图层的透明度属性，将背景图层淡化处理。在英文状态下按 T 键，在出现的透明度属性中设置数值为 40%。设置后的效果如图 1-20 所示。

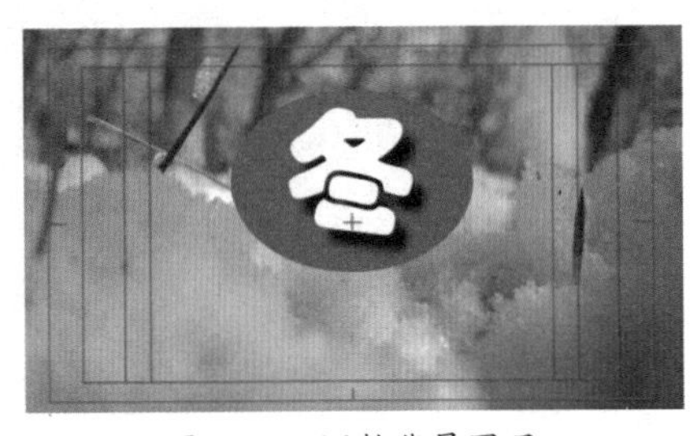

图 1-19　调整背景图层

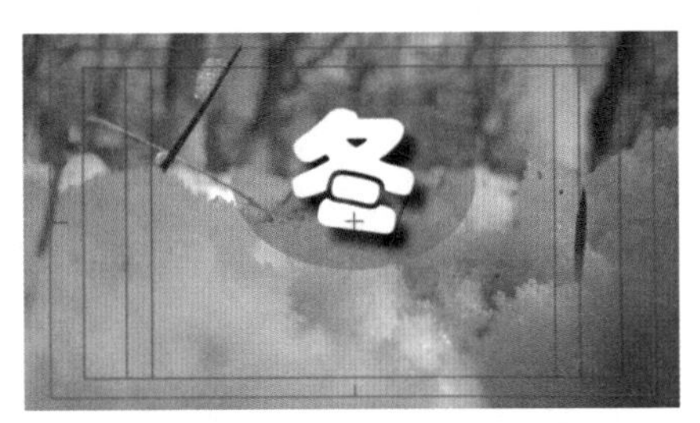

图 1-20　设置背景透明度

知识链接:图层属性

单击每一个图层的符号，都可以打开默认的 5 个属性，如图 1-21 所示。

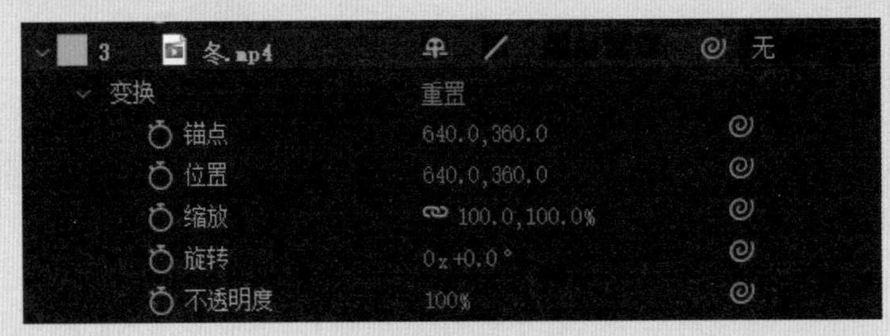

图 1-21　图层的 5 个属性

在【合成】面板上，原点不处于面板的中心位置，而是位于屏幕左上角。向右延伸为 x 轴的正半轴，向下延伸为 y 轴的正半轴。

①**锚点**：可简单地将其理解为素材的中心点位置坐标。对应的快捷键为 A。

②**位置**：可简单地将其理解为素材的位置坐标。对应的快捷键为 P。

③**缩放**：为素材高度和宽度上的比例设置。对应的快捷键为 S。在更改比例的值时，两个方向上的值会成比例更改。若只要一个方向上更改比例，则需要把前边的解锁。

④**旋转**：设置素材的旋转周数和角度。对应的快捷键为 R。

⑤**不透明度**：当不透明度为 0% 时，该层素材是完全透明的；当不透明度为 100% 时，该层素材是完全显示出来的，与下面的图层完全看不出来层叠关系。对应的快捷键为 T，在制作过渡等效果时，经常会使用到该参数。

简单的椭圆效果有些单调，继续对椭圆纯色图层添加特效。选中该图层，在菜单栏中选择【效果】|【风格化】|【毛边】命令，在打开的毛边特效面板中为其设置如图 1-22 所示的效果。

毛边的边缘类型有很多种，如表 1-1 所示，我们可以根据需求使用不同的效果。

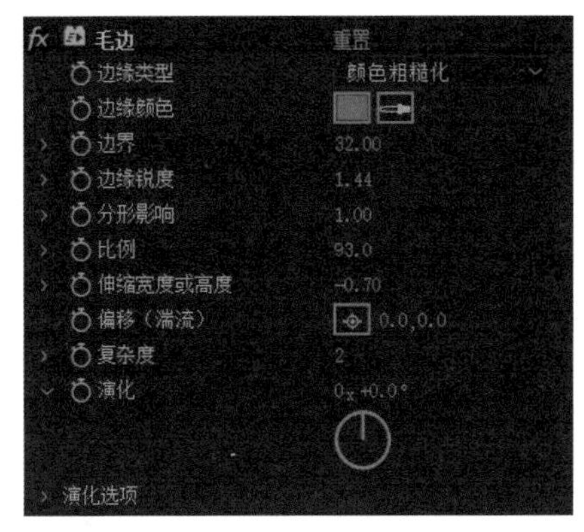

图 1-22　设置毛边效果

表 1-1　毛边边缘类型

边缘类型	粗糙化	边缘粗糙化	剪切
边缘呈现效果		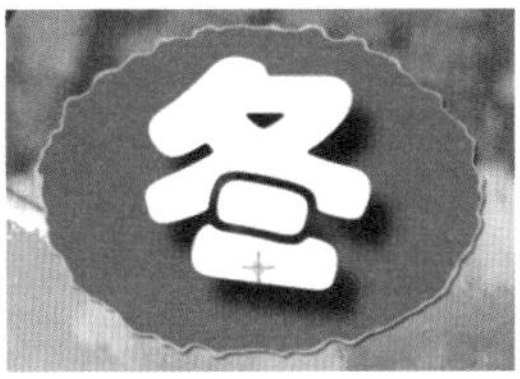	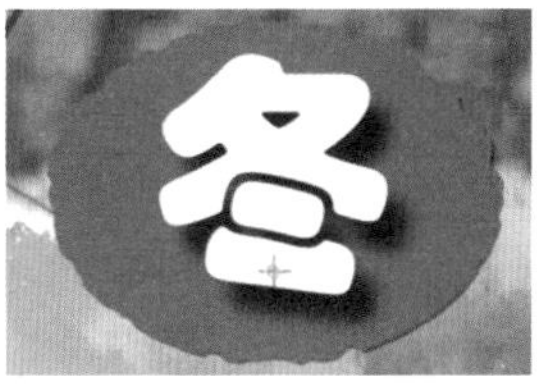
边缘类型	刺状	生锈	影印
边缘呈现效果			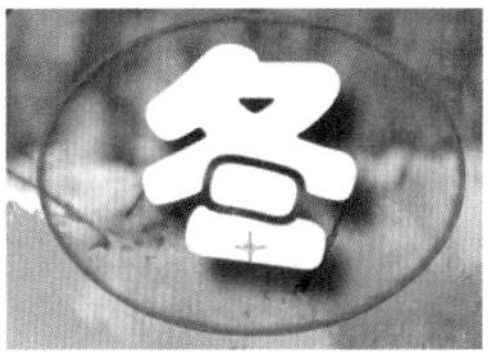
边缘类型	影印颜色		
边缘呈现效果			

提示：毛边还可以做出很多媒体中常见的图形融合动画，动画的节奏控制得当，则会得到一部非常有动感的动画来。

继续设置投影效果如图 1-23 所示。

最终的效果如图 1-24 所示。

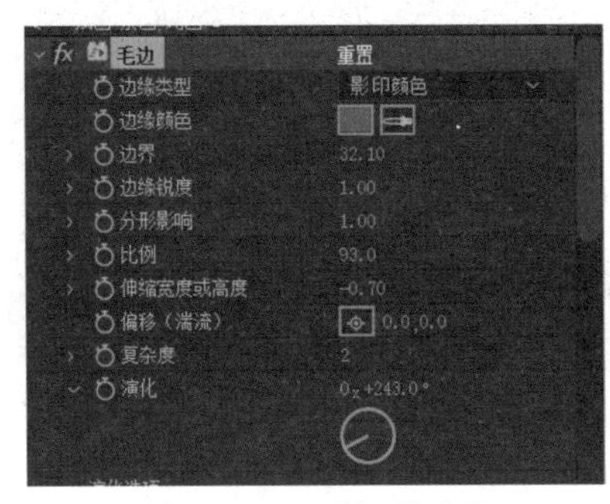

图 1-23　设置投影效果

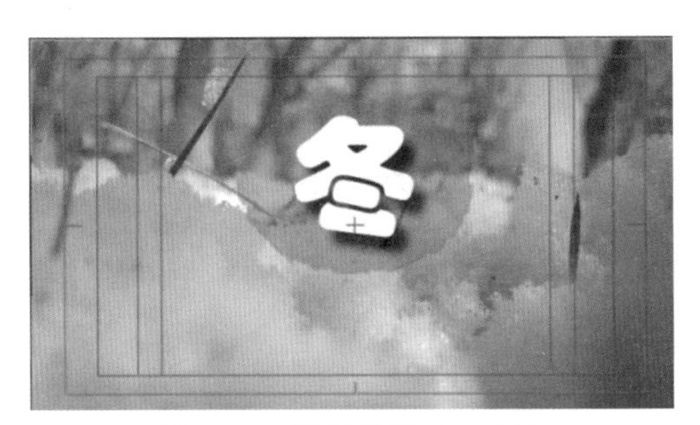

图 1-24　设置投影后的效果

3. 描述文字的设置

使用文字工具，输入“褪去 冬的沉重”。设置字体为【黑体】。将“褪去”字号设置为 90，“冬的沉重”字号设置为 59，以表示出与“冬的沉重”之间韵律的不同。选择文字并右击，在弹出的快捷菜单中选择【透视】|【投影】命令，为文字添加投影效果，如图 1-25 所示。

选中文字，将时间指示器设置于图层的入点，选择屏幕右侧的【效果和预设】面板，展开 Text（文字）文件夹中的 Animate In（进入的动作）文件夹，双击其中的【伸缩进入每个单词】特效（见图 1-26），则文字特效被应用，产生的效果如图 1-27 所示。

图 1-25　设置投影后的效果

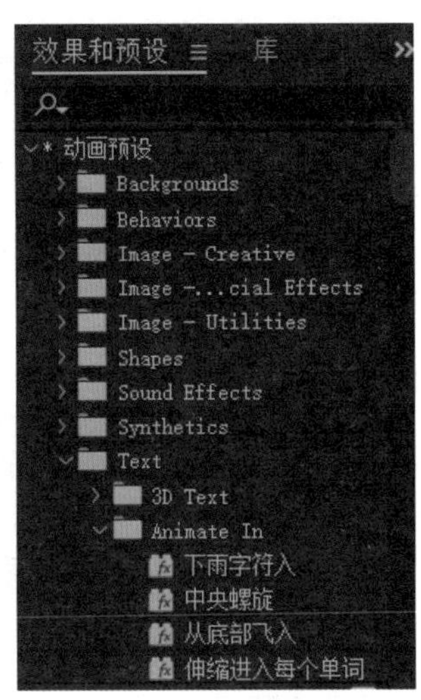

图 1-26　设置预置特效

提示： 若时间指示器位于时间轴的其他位置，则该特效将会从当前位置开始应用。此时，文字进入的效果就不会从时间轴的起始处开始呈现，所以在应用特效时，要掌握好起始时间和结束时间。

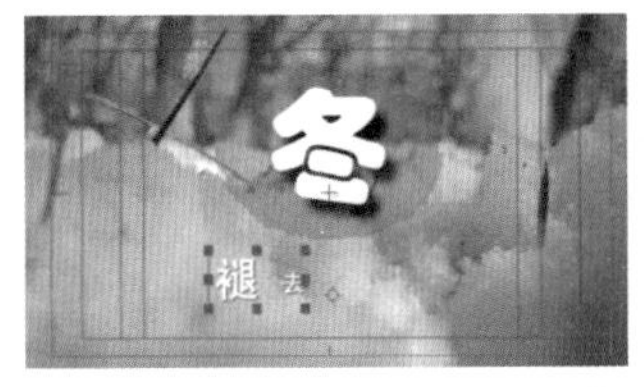

图 1-27　【伸缩进入每个单词】预置特效

提示： 若没有选择文字，选中某个预设特效后，直接将其拖动到文字上，也可以对文字应用该效果。

1.4　制作“春”合成

褪去了冬的沉重，迎接我们的是春天明丽的色彩。

1. 导入素材

导入素材的方法有以下几种。

①将素材直接从文件夹中拖至【项目】面板的空白处。

②在菜单栏中选择【文件】|【导入】|【文件】命令。

③在【项目】面板的空白处双击，则会出现导入素材对话框。

将素材“春 .mp4”“夏 .mp4”“秋 .mp4”及“背景音乐 .wav”导入项目中。

提示： 导入素材后，我们有可能会对素材或者项目的名称和位置进行更改，这时在下次打开项目文件时，文件在【项目】面板中会呈现出彩色马赛克效果。要解决这个问题，只需要双击素材图标，重新定位一下素材文件的位置就可以。

2. 新建合成组“春”

将素材“春 .mp4”直接拖入合成图标上，生成合成“春”。

3. 设置“春”字

使用文本工具，输入“春”字，设置字体为“华文琥珀”，字号大小为 248。使用【选取工具】，配合小键盘上的“上”“下”“左”“右”箭头键微调文字在【合成】面板中的位置。

选择文字图层，添加特效投影，属性值使用默认值。

4. 设置“春”字的背景图形

新建纯色图层，命名为“春的背景”，将图层颜色设置为 #C8BFE1，选择矩形工具，绘制一个比“春”字略大的矩形。

选择纯色图层，在菜单栏中选择【效果】|【风格化】|【毛边】命令，为纯色图层添加毛边效果。将【边缘类型】设置为【影印颜色】，【边缘颜色】设置为#566A28，【边界】设置为32.10，【边缘锐度】设置为1.0，【分形影响】设置为1.0，【比例】设置为93，【伸缩宽度或高度】设置为 - 0.7，【复杂度】设置为2，【演化】设置为0x+263°，最终呈现的效果如图1-28所示。

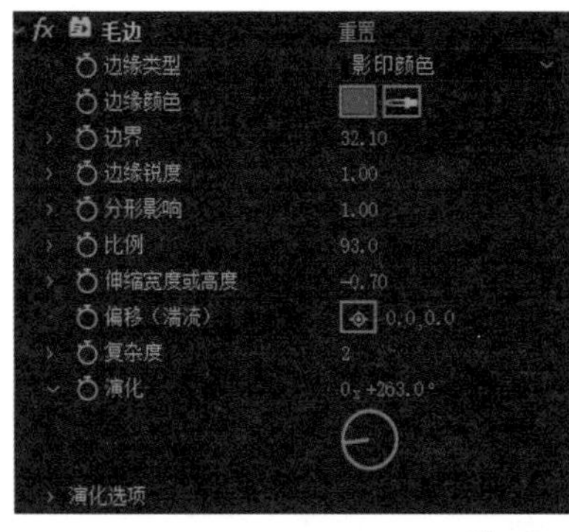

图1-28 “春”字效果

5. 设置描述文字

使用文字工具，输入“迎接 春的明丽”，设置字体为【黑体】。将“迎接”字号设置为90，“春的明丽”字号设置为59，以表示出文字之间韵律的不同。选择文字并右击，在弹出的快捷菜单中选择【透视】|【投影】命令，为文字添加投影效果，如图1-29所示。

图1-29 “春”描述文字效果

选中描述文字，将时间指示器置于图层的入点，选择屏幕右侧的【效果和预设】面板，打开Text（文字）文件夹中的Animate In（进入的动作）文件夹，双击其中的【下雨字符入】特效，则文字特效被应用，产生的效果如图1-30所示。

图1-30 【下雨字符入】预置特效

1.5 制作“夏”合成

春风过去，各种色彩都换上自己最饱满的状态，迎接盛夏的到来。明亮的色彩，夏天展现出来的是一场视觉的盛宴。

1. 新建合成组“夏”

将素材“夏 .mp4”直接拖入合成图标上，生成合成“夏”。

2. 设置“夏”字

使用文本工具，输入“夏”字，设置字体为【华文琥珀】，字号大小为 248。使用【选取工具】，配合小键盘上的“上”“下”“左”“右”箭头键微调文字在【合成】面板中的位置。

选择文字图层，添加特效投影，属性值使用默认值。

3. 设置“夏”字的背景图形

新建纯色图层，命名为“夏的背景”，图层颜色设置为 #C8BFE1，选择圆角矩形工具，绘制一个比“夏”字略大的矩形。

选择纯色图层，在菜单栏中选择【效果】|【风格化】|【毛边】命令，为纯色图层添加毛边效果。将【边缘类型】设置为【影印颜色】，【边缘颜色】设置为 #CCF1F3，【边界】设置为 32.10，【边缘锐度】设置为 1.0，【分形影响】设置为 1.0，【比例】设置为 93，【伸缩宽度或高度】设置为 - 0.7，【复杂度】设置为 2，【演化】设置为 0x+243°，如图 1-31 所示。最终呈现的效果如图 1-32 所示。

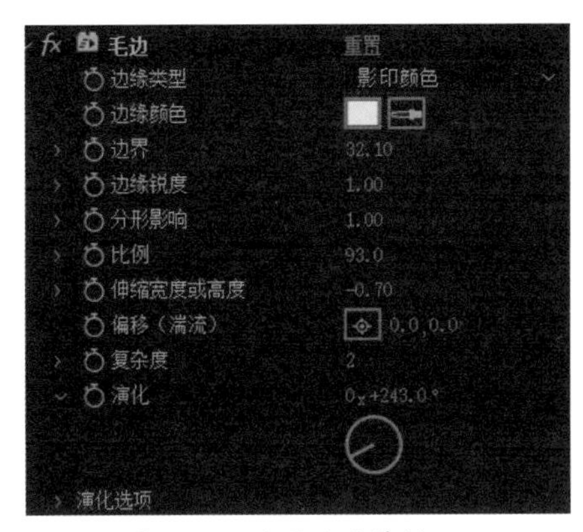

图 1-31　设置毛边特效

图 1-32　“夏”字效果

4. 设置描述文字

使用文字工具，输入“体验 夏的盛装”，设置字体为【黑体】。将“体验”字号设置为 93，“夏的盛装”字号设置为 59，以表示出文字之间韵律的不同。选择文字并右击，在弹出的快捷菜单中选择【透视】|【投影】命令，为文字添加投影效果，如图 1-33 所示。

图 1-33　描述文字效果

选中描述文字，将时间指示器置于图层的入点，选择屏幕右侧的【效果和预设】面板，打开 Text（文字）文件夹中的 Animate In（进入的动作）文件夹，双击其中的【单词淡化上升】特效，则文字特效被应用，产生的效果如图 1-34 所示。

图 1-34　【单词淡化上升】预置特效

1.6　制作“秋”合成

夏日的视觉盛宴过去，留给大家的是秋天的灿烂，收获的是秋天的果实。

1. 新建合成组“秋”

将素材“秋 .mp4”直接拖入合成图标上，生成合成“秋”。

2. 设置“秋”字

使用文本工具，输入“秋”字，设置字体为【华文琥珀】，字号大小为 248。使用【选取工具】，配合小键盘上的“上”“下”“左”“右”箭头键微调文字在【合成】面板中的位置。

选择文字图层并右击，在弹出的快捷菜单中选择【投影】命令添加投影特效，属性值使用默认值。

3. 设置“秋”字的背景图形

新建纯色图层，命名为“秋的背景”，图层颜色设置为 #C8BFE1，选择椭圆工具，绘制一个比“秋”字略大的椭圆。

选择纯色图层，在菜单栏中选择【效果】|【风格化】|【毛边】命令，为纯色图层添加毛边效果，将【边缘类型】设置为【颜色粗糙化】，【边缘颜色】设置为 #F9F5F4，【边界】设置为 32.00，【边缘锐度】设置为 1.0，【分形影响】设置为 1.0，【比例】设置为 93，【伸缩宽度或高度】设置为 - 0.7，【复杂度】设置为 2，【演化】设置为 0x+243°，如图 1-35 所示。最终呈现的效果如图 1-36 所示。

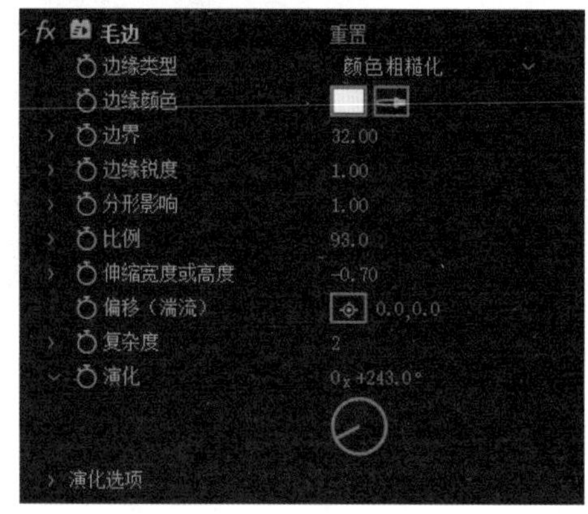

图 1-35　设置毛边特效

图 1-36　“秋”字效果

4. 设置描述文字

使用文字工具，输入“感受 秋的繁华”，设置字体为【黑体】。将“感受”字号设置为 90，“秋的繁华”字号设置为 59，以表示出文字之间韵律的不同。选择文字并右击，在弹出的快捷菜单中选择【透视】|【投影】命令，为文字添加投影效果，如图 1-37 所示。

图 1-37　描述文字效果

选中描述文字，将时间指示器置于图层的入点，选择屏幕右侧的【效果和预设】面板，打开 Text（文字）文件夹中的 Animate In（进入的动作）文件夹，双击其中的【按单词旋转进入】特效，则文字特效被应用，产生的效果如图 1-38 所示。

图 1-38　【按单词旋转进入】预置特效

1.7　完成四季总合成

在制作完成四季的合成后，在【项目】面板中会出现所有的素材、纯色图层和合成，如图 1-39 所示。

合成最终要像话剧一样，把所有幕的内容集合起来，形成一部完整的话剧。

1. 序列图层

按住 Ctrl 键，依次选中“冬”“春”“夏”“秋”四个合成，将其拖至【项目】面板左下方的合成图标上，这时会弹出如图 1-40 所示的对话框。

图 1-39　【项目】面板

将四个合成合并成为一个合成，使用的尺寸来自于“冬”合成，选中【序列图层】复选框和【重叠】复选框，将【持续时间】设置为1秒，过渡的类型设置为【溶解前景图层】。则四个合成会在新的合成中各占一层，呈阶梯状排列，如图1-41所示。相邻的两个合成会重叠1秒，并且有系统默认设置的过渡效果，如图1-42所示。

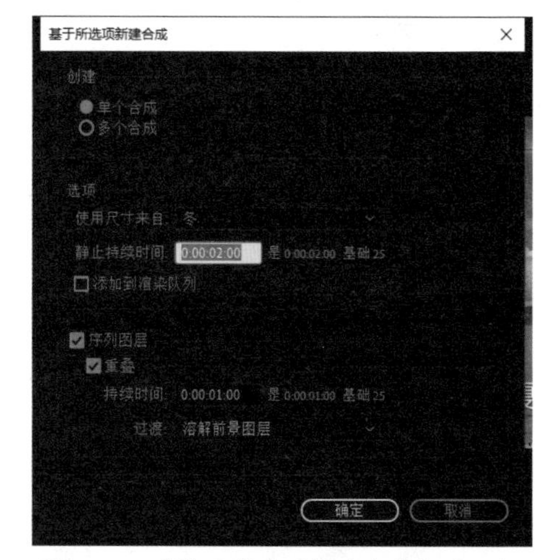

图 1-40　【基于所选项新建合成】对话框

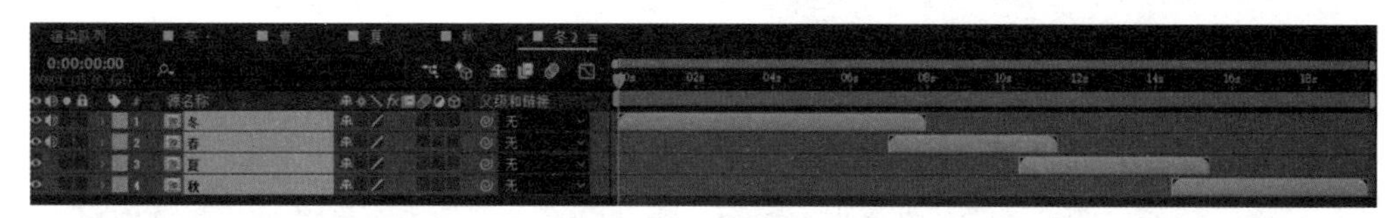

图 1-41　序列图层

图 1-42　图层过渡效果

2. 添加背景音效

一部视频作品，需要有音乐衬托，方能让用户体会到其意境。

将音频文件从【项目】面板拖入时间轴中，时间轴中会自动出现一个音频图层，如图1-43所示。

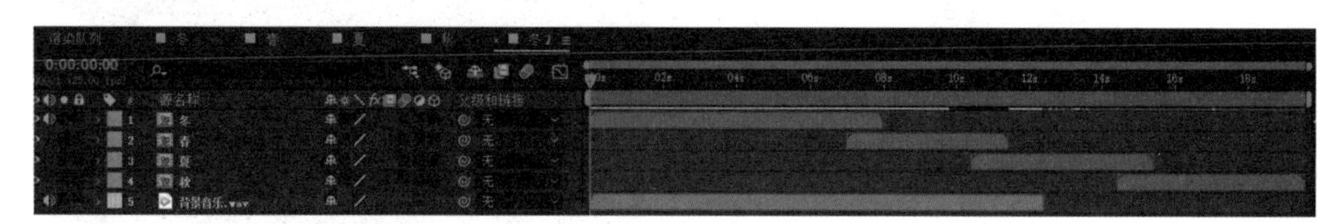

图 1-43　音频图层的添加

经过观察我们发现，在图层“冬”的左侧有一个🔊图标，表明此图层是有声音轨道的。这个声音来自于素材“化雪”和“鸟叫”的声音，我们将这部分声音加大音量，突出冬雪融化后的勃勃生机。打开“冬”图层下的音频折叠开关，【音频电平】默认值为0，这里将【音频电平】设置为24dB，加大音量，如图1-44所示。

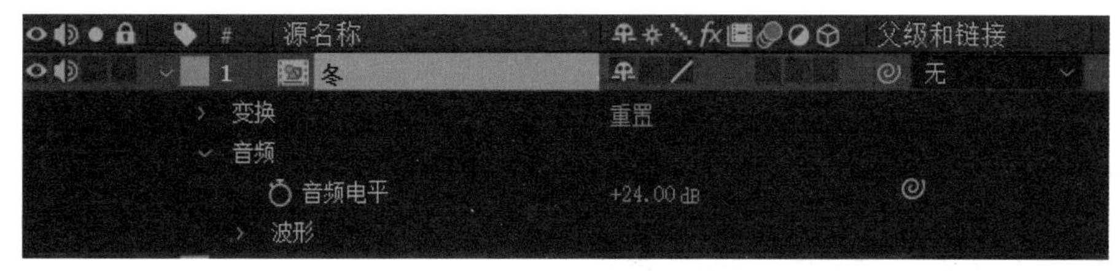

图 1-44　加大音量

将最后一个图层中的音频文件拖至 7 秒钟处，与“春”合成同步播放，如图 1-45 所示。

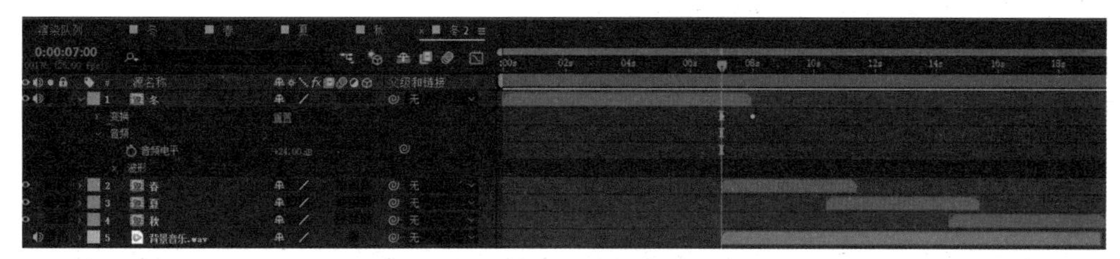

图 1-45　调整音频图层的位置

1.8　渲染合成

生成总合成后，我们需要把视频文件进行渲染输出。

1.【渲染队列】面板

选择菜单栏中的【合成】|【预渲染】命令，如图 1-46 所示。或按 Ctrl+M 组合键，弹出【渲染队列】面板。

需要渲染的合成将在渲染队列中出现，如图 1-47 所示。

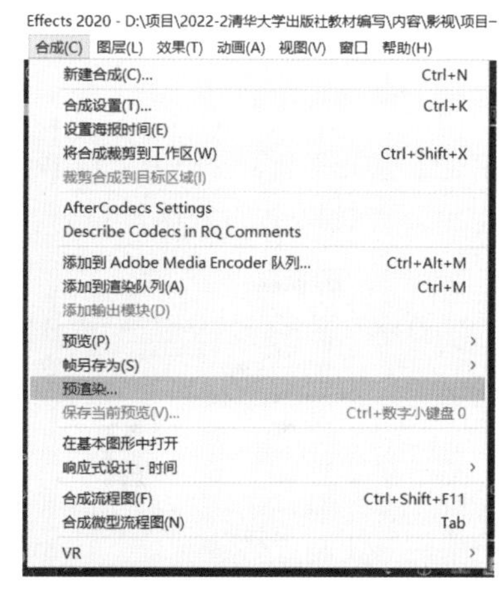

图 1-46　选择【预渲染】命令

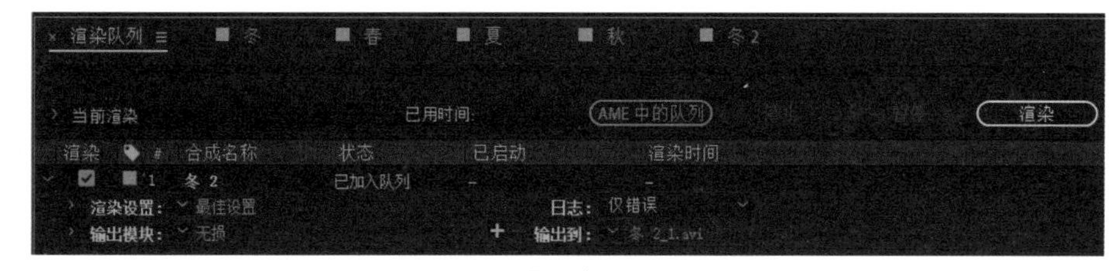

图 1-47　【渲染队列】面板

2. 设置渲染格式

打开【输出模块设置】对话框，如图 1-48 所示。在【格式】下拉列表框中，默认格式为 AVI 无损格式；若选择 QuickTime 格式，渲染出的视频为 MOV 格式；也可以单独渲染出 MP3 音频格式及各种格式的图片序列。

在很多视频中，需要出现带有 Alpha 通道的视频，则需要在【通道】下拉列表框中选择 RGB+Alpha 选项，将输出格式设置为 QuickTime，如图 1-49 所示。

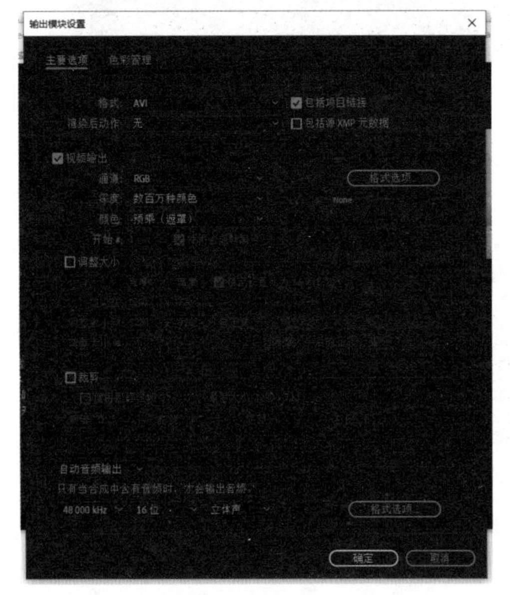

图 1-48 【输出模块设置】对话框

图 1-49 输出模块设置

3. 设置输出名称及位置

单击【渲染队列】面板中【输出到】后的蓝色文字，弹出【将影片输出到】对话框，在其中设置视频输出的名称及位置，如图 1-50 所示。

图 1-50 设置输出名称及位置

设置完成后单击【保存】按钮。

4. 渲染视频文件

单击【渲染】按钮，则渲染队列开始对视频进行渲染，如图 1-51 所示。当进度条全部完成后，渲染完毕。若在渲染中发生问题，可以单击【暂停】按钮或者【停止】按钮，暂停或者停止渲染。

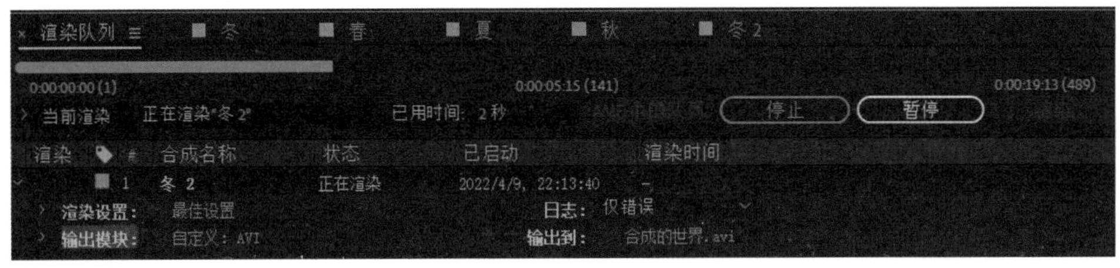

图 1-51　渲染视频文件

渲染后的视频文件在文件夹中如图 1-52 所示。

合成的世界.avi

图 1-52　渲染后的 AVI 视频文件

1.9　格式的转换

本项目渲染作品 AVI 格式所占的大小为 1.68GB，如在手机等不对视频质量有太高要求的终端显示时，则可以对视频文件进行压缩处理，转换成为格式比较小的视频。在 After Effects 2020 版本中，视频格式可以直接选择 MP4。

常见的格式转换软件有：狸窝全能视频转换器、格式工厂、魔影工厂等，用户可以自行从网站上下载使用。以格式工厂为例，将需要转换格式的文件拖入空白区域中，选择需要生成的格式，如常见的 MP4 格式，操作界面如图 1-53 所示。

图 1-53　使用格式工厂转换文件格式

单击 开始 按钮，当进度条进行完毕时，则文件转换完成，如图 1-54 所示。

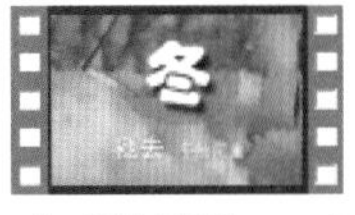

合成的世界.mp4

图 1-54　转换后的 MP4 格式视频文件

项目任务单

1.1 项目的新建和保存

启动 After Effects 软件后，首先需要创建一个新的项目文件，或者打开已经保存的项目文件才能进行后续的处理工作。

1. 新建项目

每次启动 After Effects 软件后，系统会默认新建一个项目，也可以自己重新创建项目。操作步骤为：选择【文件】|【新建】|【新建项目】命令，或按 Ctrl+Alt+N 组合键。

2. 保存项目

选择【文件】|【另存为】|【另存为】命令，在弹出的对话框中将【文件名】设置为“合成的世界”，将项目文件保存在相应的文件夹中。也可以按 Ctrl+S 组合键保存项目。

项目记录：

____

____

____

____

____

____

1.2 合成组“冬”的建立

合成组是一个项目文件中不可或缺的部分。合成组就像是一部话剧中的每一幕，在每一幕中有多个演员，每个演员有自己的站位，有自己的表演内容。每一幕合成起来，就形成了一部完整的话剧，而所有的合成组按一定的规则顺序排列起来，就组成了一部视频。

新建合成组有以下六种方法。

在新建完项目后，在界面中会出现两个按钮：新建合成和从素材新建合成。

1. 新建合成

单击【新建合成】按钮，在弹出的【合成设置】对话框中，可以设置合成的名称，用于区别本项目中的其他合成组，还可以设置预设制式、像素长宽比、帧速率、分辨率、开始时间码和持续时间。背景颜色系统默认为黑色，也可以在这里进行更改。

2. 从素材新建合成

单击【从素材新建合成】按钮，选择所需要的素材，单击【导入】按钮，则系统便会依据素材的像素比和时间自动创建一个合成组。

出现在屏幕左上角的是【项目】面板。生成新的合成组后，素材在【项目】面板中显示，生成组前面有标识。

3. 单击合成组标识新建合成

在面板的左下方也有合成组的标识，单击合成组标识将弹出【合成设置】对话框，即可新建合成。

4. 其他操作

(1) 在【项目】面板的空白处右击，在弹出的快捷菜单中选择【新建合成】命令。

(2) 单击【合成】菜单，在弹出的下拉菜单中选择【新建】命令，也可新建合成。

(3) 按组合键 Ctrl+N。

在弹出的【合成设置】对话框中对“冬”合成进行设置：设置【预设】为 HDV/HDTV 720 25；【宽度】和【高度】分别设置为 1280px、720px；【像素长宽比】设置为【方形像素】；【帧速率】设置为 25 帧 / 秒；【分辨率】设置为【完整】；【持续时间】设置为 8 秒；【背景颜色】设置为默认的黑色。

项目记录：

____

____

____

____

____

____

1.3　为合成“冬”添加文字及特效

1. 添加标题文字“冬”

单击【文本工具】按钮T，在【合成】窗口中输入一个“冬”字，【时间轴】面板中则会添加一个文字层，窗口右侧的【字符】面板被激活，可对文字进行设置：字体大小为 248，颜色为白色，字体为【华文琥珀】。

为了突出文字效果，选中文字图层，在菜单栏中选择【效果】|【透视】|【投影】命令，在打开的投影特效面板中可以为文字添加投影特效。

投影特效面板在屏幕的左上方被激活。在其中可以通过【阴影颜色】参数来调整文字的投影颜色，通过调整【不透明度】参数可设置投影的透明度，通过【方向】参数可以调整阴影的投射方向，【距离】参数可以调整阴影的投射面积，【柔和度】参数可以柔化投影的边缘，如果选中【仅阴影】复选框，那么文字将不会显示而只显示投影的效果。

为了突出文字效果，选择文字图层并右击，在弹出的快捷菜单中选择【风格化】|【发光】命令，则文字的边缘会有一层淡淡的发光效果，而文字本身也会提升亮度。

在对视频进行后期制作时，我们需要添加文字或者制作动画，为了保证后期效果都会显示在窗口内，因此还要进行安全框的设置，单击【合成】窗口中的按钮，在弹出的下拉菜单中选择【标题 / 动作安全】命令，设置安全框。

2. 添加文字背景

在【时间轴】面板的空白处右击，在弹出的快捷菜单中选择【新建】|【纯色】命令，在弹出的对话框中设置【名称】为“冬的背景”，将背景颜色设置为 #3A769B，则屏幕上会出现一个纯色图层。

深刻理解“纯色图层”的概念。

选中纯色图层，按住矩形工具右下角的三角按钮，直到显示出椭圆工具。从左上方到右下方拖动，绘制出一个做“冬”字背景的椭圆图案。

After Effects 软件中图层的关系如同 Photoshop 中的图层关系，此时刚刚绘制的椭圆遮罩在了文字的上方，单击纯色图层将其拖动到“冬”字的下方，当出现蓝色横条时，释放鼠标，则纯色图层和文字图层就交换了位置。

选择图层后，使用鼠标拖动或者小键盘上的“上”“下”“左”“右”箭头，都可以对背景图层的位置进行调整。

此时从视觉效果上看，文字的背景在画面中较为突出，对其进行调整。使用图层的透明度属性，将背景图层淡化处理。在英文状态下按 T 键，在出现的透明度属性中设置数值为 40%。

认识图层各项默认属性，并且学会设置属性。

简单的椭圆效果有些单调，继续对椭圆纯色图层进行特效的添加。选中该图层，在菜单栏中选择【效果】|【风格化】|【毛边】命令，在打开的毛边特效面板中设置毛边效果。将【边缘类型】设置为【影印颜色】，【边缘颜色】设置为 #225758，【边界】设置为 32.00，【边缘锐度】设置为 1.44，【分形影响】设置为 1.0，【比例】设置为 93，【伸缩宽度或高度】设置为 - 0.7，【复杂度】设置为 2。

毛边的边缘类型有很多种，大家可以将纯色图层应用不同的效果，认识其不同之处。

继续设置投影效果。

3. 描述文字的设置

使用文字工具，输入“褪去 冬的沉重”。设置字体为【黑体】。将“褪去”字号设置为 90，“冬的沉重”字号设置为 59，以表示出与“冬的沉重”之间韵律的不同。选择文字并右击，在弹出的快捷菜单中选择【透视】|【投影】命令，为文字添加投影效果。

选中文字，将时间指示器置于图层的入点，选择屏幕右侧的【效果和预设】面板，打开 Text（文字）文件夹中的 Animate In（进入的动作）文件夹，双击其中的【伸缩进入每个单词】特效，则文字特效被应用。

项目记录：

____

____

____

____

____

____

1.4 制作“春”合成

褪去了冬的沉重，迎接我们的是春天明丽的色彩。

1. 导入素材

导入素材的方法有以下几种。

①将素材直接从文件夹中拖至【项目】面板的空白处。

②在菜单栏中选择【文件】|【导入】|【文件】命令。

③在【项目】面板的空白处双击，则会出现导入素材对话框。

将素材“春 .mp4”“夏 .mp4”“秋 .mp4”及“背景音乐 .wav”导入项目中。

2. 新建合成组“春”

将素材“春 .mp4”直接拖入合成图标上，生成合成“春”。

3. 设置“春”字

使用文本工具，输入“春”字，设置字体为“华文琥珀”，字号大小为248。使用【选取工具】，配合小键盘上的“上”“下”“左”“右”箭头键微调文字在【合成】面板中的位置。

选择文字图层，添加特效投影，属性值使用默认值。

4. 设置“春”字的背景图形

新建纯色图层，命名为“春的背景”，将图层颜色设置为#C8BFE1，选择矩形工具，绘制一个比“春”字略大的矩形。

选择纯色图层，在菜单栏中选择【效果】|【风格化】|【毛边】命令，为纯色图层添加毛边效果。将【边缘类型】设置为【影印颜色】，【边缘颜色】设置为#566A28，【边界】设置为32.10，【边缘锐度】设置为1.0，【分形影响】设置为1.0，【比例】设置为93，【伸缩宽度或高度】设置为 - 0.7，【复杂度】设置为2，【演化】设置为0x+263°。

5. 设置描述文字

使用文字工具，输入“迎接 春的明丽”，设置字体为【黑体】。将“迎接”字号设置为90，“春的明丽”字号设置为59，以表示出文字之间韵律的不同。选择文字并右击，

在弹出的快捷菜单中选择【透视】|【投影】命令，为文字添加投影效果。

选中描述文字，将时间指示器置于图层的入点，选择屏幕右侧的【效果和预设】面板，打开 Text（文字）文件夹中的 Animate In（进入的动作）文件夹，双击其中的【下雨字符入】特效，则文字特效被应用。

项目记录：

____

____

____

____

____

____

1.5　制作“夏”合成

春风过去，各种色彩都换上自己最饱满的状态，迎接盛夏的到来。明亮的色彩，夏天展现出来的是一场视觉的盛宴。

1. 新建合成组“夏”

将素材“夏 .mp4”直接拖入合成图标上，生成合成“夏”。

2. 设置“夏”字

使用文本工具，输入“夏”字，设置字体为【华文琥珀】，字号大小为 248。使用【选取工具】，配合小键盘上的“上”“下”“左”“右”箭头键微调文字在【合成】面板中的位置。

选择文字图层，添加特效投影，属性值使用默认值。

3. 设置“夏”字的背景图形

新建纯色图层，命名为“夏的背景”，图层颜色设置为 #C8BFE1，选择圆角矩形工具，绘制一个比“夏”字略大的矩形。

选择纯色图层，在菜单栏中选择【效果】|【风格化】|【毛边】命令，为纯色图层添加毛边效果。将【边缘类型】设置为【影印颜色】，【边缘颜色】设置为 #CCF1F3，【边界】设置为 32.10，【边缘锐度】设置为 1.0，【分形影响】设置为 1.0，【比例】设置为 93，【伸缩宽度或高度】设置为 - 0.7，【复杂度】设置为 2，【演化】设置为 0x+243°。

4. 设置描述文字

使用文字工具，输入“体验 夏的盛装”，设置字体为【黑体】。将“体验”字号设

置为90，“夏的盛装”字号设置为59，以表示出文字之间韵律的不同。选择文字并右击，在弹出的快捷菜单中选择【透视】|【投影】命令，为文字添加投影效果。

选中描述文字，将时间指示器置于图层的入点，选择屏幕右侧的【效果和预设】面板，打开Text（文字）文件夹中的Animate In（进入的动作）文件夹，双击其中的【单词淡化上升】特效，则文字特效被应用。

项目记录：

____

____

____

____

____

____

1.6　制作“秋”合成

夏日的视觉盛宴过去，留给大家的是秋天的灿烂，收获的是秋天的果实。

1. 新建合成组“秋”

将素材“秋.mp4”直接拖入合成图标上，生成合成“秋”。

2. 设置“秋”字

使用文本工具，输入“秋”字，设置字体为【华文琥珀】，字号大小为248。使用【选取工具】，配合小键盘上的“上”“下”“左”“右”箭头键微调文字在【合成】面板中的位置。

选择文字图层并右击，在弹出的快捷菜单中选择【透视】|【投影】命令，添加投影特效，属性值使用默认值。

3. 设置“秋”字的背景图形

新建纯色图层，命名为“秋的背景”，图层颜色设置为#C8BFE1，选择椭圆工具，绘制一个比“秋”字略大的椭圆。

选择纯色图层，在菜单栏中选择【效果】|【风格化】|【毛边】命令，为纯色图层添加毛边效果。将【边缘类型】设置为【影印颜色】，【边缘颜色】设置为#F9F5F4，【边界】设置为32.10，【边缘锐度】设置为1.0，【分形影响】设置为1.0，【比例】设置为93，【伸缩宽度或高度】设置为 - 0.7，【复杂度】设置为2，【演化】设置为0x+243°。

4. 设置描述文字

使用文字工具，输入“感受 秋的繁华”，设置字体为【黑体】。将“感受”字号设

置为 90，“秋的繁华”字号设置为 59，以表示出文字之间韵律的不同。选择文字并右击，在弹出的快捷菜单中选择【透视】|【投影】命令，为文字添加投影效果。

选中描述文字，将时间指示器置于图层的入点，选择屏幕右侧的【效果和预设】面板，打开 Text（文字）文件夹中的 Animate In（进入的动作）文件夹，双击其中的【按单词旋转进入】特效，则文字特效被应用。

项目记录：

____

____

____

____

____

____

1.7 完成四季总合成

在制作完成四季的合成后，在【项目】面板中会出现所有的素材、纯色图层和合成。合成最终要像话剧一样，把所有的幕集合起来，形成一部完整的话剧。

1. 序列图层

按住 Ctrl 键，依次选中“冬”“春”“夏”“秋”四个合成，将其拖至【项目】面板左下方的合成图标上。

将四个合成合并成为一个合成，使用的尺寸来自于“冬”合成，选中【序列图层】复选框和【重叠】复选框，将【持续时间】设置为 1 秒，过渡的类型设置为【溶解前景图层】，则四个合成会在新的合成中各占一层，呈阶梯状排列。相邻的两个合成会重叠 1 秒，并且有系统默认设置的过渡效果。

2. 添加背景音效

一部视频作品，需要有音乐衬托，方能让用户体会到其意境。

将音频文件从【项目】面板拖入时间轴中，时间轴中会自动出现一个音频图层。

经过观察我们发现，在图层“冬”的左边有一个图标，表明此图层是有声音轨道的。这个声音来自于素材“化雪”和“鸟叫”的声音，我们将这部分声音加大音量，突出冬雪融化后的勃勃生机。打开“冬”图层下的音频折叠开关，【音频电平】默认值为 0，这里将【音频电平】设置为 24dB，加大音量。

将最后一个图层中的音频文件拖至 7 秒钟处，与“春”合成同步播放。

项目记录：

____

____

____

____

____

____

1.8　渲染合成

生成总合成后，我们需要把视频文件进行渲染输出。

1.【渲染队列】面板

选择菜单栏中的【合成】|【预渲染】命令，或按 Ctrl+M 组合键，弹出【渲染队列】面板。

2. 设置渲染格式

打开【输出模块设置】对话框，在【格式】下拉列表框中，默认格式为 AVI 无损格式；若选择 QuickTime 格式，渲染出的视频为 MOV 格式；也可以单独渲染出 MP3 音频格式及各种格式的图片序列。

在很多视频中，需要出现带有 Alpha 通道的视频，则需要在【通道】下拉列表框中选择 RGB+Alpha 选项，将输出格式设置为 QuickTime。

3. 设置输出名称及位置

单击【渲染队列】面板中【输出到】后的蓝色文字，弹出【将影片输出到】对话框，在其中设置视频输出名称及位置。设置完成后单击“保存”按钮。

4. 渲染视频文件

单击【渲染】按钮，则渲染队列开始对视频进行渲染。当进度条全部完成后，渲染完毕。若在渲染中发生问题，可以单击【暂停】按钮或者【停止】按钮，暂停或停止渲染。

1.9　格式的转换

本项目渲染作品 AVI 格式所占的大小为 1.68GB，如在手机等不对视频质量有太高要求的终端显示时，则可以对视频文件进行压缩处理，转换成为格式比较小的视频。

常见的格式转换软件有：狸窝全能视频转换器、格式工厂、魔影工厂等，用户可以自行从网站上下载使用。以格式工厂为例，将需要转换格式的文件拖入空白区域中，选择需要生成的格式，如常见的 MP4 格式。

项目记录：

____

____

____

____

____

____

课后习题

一、单项选择题

1. 视频图像的最小单位为（　　），在 PAL 制式中帧速率为（　　）。

A. 帧，25　　B. 帧，30　　C. 秒，25　　D. 分钟，30

2. 在 After Effects 软件中，（　　）格式的文件不能导入。

A. JPG　　B. MP4　　C. MAX　　D. MP3

3. 存在于时间轴中的每一个图层，默认有五个属性，分别为（　　）。

A. 缩放、不透明度、旋转、锚点、位置

B. 缩放、不透明度、旋转、亮度、位置

C. 缩放、不透明度、对比度、锚点、位置

D. 缩放、音频电平、旋转、锚点、位置

4. 投影效果在（　　）特效组里能够获得。

A. 生成　　B. 透视　　C. 风格化　　D. 抠像

5. 序列图层的步骤依次为（　　）。

A. 按 Shift 键，依次选中所有图层→拖至【合成】图标上→设置序列图层面板

B. 按 Ctrl 键，依次选中所有图层→拖至【合成】图标上→设置序列图层面板

C. 按 Ctrl 键，依次选中所有图层→直接拖入时间轴上

D. 按 Ctrl 键，选择【动画】中的【关键帧辅助】

二、实际操作题

小时候我们喜欢通过记笔记的方式，来记录生活和心情的点滴，在当今快节奏的生活中，短视频也悄然进入我们的生活。善于去发现美，善于去记录美。在你的生活中是否也有那么一瞬间激起你与生活的共鸣？请你也利用手中的 After Effects 软件，记录那精彩瞬间吧！

参考答案：1.A　2.C　3.A　4.B　5.B

项目2 转场及预置效果 春日暖阳

项目导读：

将一幅幅画面，使用过渡或者转换效果连接在一起成为序列，就形成了一个完整的视频。这样的一个视频，能为观众展示出具有特定意义的连续画面。本项目将带领大家制作一个春日暖阳的视觉盛宴。

2.1 素材导入设置

新建项目，保存项目文件（按组合键 Ctrl+S），将其命名为“春日暖阳”。

在本教材附带的素材文件夹中，有 10 张春景素材图片，一张灰度图，一段背景音乐，如图 2-1 所示。下面我们进入素材导入的环节。

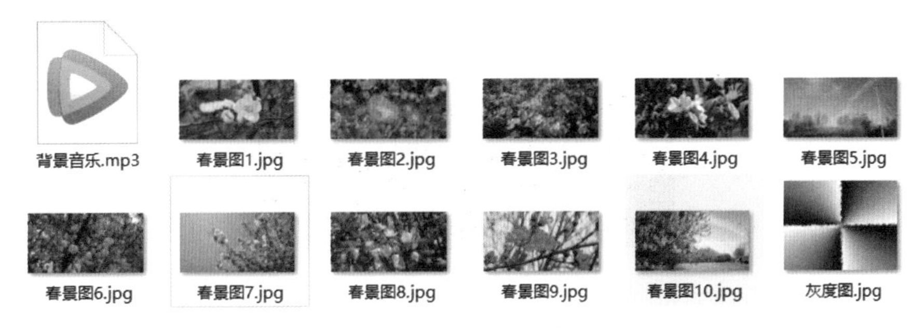

图 2-1 需要导入的素材

(1) 导入素材。双击【项目】面板中的空白区域，选择所有的素材，导入到【时间轴】面板中。

(2) 新建合成。按 Ctrl+N 组合键，弹出【合成设置】对话框。设置【合成名称】为“春日暖阳”，【预设】模式为 HDV/HDTV 720 25，【像素长宽比】为【方形像素】，【持续时间】为 0:00:50:00，如图 2-2 所示。

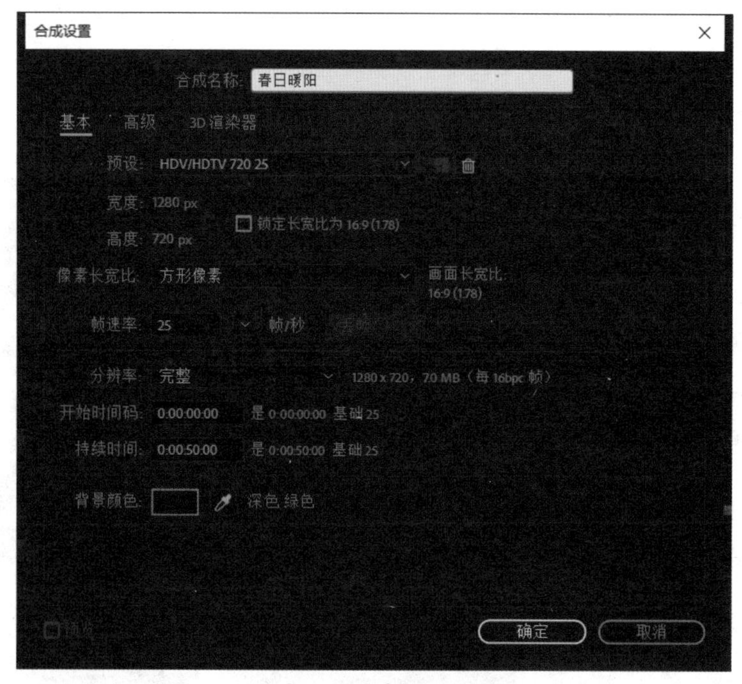

图 2-2　合成组设置

提示：在设置持续时间时，要考虑每一张图片展示的时间，我们暂定每张图片的展示时间为 5 秒，所以将 10 张图片的持续时间设定为 50 秒。因为图片之间需要考虑重叠的时间，后期我们还需要将合成的总时间再进行调整。

为了达到良好的视觉效果，我们对每幅图片的导入时间进行设置，具体操作步骤为：在菜单栏中选择【编辑】|【首选项】|【导入】命令，在弹出的对话框中将其中的导入时间设置为 5 秒，如图 2-3 所示。

图 2-3　设置导入时间

(3) 依次选中全部图片素材，拖入【时间轴】面板中，如图 2-4 所示。

图 2-4 将素材导入到时间轴中

可以看到，导入的图像素材在时间轴中的显示时间为 5 秒钟，可方便我们后续的操作。

(4) 在预览窗口中可以看到，图片的大小超过了窗口的大小，需要将图片进行统一的调整。在时间轴中，选中所有的图层并右击，在弹出的快捷菜单中选择【变换】|【适合复合】命令，或者使用组合键 Ctrl+Alt+F，就可以将素材的尺寸设置为合成组的大小，如图 2-5 所示。

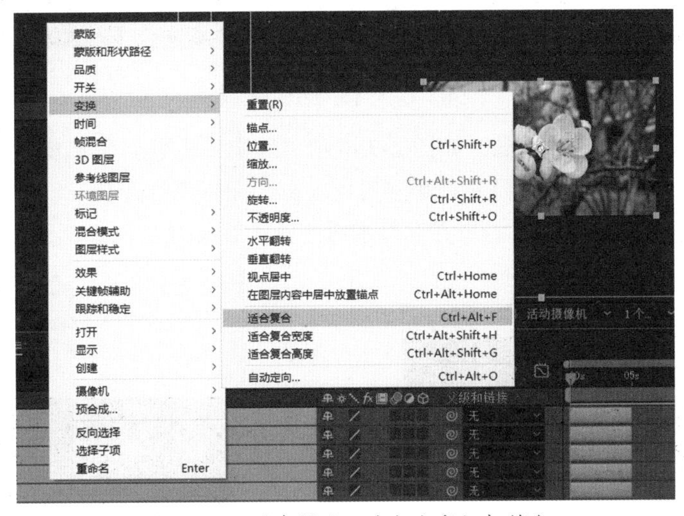

图 2-5 设置素材的尺寸与合成组相符合

提示：当图片的尺寸比例与合成组的尺寸比例相差很大时，应该使用绘图工具将图片处理成与合成组相同的比例大小，否则图像会出现拉伸的感觉，导致图像失真。本项目中设置的合成组最终形成的视频为横屏，如果素材为竖版，则不能使用【适合复合】命令，否则图像会被严重拉伸。

2.2　序列图层

各张图片在导入到时间轴后，需要将相邻的图片进行时间上的重叠，然后进行转场效果的添加。在设置重叠时，可以使用拖动图片的功能进行设置。但是不能保证所有的图片重叠时间都相等，会有这样或者那样的时间误差存在。图一和图二之间重叠时间是1秒钟，图二和图三之间的重叠时间有可能是1秒钟1帧，这样小的差别肉眼是看不见的。下面使用After Effects自带的功能进行设置。

从上到下，依次选中10个图层，在菜单栏中选择【动画】|【关键帧辅助】|【序列图层】命令，如图2-6所示。

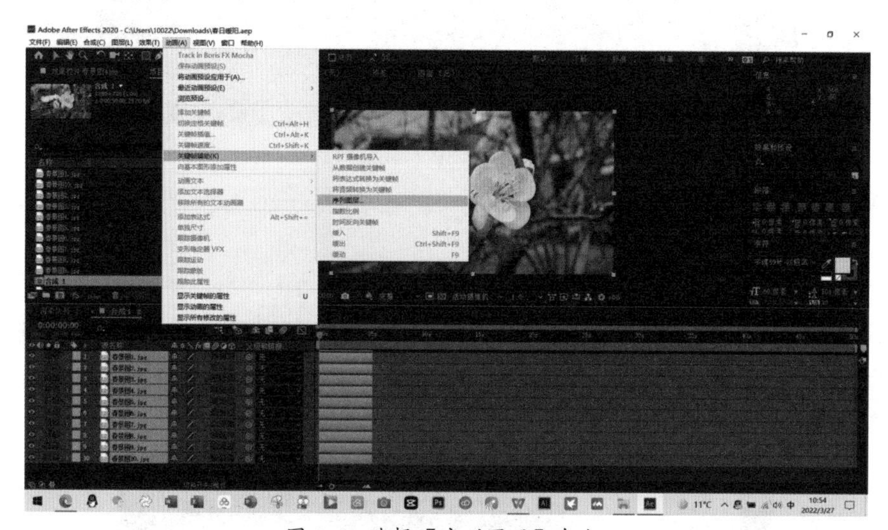

图2-6　选择【序列图层】命令

弹出【序列图层】对话框，如图2-7所示。选中【重叠】复选框，单击【过渡】下拉按钮，会出现如图2-8所示的下拉列表。当选择后两个选项时，图层之间会出现系统自带的转场效果。因为我们想要设置不同的转场效果，所以不采用系统本身的效果，而选择【关】选项。

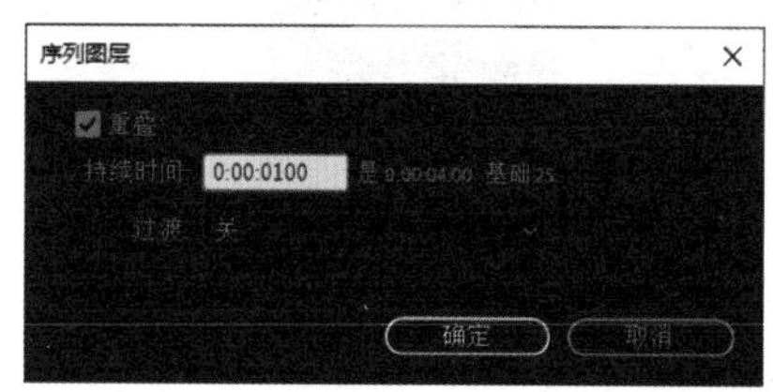

图2-7　【序列图层】对话框

图2-8　设置序列图层

层叠后的图层如图2-9所示。

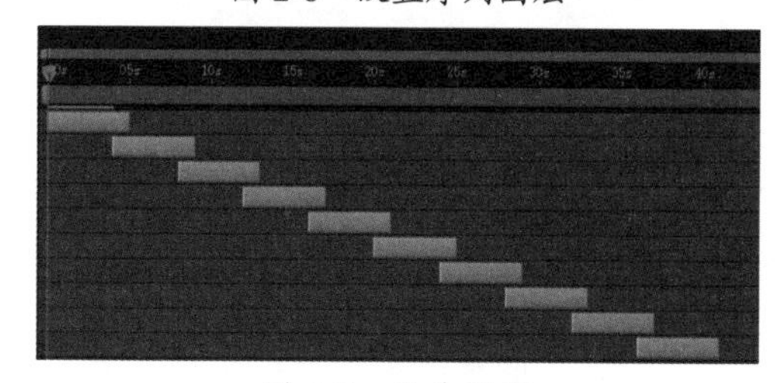

图2-9　层叠图层

2.3 设置转场效果

在设置转场效果之前，我们来学习几个快捷键。将时间指示器转到素材的入点，对应的快捷键为I；将时间指示器转到素材的出点，对应的快捷键为O；将素材的入点移动到时间指示器处，对应的快捷键为[。使用快捷键能够帮助我们更高效地制作自己想要的影视后期效果，在后面的课程中，我们也会更多地对快捷键进行介绍。

(1) 观察转场设置的入点和出点，如图2-10所示。

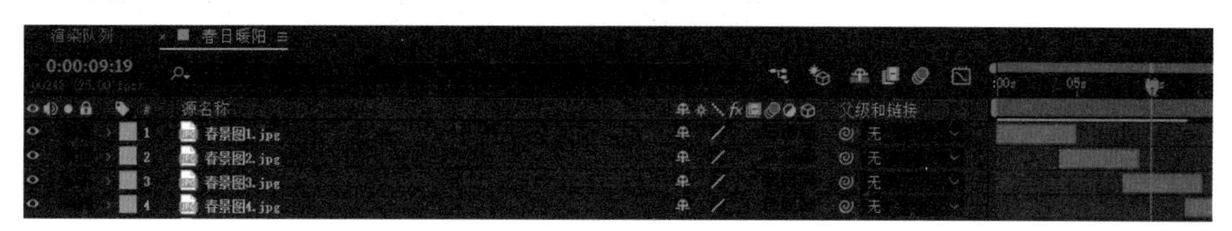

图2-10 转场设置位置

两层之间的转场效果实际上是为第一个图层进行特效的设置，设置的位置在两层的重叠区域。观察图2-10发现，重叠区域开始的位置，其实是图层2的入点处，重叠区域结束的位置，其实是图层1的入点处。

(2) 为春景图1设置百叶窗效果。

百叶窗效果在媒体中很常见，如图2-11所示为在网页中显示的效果。

图2-11 常见的网页转场效果

在After Effects软件中百叶窗转场效果设置步骤如下。

①选择图层2，按I键，使时间指示器位于图层2的入点处。选中图层1并右击，在弹出的快捷菜单中选择【效果】|【百叶窗】命令，如图2-12所示。

添加效果完成后，在屏幕左上方的特效窗口中会出现百叶窗效果的设置界面，可以对效果的各项参数进行设置。【过渡完成】为前一张图片过渡到后一张图片完成的百分比，【方向】为百叶窗的纹理转向，【宽度】为百叶窗每一个叶片的宽度，我们还可以通过调整羽化值来改变叶片的羽化效果，如图2-13所示。

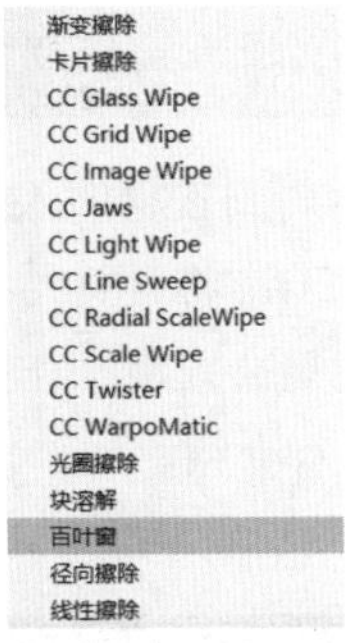

图 2-12　选择【百叶窗】命令

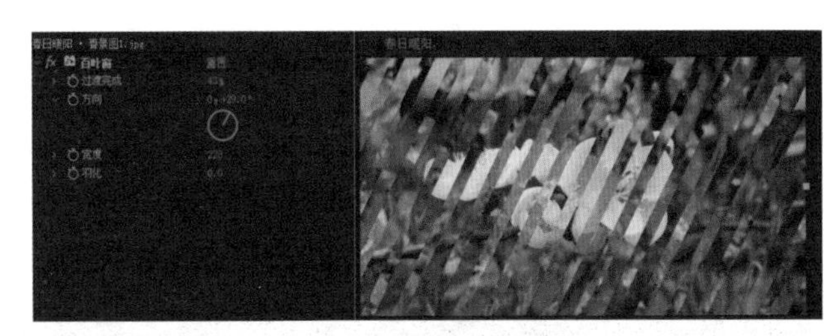
图 2-13　设置百叶窗效果

②制作百叶窗转场的动画。

单击【时间变化秒表】按钮，将【过渡完成】设置为 0%，【方向】设置为 0x+28°。选中图层 1，按 O 键，将时间指示器移到图层 1 结束的位置，将【过渡完成】设置为 100%，【方向】设置为 0x-130°，如图 2-14 所示。呈现出的效果如图 2-15 所示。

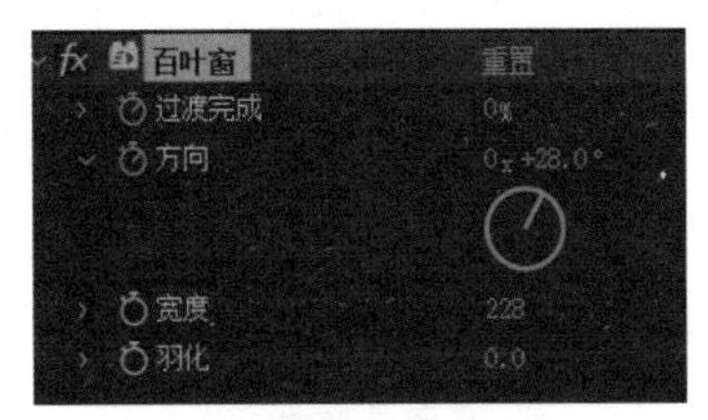

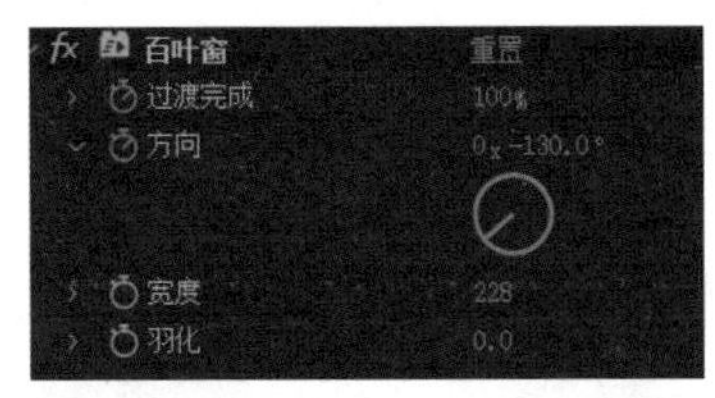

图 2-14　百叶窗效果设置界面

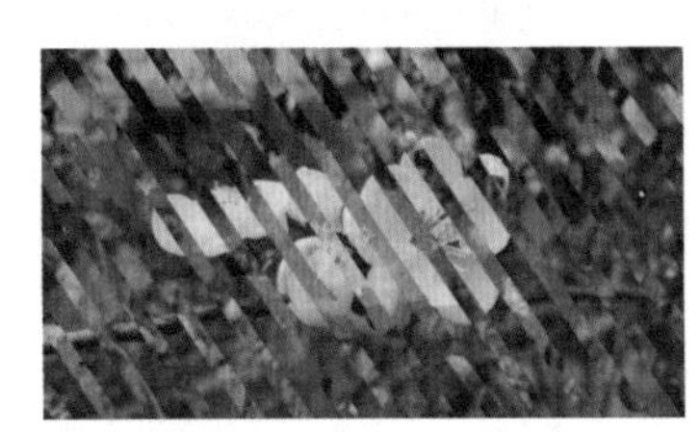

图 2-15　百叶窗动画效果

大家也可以尝试为图层 1 继续添加宽度和羽化效果制作动画。

(3) 为春景图 2 设置渐变擦除效果。

①选中图层 3，按 I 键，找到层叠区域的入点，选择图层 2，为其添加效果，在菜单栏中选择【效果】|【过渡】|【渐变擦除】命令。单击【过渡完成】前的【时间变化秒表】按钮，将完成度设置为 0%，按 O 键将时间指示器移动到图层 2 的出点（即层叠区域的结束点），将完成度设置为 100%。可以发现随着完成度的不同，图案出现的效果也随之发生变化，如图 2-16 所示。

(a) 过渡完成度为 17%

(b) 过渡完成度为 38%

(c) 过渡完成度为 60%

图 2-16　渐变擦除动画效果

②设置完毕后，经过观察发现，过渡效果的纹理是按照图层 2 的纹理来进行变化的。也可以将渐变擦除的效果设置成其他图片的纹理。

选择图层 2，按 I 键将时间指示器移动到图层 2 的入点，在【项目】面板中选择“灰度图”，将其拖入到图层 2 的下方。选择“灰度图”，按 [键将其与图层 2 对齐。将图层 2 渐变擦除特效中的【渐变图层】设置为【灰度图】，如图 2-17 所示。

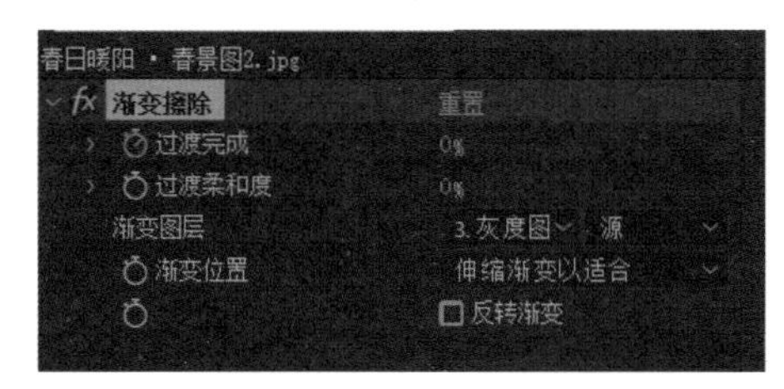

图 2-17　渐变图层的设置及效果

将灰度图的大小设置为合成组大小，并将灰度图层隐藏，最终效果如图 2-18 所示。

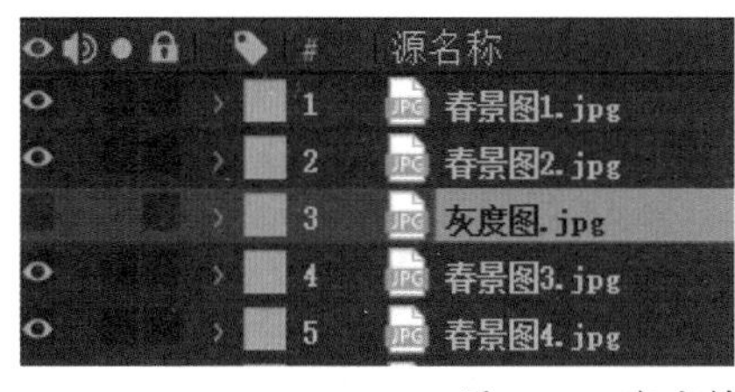

图 2-18　渐变擦除最终效果

(4) 为春景图 3 设置卡片擦除效果。

选择春景图 4，按 I 键回到春景图 4 的起点，选择春景图 3 设置“卡片擦除”效果。记录【过渡完成】动画，入点时设置为 0%，按 O 键设置春景图 3 的出点，设置【过渡完成】为 100%，将【背面图层】设置为春景图 4。

最终两个图层之间的过渡效果会像多张卡片一样翻过去，如图 2-19 所示。

图 2-19　过渡完成为 25% 和 67% 时的卡片擦除效果

大家可以根据自己的喜好，调整“行数”“列数”等多个属性。

(5) 为春景图 4 设置 Glass Wipe（玻璃扭曲）效果。

选择春景图 5，按 I 键回到春景图 5 的起点，选择春景图 4 设置 Glass Wipe 效果。记录 Completion（完成度）动画，入点时设置为 0%，按 O 键设置春景图 4 的出点，设置 Completion（完成度）为 100%。选择 Layer to Reveal（显示图层）为春景图 5，设置 Gradient Layer（渐变图层）为春景图 5，将 Softness（柔和度）设置为 30。最终两个图层之间会发生玻璃状扭曲过渡效果，如图 2-20 所示。

图 2-20　过渡完成为 25% 和 67% 时的玻璃扭曲效果

大家可以根据自己的喜好，调整柔化值，调整 Displacement Amount（位移量）。

(6) 为春景图 5 设置 Grid Wipe（网格擦除）效果。

选择春景图 6，按 I 键回到春景图 6 的起点，选择春景图 5 设置 Grid Wipe 效果。记录 Completion（完成度）动画，入点时设置为 0%，按 O 键设置春景图 5 的出点，设置 Completion（完成度）为 100%。最终两个图层之间会发生网格擦除过渡效果，如图 2-21 所示。

大家可以通过调整 Center 的值，改变网格中心的坐标；通过调整 Rotation，改变网格的角度；通过调整 Border 改变网格边框的粗细；通过调整 Tiles，设置网格的平铺值；通过设置 Shape 改变网格的形状。

图 2-21　过渡完成为 25% 和 67% 时的网格擦除效果

(7) 为春景图 6 设置 CC Jaws（CC 锯齿）效果。

选择春景图 7，按 I 键回到春景图 7 的起点，选择春景图 6 设置 CC Jaws 效果。记录 Completion（完成度）动画，入点时设置为 0%，按 O 键设置春景图 6 的出点，设置 Completion（完成度）为 100%。最终两个图层之间会发生 CC Jaws 过渡效果，如图 2-22 所示。

图 2-22　过渡完成为 28% 和 62% 时的锯齿过渡效果

大家可以通过调整 Center 的值，改变锯齿中心的坐标；通过调整 Direction 的值，改变锯齿的角度；通过调整 Height 的值，设置锯齿的高度；通过调整 Width 的值，设置锯齿的宽度；通过设置 Shape 改变锯齿的形状，锯齿的形状有四种：Spikes（钉状）、

Robojaw（机器锯齿）、Block（块状）、Waves（波浪形状）。

(8) 为春景图 7 设置 CC Light Wipe（强光过渡）效果。

选择春景图 8，按 I 键回到春景图 8 的起点，选择春景图 7 设置 CC Light Wipe 效果。记录 Completion（完成度）动画，入点时设置为 0%，按 O 键设置春景图 7 的出点，设置 Completion（完成度）为 100%。最终两个图层之间会发生 CC Light Wipe 过渡效果，如图 2-23 所示。

图 2-23　过渡完成为 8% 和 25% 时的强光过渡效果

大家可以通过调整 Center 的值，改变强光中心的坐标；通过调整 Intensity 的值，改变光的强度；通过调整 Shape 改变过渡的形状，形状有三种类型：Square（正方形）、Round（圆形）、Doors（门形），如图 2-24 所示；通过调整 Direction 改变过渡形状的方向，选中 Color from Source 复选框后，将会有光线射出，如图 2-25 所示；通过改变 Color 的值来设置强光的颜色。

图 2-24　强光过渡的三种形状

(9) 为春景图 8 设置 CC Line Sweep（线性擦除）效果。

选择春景图 9，按 I 键回到春景图 9 的起点，选择春景图 8 设置 CC Line Sweep 效果。记录 Completion（完成度）动画，入点时设置为 0%，按 O 键设置春景图 8 的出点，设置 Completion（完成度）为 100%。

其他设置如图 2-26 所示。

其中，Direction 为方向，Thickness 为厚度，Slant 为斜面，Flip Direction 为反转方向。

图 2-25　从光源射出光线

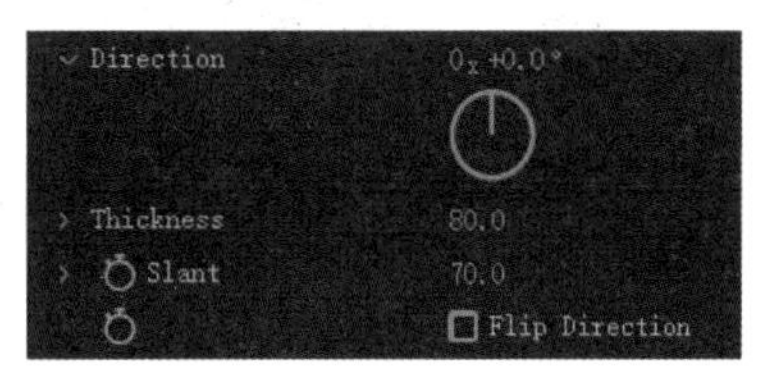

图 2-26　设置线性擦除

最终两个图层之间会发生线性擦除过渡效果，如图 2-27 所示。

图 2-27　过渡完成为 25% 和 66% 时的线性擦除过渡效果

(10) 为春景图 9 设置块溶解效果。

选择春景图 10，按 I 键回到春景图 10 的起点，选择春景图 9 设置“块溶解”效果。记录 Completion（完成度）动画，入点时设置为 0%，按 O 键设置春景图 9 的出点，设置 Completion（完成度）为 100%。块溶解效果中，初始设置里每块的尺寸很小，将【块宽度】和【块高度】均设置为 50，最后生成的效果如图 2-28 所示。

图 2-28　过渡完成为 20% 和 88% 时的块溶解效果

(11) 最后一个图层不需要进行设置。选中最后一个图层，将时间指示器置于图层的出点，在预览时间处可以看到，图片显示的总时间为 40 秒 24 帧，少于最初设置的 50 秒，如图 2-29 所示。

图 2-29　显示预览时间

在【项目】面板的空白区域右击，在弹出的快捷菜单中选择【新建合成】命令，弹出【合成设置】对话框，将合成组的持续时间设置为 40 秒 24 帧，或者直接输入 4024 即可，如图 2-30 所示。

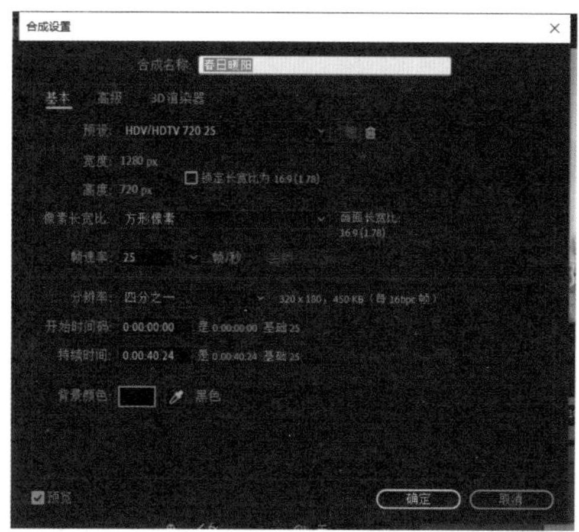

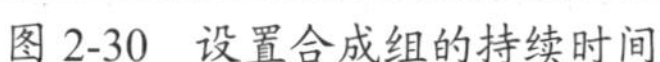
图 2-30　设置合成组的持续时间

提示： 时间设置的格式为0:00:00:00。时间单位从左侧到右侧依次是：小时、分钟、秒数、帧数。在设置时可以修改冒号之间的数字，也可以直接输入数字，不加冒号。输入的数字系统会自动从左侧到右侧按照时间单位进行识别。

2.4　添加文字

在时间轴中新建文字图层，准备添加标题文字。

由于在前面的设置中，我们将导入的素材时间均设置成了 5 秒钟，所以文字图层的长度是 5 秒。如果将鼠标指针放置在图层的末端，鼠标指针会变成双箭头形状显示，此时向左或者向右拖动，能够缩短或者延长文字图层的显示时间。

提示： 当导入的素材是视频或者音频时，其自身有相应的时间长度。此时只能通过双箭头向左缩短其时间，而不能向右延长素材的时间。

将文字图层延长至合成组的长度。输入文字“春日暖阳”。在【合成】面板右边的【字符】设置面板中，进行如图 2-31 所示的设置。文字效果如图 2-32 所示。

将时间指示器置于合成组的起始处，添加特效，如图 2-33 所示。

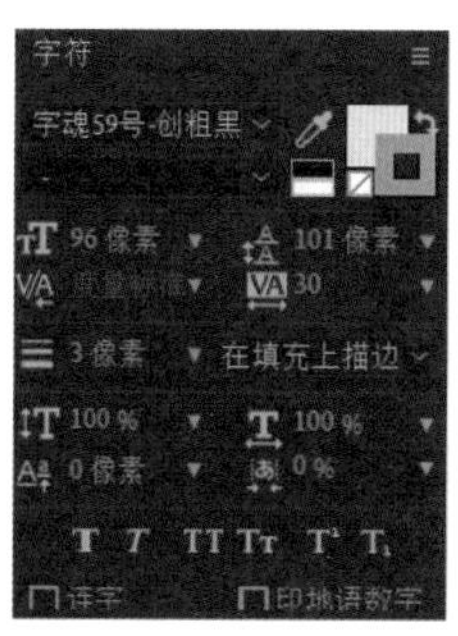

图 2-31　文字设置

图 2-32　文字效果

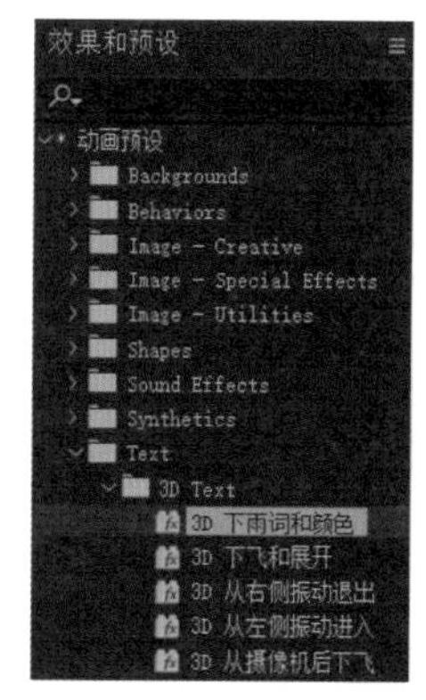

图 2-33　添加标题文字特效

2.5 添加音效

将音频文件拖入到时间轴上。

在英文状态下，按小键盘上的 0 键进行预览，会发现最后的音频突然停止。

我们对音频进行淡出设置：将时间指示器置于结束前 3 秒处，打开音频图层的【音频电平】属性，记录动画，将【音频电平】设置为 0dB；将时间指示器置于合成组结束处，将【音频电平】设置为 - 30dB，如图 2-34 所示。

图 2-34　设置音频淡出效果

2.6 渲染输出

在菜单栏中选择【合成】|【添加到渲染队列】命令，将当前合成组添加到渲染队列中。将渲染格式设置为 MOV 或者 MP4，并设置输出位置，单击【渲染】按钮。渲染后的视频如图 2-35 所示。

图 2-35　渲染后的视频文件

提示：合成组渲染的速度会受到添加特效、素材大小、机器性能等因素的影响。大家可以根据自己的硬件条件或者视频需求，灵活调整合成组的设置，来满足自己的需要。

在“过渡”特效组中，还有其他过渡特效没有进行说明，其效果与文中的设置方法类似。

项目任务单

2.1 素材导入设置

新建项目，保存项目文件（按组合键 Ctrl+S），将其命名为“春日暖阳”。

在本教材附带的素材文件夹中，有 10 张春景素材图片，一张灰度图，一段背景音乐。下面我们进入素材导入的环节。

(1) 导入素材。双击【项目】面板中的空白区域，选择所有的素材，导入到【时间轴】面板中。

(2) 新建合成。按 Ctrl+N 组合键，弹出【合成设置】对话框，设置【合成名称】为“春日暖阳”，【预设】模式为 HDV/HDTC 720 25，【像素长宽比】为【方形像素】，【持续时间】为 0:00:50:00。

为了达到良好的视觉效果，我们对每幅图片的导入时间进行设置，具体操作步骤为：在菜单栏中选择【编辑】|【首选项】|【导入】命令，在弹出的对话框中将其中的导入时间设置为 5 秒。

(3) 依次选中全部图片素材，拖入【时间轴】面板中。

可以看到，导入的图像素材在时间轴中的显示时间为 5 秒钟，可方便后续的操作。

(4) 在预览窗口中可以看到，图片的大小超过了窗口的大小，需要将图片进行统一的调整。在时间轴中，选中所有的图层并右击，在弹出的快捷菜单中选择【变换】|【适合复合】命令，或者使用组合键 Ctrl+Alt+F，就可以将素材的尺寸设置为合成组的大小。

项目记录：

2.2 序列图层

各张图片在导入到时间轴后，需要将相邻的图片进行时间上的重叠，然后进行转场效果的添加。在设置重叠时，可以使用拖动图片的功能进行设置。但是不能保证所有的图片重叠的时间都相等，会有这样或者那样的时间误差存在。图一和图二之间重叠时间是 1 秒钟，图二和图三之间的重叠时间有可能是 1 秒钟 1 帧，这样小的差别肉眼是看不见的。下面使用 After Effects 自带的功能进行设置。

从上到下，依次选中 10 个图层，在菜单栏中选择【动画】|【关键帧辅助】|【序列图层】命令。

弹出【序列图层】对话框。选中【重叠】复选框，单击【过渡】下拉按钮，将弹出下拉列表。当选择后两个选项时，图层之间会出现系统自带的转场效果。因为我们想要设置不同的转场效果，所以不采用系统本身的效果，而选择【关】选项。

项目记录：

____

____

____

____

____

____

2.3 设置转场效果

在设置转场效果之前，我们来学习几个快捷键。将时间指示器转到素材的入点，快捷键为 I；将时间指示器转到素材的出点，快捷键为 O；将素材的入点移动到时间指示器处，快捷键为 [。使用快捷键能够帮助我们更高效地制作自己想要的影视后期效果。

(1) 观察转场设置的入点和出点。

两层之间的转场效果实际上是为第一个图层进行特效的设置，设置的位置在两层的重叠区域。经过观察发现，重叠区域开始的位置，其实是图层 2 的入点处，重叠区域结束的位置，其实是图层 1 的入点处。

(2) 为春景图 1 设置百叶窗效果。

百叶窗效果在很多的媒体中都很常见。

在 After Effects 软件中百叶窗转场效果设置步骤如下。

①选择图层 2，按 I 键，使时间指示器位于图层 2 的入点处。选中图层 1 并右击，在弹出的快捷菜单中选择【效果】|【百叶窗】命令。

添加效果完成后，在屏幕左上方的特效窗口中会出现百叶窗效果的设置界面，可以对效果的各项参数进行设置。【过渡完成】为前一张图片过渡到后一张图片完成的百分比，【方向】为百叶窗的纹理转向，【宽度】为百叶窗每一个叶片的宽度，我们还可以通过调整羽化值来改变叶片的羽化效果。

②制作百叶窗转场的动画。

单击【时间变化秒表】按钮，将【过渡完成】设置为 0%，【方向】设置为 0x+28°。选中图层 1，按 O 键将时间指示器移到图层 1 结束的位置，将【过渡完成】设置为 100%，【方向】设置为 0x-130°。大家也可以尝试为图层 1 继续添加宽度和羽化动画效果。

(3) 为春景图 2 设置渐变擦除效果。

①选中图层 3，按 I 键，找到层叠区域的入点，选择图层 2，为其添加效果，在菜单栏中选择【效果】|【过渡】|【渐变擦除】命令。单击【过渡完成】前的【时间变化秒表】按钮，将完成度设置为 0%，按 O 键，将时间指示器移动到图层 2 的出点（即层叠区域

的结束点），将完成度设置为 100%。可以发现随着完成度的不同，图案出现的效果也随之发生变化。

②设置完毕后，经过观察发现，过渡效果的纹理是按照图层 2 的纹理来进行变化的。也可以将渐变擦除的效果设置成其他图片的纹理。

选择图层 2，按 I 键将时间指示器移动到图层 2 的入点，在【项目】面板中选择“灰度图”，将其拖入到图层 2 的下方。选择“灰度图”，按 [键将其与图层 2 对齐。将图层 2 渐变擦除特效中的【渐变图层】设置为【灰度图】。

将灰度图的大小设置为合成组大小，并隐藏灰度图层。

(4) 为春景图 3 设置卡片擦除效果。

选择春景图 4，按 I 键回到春景图 4 的起点，选择春景图 3 设置“卡片擦除”效果。记录【过渡完成】动画，入点时设置为 0%，按 O 键设置春景图 3 的出点，设置“过渡完成”为 100%，将【背面图层】设置为春景图 4。

最终两个图层之间的过渡效果会像多张卡片一样翻过去。

大家可以根据自己的喜好，调整“行数”“列数”等多个属性。

(5) 为春景图 4 设置 Glass Wipe（玻璃扭曲）效果。

选择春景图 5，按 I 键回到春景图 5 的起点，选择春景图 4 设置 Glass Wipe 效果。记录 Completion（完成度）动画，入点时设置为 0%，按 O 键设置春景图 4 的出点，设置 Completion（完成度）为 100%。选择 Layer To Reveal（显示图层）为春景图 5，设置 Gradient Layer（渐变图层）为春景图 5，将 Softness（柔和度）设置为 30。

最终两个图层之间会发生玻璃状扭曲过渡。

大家可以根据自己的喜好，调整柔化值，调整 Displacement Amount（位移量）。

(6) 为春景图 5 设置 Grid Wipe（网格擦除）效果。

选择春景图 6，按 I 键回到春景图 6 的起点，选择春景图 5 设置 Grid Wipe 效果。记录 Completion（完成度）动画，入点时设置为 0%，按 O 键设置春景图 5 的出点，设置 Completion（完成度）为 100%。最终两个图层之间会发生网格擦除过渡效果。

大家可以通过调整 Center 的值，改变网格中心的坐标；通过调整 Rotation，改变网格的角度；通过调整 Border 改变网格边框的粗细；通过调整 Tiles，设置网格的平铺值；通过设置 Shape 改变网格的形状。

(7) 为春景图 6 设置 CC Jaws（CC 锯齿）效果。

选择春景图 7，按 I 键回到春景图 7 的起点，选择春景图 6 设置 CC Jaws 效果。记录 Completion（完成度）动画，入点时设置为 0%，按 O 键设置春景图 6 的出点，设置 Completion（完成度）为 100%。最终两个图层之间会发生 CC Jaws 过渡效果。

大家可以通过调整 Center 的值，改变锯齿中心的坐标；通过调整 Direction 的值，改变锯齿的角度；通过调整 Height 的值，设置锯齿的高度；通过调整 Width 的值，设置锯齿的宽度；通过设置 Shape 改变锯齿的形状，锯齿的形状有四种：Spikes（钉状）、Robojaw（机器锯齿）、Block（块状）、Waves（波浪形状）。

(8) 为春景图 7 设置 CC Light Wipe（强光过渡）效果。

选择春景图 8，按 I 键回到春景图 8 的起点，选择春景图 7 设置 CC Light Wipe 效果。

记录 Completion（完成度）动画，入点时设置为 0%，按 O 键设置春景图 7 的出点，设置 Completion（完成度）为 100%。最终两个图层之间会发生 CC Light Wipe 过渡效果。

大家可以通过调整 Center 的值，改变强光中心的坐标；通过调整 Intensity 的值，改变光的强度；通过调整 Shape 改变过渡的形状，形状有三种类型：Square（正方形）、Round（圆形）、Doors（门形）；通过调整 Direction 改变过渡形状的方向，选中 Color from Source 复选框后，将会有光线射出；通过改变 Color 的值来设置强光的颜色。

(9) 为春景图 8 设置 CC Line Sweep（线性擦除）效果。

选择春景图 9，按 I 键回到春景图 9 的起点，选择春景图 8 设置 CC Line Sweep 效果。记录 Completion（完成度）动画，入点时设置为 0%，按 O 键设置春景图 8 的出点，设置 Completion（完成度）为 100%。

其中，Direction 为方向，Thickness 为厚度，Slant 为斜面，Flip Direction 为反转方向。

最终两个图层之间会发生线性擦除过渡效果。

(10) 为春景图 9 设置块溶解效果。

选择春景图 10，按 I 键回到春景图 10 的起点，选择春景图 9 设置“块溶解”效果。记录 Completion（完成度）动画，入点时设置为 0%，按 O 键设置春景图 9 的出点，设置 Completion（完成度）为 100%。块溶解效果中，初始设置里每块的尺寸很小，将【块宽度】和【块高度】均设置为 50。

(11) 最后一个图层不需要进行设置。选中最后一个图层，将时间指示器置于图层的出点，在预览时间处可以看到，图片显示的总时间为 40 秒 24 帧，少于最初设置的 50 秒。

在【项目】面板的空白区域右击，在弹出的快捷菜单中选择【新建合成】命令，弹出【合成设置】对话框，将合成组的持续时间设置为 40 秒 24 帧，或者直接输入 4024 即可。

项目记录：

____

____

____

____

____

____

2.4 添加文字

在时间轴中新建文字图层，准备添加标题文字。

由于在前面的设置中，我们将导入的素材时间均设置成了 5 秒钟，所以文字图层的长度是 5 秒。如果将鼠标指针放置在图层的末端，鼠标指针会变成双箭头形状显示，此时向左或者向右拖动，能够缩短或者延长文字图层的显示时间。

将文字图层延长至合成组的长度。输入文字“春日暖阳”。在【合成】面板右边的【字符】面板中进行设置。

将时间指示器置于合成组的起始处，添加特效。

项目记录：

2.5 添加音效

将音频文件拖入到时间轴上。

在英文状态下，按小键盘上的 0 键进行预览，会发现最后的音频突然停止。

我们对音频进行淡出设置：将时间指示器置于结束前 3 秒处，打开音频图层的【音频电平】属性，记录动画，将【音频电平】设置为 0dB；将时间指示器置于合成组结束处，将【音频电平】设置为 - 30dB。

项目记录：

课后习题

一、单项选择题

1. 将素材设置为合成组大小的快捷键为（　　）。

A.Ctrl+Alt+F　　B.Ctrl+D　　C.Ctrl+C　　D.Ctrl+S

2. 时间的设置格式为0:00:00:00，用冒号隔开的时间单位依次为（　　）。

A. 秒 : 帧数 : 分钟 : 小时

B. 帧数 : 秒 : 分钟 : 小时

C. 小时 : 分钟 : 秒 : 帧数

D. 小时 : 分钟 : 帧数 : 秒

3. 素材的入点快捷键是（　　），出点快捷键是（　　）。

A. I，O　　B. O，I　　C. [，]　　D. S，O

4. 可以使视频的入点与当前时间指示器所在位置对齐的快捷键是（　　）。

A. I　　B. O　　C. [　　D. S

5. 在（　　）特效中，可以将两个视频之间过渡的形状设置为自己规定的图片的形状。

A. 百叶窗　　B. 块溶解　　C. 线性渐变　　D. 渐变擦除

二、实际操作题

收集自己感兴趣的一组图片或者视频，例如踢足球的画面、校园生活、美食等，搜集背景音乐，通过本节课学习过的过渡效果，添加背景音乐。制作一个相册集，记录自己生活的美好瞬间。

参考答案：1.A　2.C　3.A　4.C　5.D

项目3 蒙版的认识及应用

项目导读：

通过前面的学习，大家知道了 After Effects 实际上就是一个影视后期合成软件，合成中由不同图层叠加而成，而要想显露出下面图层的内容，蒙版就起了十分重要的作用。蒙版可以把当前图层中需要的画面留下来，其他的画面透明显示，从而露出下面图层的画面。本项目将带领大家学习蒙版的创建、蒙版模式以及蒙版关键帧动画等来感受蒙版的魅力。

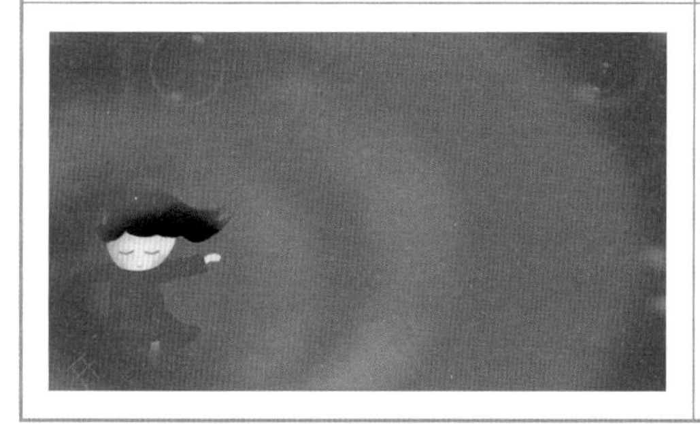

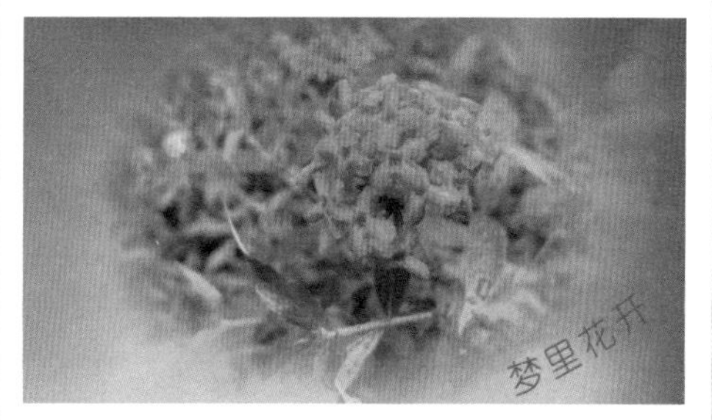

3.1 初识蒙版

首先，我们对蒙版进行一个基本知识的学习和基本工具的使用。

3.1.1 蒙版的定义

蒙版即是我们常说的遮罩，从字面上来理解，蒙版能产生遮蔽的力量。

蒙版是一个用路径绘制的区域，用于修改图层的 Alpha 通道，控制透明区域和不透明区域的范围，反映透明度的变化。当一个蒙版被创建之后，即为图像创建了一个封闭的选区，位于选区内的区域是可以被显示出来的，选区外的区域将不可见。蒙版的轮廓形状和范围决定了所看到的形状和范围。

3.1.2 创建蒙版

After Effects 提供了各种形状的蒙版，主要分为两大类：规则形状的蒙版和不规则形状的蒙版。

规则形状的蒙版主要由【矩形工具】创建，具体创建方法如下。

(1) 单击鼠标左键，选中要创建蒙版的图层。

> **提示：** 在绘制蒙版时，一定要确保选中图层再进行绘制，否则绘制的将是形状图层。

(2) 单击工具栏中的【矩形工具】按钮，此时鼠标指针变为十字形状，在【合成】窗口中相应的位置单击鼠标左键拖动，即可绘制一个矩形蒙版区域，如图 3-1 所示。

图 3-1　绘制矩形蒙版

(3) 长按工具栏中的【矩形工具】按钮，或者按住【矩形工具】右下角的三角按钮，如图 3-2 所示，在弹出的下拉列表中选择对应形状工具，可以创建圆角矩形、椭圆形、多边形和星形等其他规则形状的蒙版区域，如图 3-3 所示。

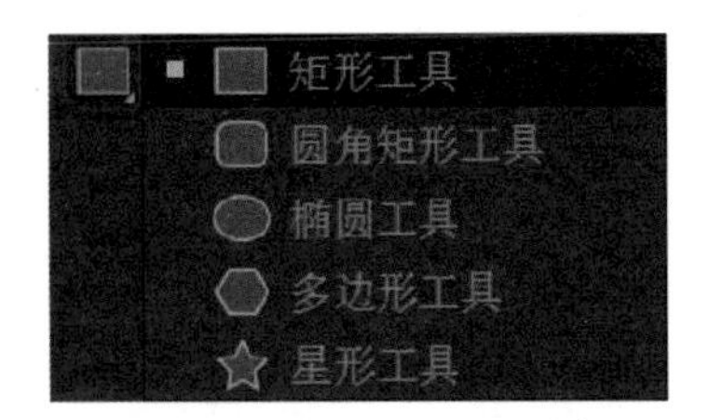

图 3-2　矩形工具下拉列表

图 3-3　绘制星形蒙版

知识链接:如何快速创建更多形状的蒙版区域

在使用【圆角矩形工具】和【多边形工具】以及【星形工具】创建蒙版时，在绘制蒙版的同时，按方向键↑和↓，可以增加或减少圆角弧度、多边形边数及星形角点数，如图 3-4 所示。

图 3-4 绘制多角星形蒙版

不规则形状的蒙版主要由【钢笔工具】创建，具体创建方法如下。

(1) 单击鼠标左键，选中要创建蒙版的图层。

(2) 单击工具栏中的【钢笔工具】按钮，此时鼠标指针变为钢笔形状，在【合成】窗口中相应的位置单击鼠标左键，即可产生第一个锚点，在下一个位置单击产生第二个锚点，接下来依次单击，最终回到起始点，当鼠标指针变为带句号的钢笔形状时单击，即可绘制一个封闭的自由曲线的蒙版区域，如图 3-5 所示。

图 3-5 绘制自由路径蒙版

知识链接:如何绘制开放的蒙版区域

利用钢笔工具单击需要的锚点后，在按住 Ctrl 键的同时在【合成】窗口的任意位置单击，结束路径的绘制，即可绘制开放的蒙版区域，如图 3-6 所示。

图 3-6 绘制开放路径蒙版

3.1.3 变换蒙版

1. 旋转蒙版

单击工具栏中的【选取工具】按钮，然后在【合成】窗口双击蒙版路径的任意位置，即可出现一个蒙版调节框。将鼠标指针移至调节框的控制点上，当鼠标指针变成旋转箭头时可以旋转蒙版，如图 3-7 所示。

图 3-7 旋转蒙版

2. 缩放蒙版

单击工具栏中的【选取工具】按钮，然后在【合成】窗口双击蒙版路径的任意位置，即可出现一个蒙版调节框。将鼠标指针移至调节框的控制点上，当鼠标指针变成双向箭头时，可以缩放蒙版，如图 3-8 所示。

图 3-8 缩放蒙版

提示：将鼠标指针移至调节框上四个角的位置，当鼠标指针变成双向箭头时，按住 Shift 键的同时拖动控制点可以等比例缩放蒙版区域（见图 3-9）；按住 Ctrl 键的同时拖动调节框上的控制点，可以以调节框的中心点为中心来缩放蒙版区域。

图 3-9 等比例缩放蒙版

3. 利用钢笔工具绘制自由变换蒙版

1）添加锚点

长按工具栏中的【钢笔工具】按钮，或者按住【钢笔工具】右下角的三角按钮，在弹出的下拉列表中选择【添加“顶点”工具】选项，如图 3-10 所示。然后在蒙版路径中需要的位置单击，即可为蒙版路径添加锚点。

2）删除锚点

长按工具栏中的【钢笔工具】，或者按住【钢笔工具】右下角的三角按钮，在弹出的下拉列表中选择【删除“顶点”工具】选项，然后单击蒙版路径中需要删除的锚点，即可删除该锚点。

3）转换锚点

钢笔工具绘制的蒙版路径有时需要进行再次调整，长按工具栏中的【钢笔工具】，在弹出的下拉列表中选择【转换“顶点”工具】选项，单击蒙版路径上的锚点，可以让路径在直线和曲线间进行转换。如果要进行更进一步的调整，可以将鼠标指针放在锚点上，当鼠标指针变成 ▸ 形状时，按住鼠标左键进行拖动，此时会看到锚点上出现两个手柄，手柄的长度和方向可以辅助读者观看蒙版路径的长度和方向。拖动手柄可以改变蒙版路径的曲率，如图 3-11 所示。

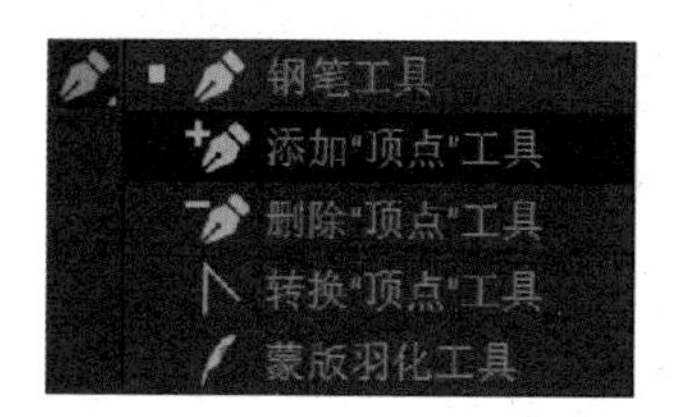

图 3-10 【钢笔工具】下拉列表

图 3-11 转换锚点

提示： 释放鼠标之后，如果想继续调整蒙版路径一侧的曲率，可以拖动一侧的手柄对这一侧的手柄进行调整，从而改变该手柄这一侧蒙版路径的曲率。

4）羽化锚点

长按工具栏中的【钢笔工具】，或者按住【钢笔工具】右下角的三角按钮，在弹出的下拉列表中选择【蒙版羽化工具】，在蒙版路径上需要的位置进行单击，然后拖动鼠标至合适的位置，释放鼠标即可看到蒙版添加羽化后的效果，如图 3-12 所示。

图 3-12　羽化锚点

3.1.4　改变蒙版属性

绘制好蒙版之后，还可以对蒙版的属性进行调整，并且可以对蒙版属性设置关键帧动画。蒙版一共有【蒙版路径】、【蒙版羽化】、【蒙版不透明度】、【蒙版扩展】四个属性。在【时间轴】面板中，选中蒙版对应的图层，按快捷键 M，即可将图层蒙版的属性调出来。

1. 蒙版路径

【蒙版路径】属性的功能和钢笔工具的功能一样，都是调整蒙版的路径，具体操作方法为：单击【蒙版路径】属性右侧的【形状】按钮，在弹出的【蒙版形状】对话框中设置相应的数值，如图 3-13 所示。【蒙版路径】属性对应的快捷键是 M 键。

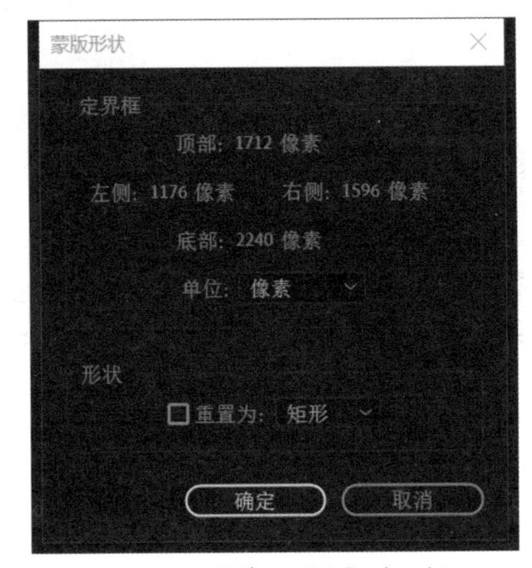

图 3-13　【蒙版形状】对话框

2. 蒙版羽化

【蒙版羽化】属性的功能是设置蒙版的羽化效果，和钢笔工具组中的【蒙版羽化工具】的功能一样。为蒙版设置羽化效果，可以使该图层与下方图层之间的过渡更加自然。具体操作方法为：在【时间轴】面板中，调整【蒙版羽化】属性后面对应的像素值，设置不同程度的羽化效果，如图 3-14 所示。【蒙版羽化】属性对应的快捷键是 F 键。

图 3-14 蒙版羽化效果

提示：单击【蒙版羽化】属性数值前面的【约束比例】按钮，可以将锁定释放，然后可以对不同轴向的数值进行单独调整，设置不同轴向的羽化效果。

3. 蒙版不透明度

【蒙版不透明度】属性的功能是调整蒙版的不透明度，如图 3-15 所示。【蒙版不透明度】属性对应的快捷键是 TT 键。

图 3-15 蒙版不透明度为 50% 的效果

4. 蒙版扩展

【蒙版扩展】属性的功能是调整蒙版的扩展程度，需要扩展蒙版区域时将数值调为正值，功能类似于放大蒙版路径；当需要收缩蒙版区域时将数值调为负值，功能类似于缩小蒙版区域，效果如图 3-16 所示。

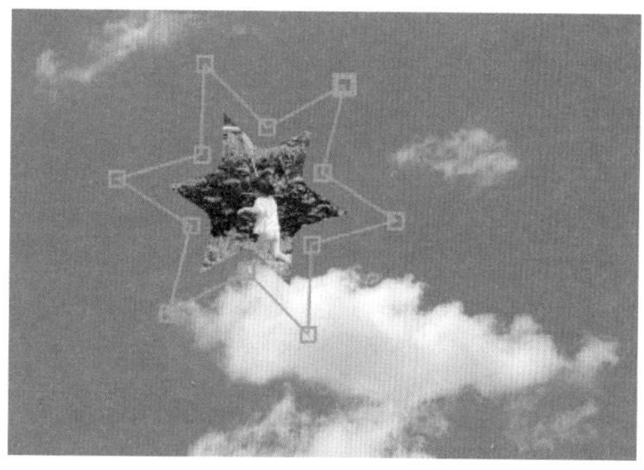

图 3-16 蒙版扩展和收缩效果

3.2 文字蒙版动画——古诗欣赏

3.2.1 文字出现

1. 新建合成

启动 After Effects 软件，单击【新建合成】按钮，弹出如图 3-17 所示的对话框，在对话框中进行如下设置：在【合成名称】后面的文本框中输入“古诗欣赏”，单击【预设】右侧的下拉按钮，在弹出的下拉列表中选择 HDTV 1080 25 选项，在【持续时间】后面的文本框中输入 0:00:10:00，设置时间为 10s，其他设置保持不变，设置完成后单击【确定】按钮。

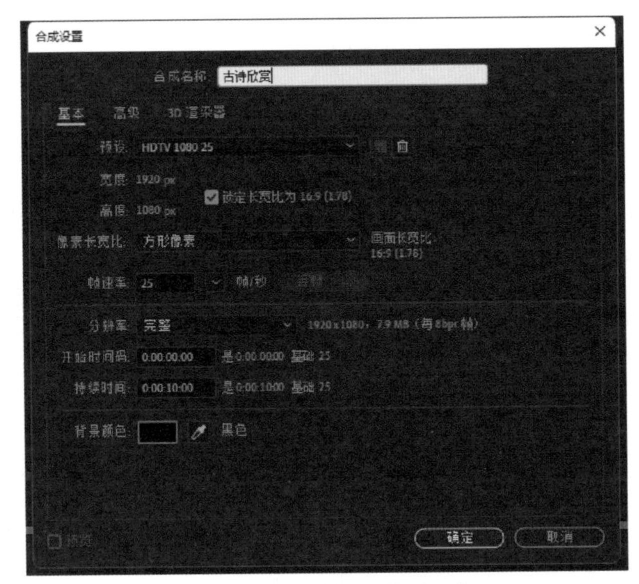

图 3-17　【合成设置】对话框

> **提示：**【持续时间】的另外一种快速的设置方法为，省略冒号和前面的 0，以 10s 为例，在【持续时间】后面的文本框中输入 1000 即可。

2. 导入素材

在菜单栏中选择【文件】|【导入】|【文件】命令，在弹出的【导入文件】对话框中选中图片素材“古诗背景图”，然后单击【导入】按钮，导入背景图。

> **提示：**在【项目】面板的空白处双击，也可以弹出【导入文件】对话框，进行素材的导入。在【导入文件】对话框中，找到对应的素材进行双击也可以将素材导入至工程文件。

3. 将素材拖入合成并调整大小

在【项目】面板中选中素材“古诗背景图”，拖入【时间轴】面板。按快捷键 S 展开“古诗背景图”图层的【缩放】属性，将缩放值设置为256。或者选中“古诗背景图”图层，执行【图层】|【变换】|【选择复合】命令。

提示：将素材图层大小设置成和合成大小一致的快捷键为 Ctrl+Alt+F；将素材图层的宽度设置成和合成大小一致的快捷键为 Ctrl+Shift+Alt+H；将素材图层的高度设置成和合成大小一致的快捷键为 Ctrl+Shift+Alt+G。

4. 新建文字层并设置相应的属性

在【时间轴】面板空白处右击，在弹出的快捷菜单中选择【新建】|【文本（T）】命令，如图 3-18 所示，即可新建一个“空文本图层”。

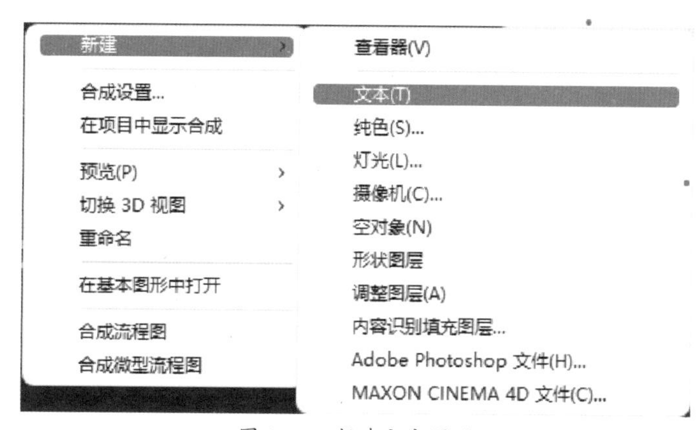

图 3-18 新建文字图层

在素材文件夹中双击打开素材“古诗文原文.txt”，全选文字并复制，回到After Effects软件中，双击刚刚新建的文字图层，将复制的文字进行粘贴。选中所有的文字，在【字符】面板中，按照图 3-19所示，设置字体为【仿宋】，字号为 70像素，设置行距为 115 像素，单击【仿粗体】按钮 为字体设置加粗效果。为了美观，选中文字“【宋】苏轼”，设置字号为 60 像素。

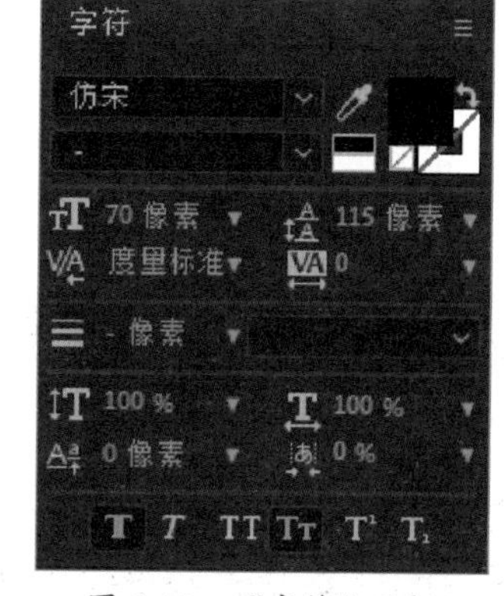

图 3-19 “字符”面板

按快捷键 P 键，展开文字图层的【位置】属性，设置位置参数为（1206, 286），这里读者也可以根据自己的需要调整该文字图层的位置，效果如图 3-20 所示。

图 3-20 文字层效果

5. 为文字层制作蒙版动画

选中文字图层，单击工具栏中的【矩形工具】按钮，在【合成】窗口中古诗的左侧按住鼠标左键拖动，绘制一个矩形蒙版“蒙版 1”，如图 3-21 所示。

图 3-21 绘制矩形蒙版

在【时间轴】面板中，拖动时间指示器，将时间定位到 0s。按快捷键 M 键，展开【蒙版 1】的【蒙版路径】属性，单击属性前面的【时间变化秒表】按钮，添加关键帧，如图 3-22 所示。

图 3-22 创建第一个关键帧

拖动时间指示器，将时间定位到2s。单击工具栏中的【选取工具】按钮▶，在【合成】窗口中双击“蒙版 1”，向右拖动调节框，直至整个古诗全部显示出来，此时【蒙版路径】属性自动产生了另一个关键帧，效果如图 3-23 所示。

图 3-23 创建第二个关键帧

按快捷键 F 键，展开【蒙版 1】的【蒙版羽化】属性，设置羽化值为 50 像素。

至此，利用蒙版制作的文字出现效果已完成，如图 3-24 所示。读者可以拖动时间指示器进行预览。

图 3-24 文字出现效果

3.2.2 文字过光

1. 复制文字层

选中文字图层，按 Ctrl+D 组合键复制文字层，选中复制的文字层，按 Enter 键，将上方文字层重命名为“过光”。

单击下方文字层前面的👁按钮，关闭下方图层的显示。双击“过光”图层，删除古诗正文部分，保留标题和作者。选中标题和作者，在【字符】面板中，单击【填充颜色】按钮，在弹出的对话框中更改文字颜色，设置 RGB 值为（217, 173, 122），如图 3-25 所示。

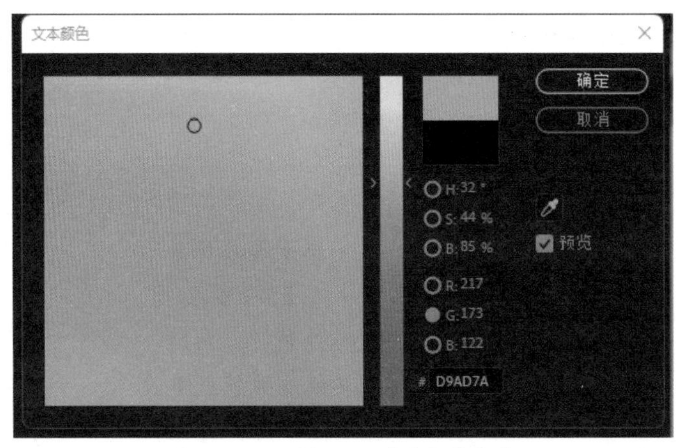

图 3-25　设置标题和作者文字颜色

单击下方文字图层前面的按钮，显示下方文字图层的内容，效果如图 3-26 所示。

图 3-26　文字效果

2. 绘制蒙版

选中“过光”图层，按快捷键 M 键，调出【蒙版 1】，选中【蒙版 1】，按 Delete 键删除【蒙版 1】。单击工具栏中的【矩形工具】按钮，在【合成】窗口中古诗标题的左侧按住鼠标左键拖动，绘制一个小的矩形蒙版“蒙版 1”。

为了使过光效果更好看，将“蒙版 1”旋转一定的角度。具体操作方法为：双击矩形蒙版，在出现调节框之后，将鼠标指针放置在蒙版调节框周围，拖动鼠标左键进行旋转。

为了使文字出现得更自然，读者可以为“蒙版 1”添加羽化效果。按快捷键 F 键，展开【蒙版 1】的【蒙版羽化】属性，设置羽化值为 30 像素。

3. 制作过光效果

拖动时间指示器，将时间定位到 2s。按快捷键 M 键，展开【蒙版 1】的【蒙版路径】属性，单击属性前面的【时间变化秒表】按钮，添加关键帧。

拖动时间指示器，将时间定位到 4s。单击工具栏中的【选取工具】按钮，在【合成】窗口中双击“蒙版 1”，然后将鼠标指针放至调节框内拖动鼠标，将“蒙版 1”拖至标题右侧。

拖动时间指示器，将时间定位到4s10f。用同样的方法将“蒙版 1”拖至古诗作者右侧。由于作者的字号略小于标题，读者可以根据实际需要，缩小蒙版的高度。拖动时间指示器，将时间定位到6s，将“蒙版 1”拖至古诗作者左侧。“蒙版 1”的具体位置变化如图 3-27 所示。

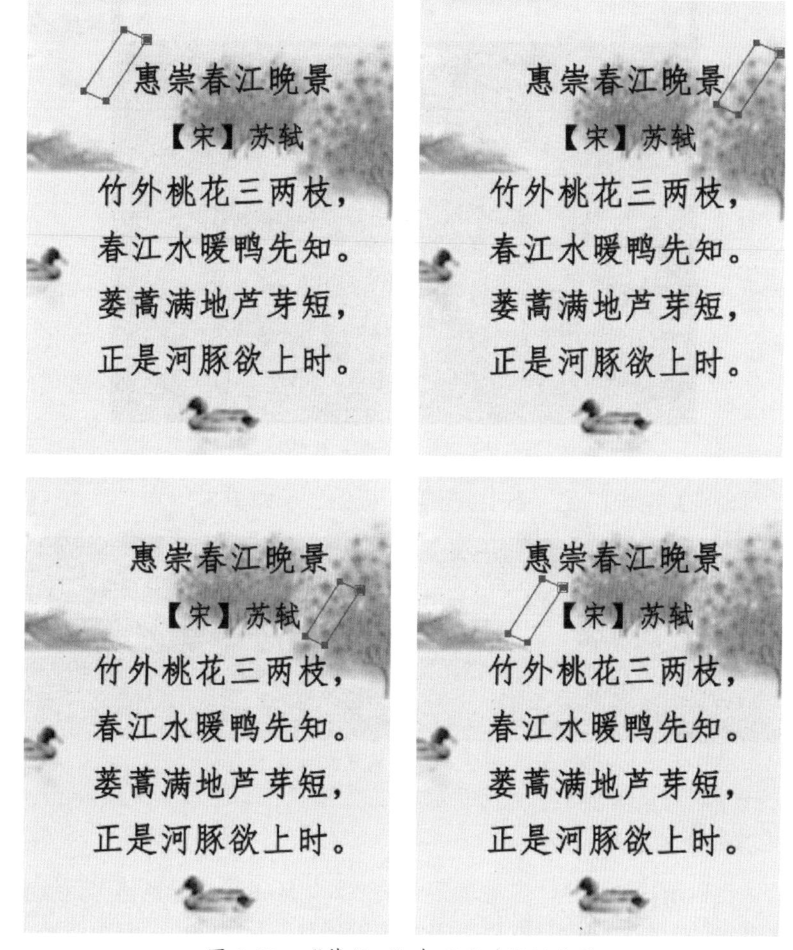

图 3-27 “蒙版 1”在不同时间的位置

至此，利用蒙版制作的过光效果已完成，如图 3-28 所示。读者可以拖动时间指示器进行预览。

图 3-28 文字的过光效果

文字出现效果和过光效果完成之后，我们将两个文字图层进行打包。按住 Ctrl 键分别单击两个文字图层，选中这两个文字层。执行【图层】|【预合成】命令，在弹出的【预合成】对话框中，选中【将所有属性移动到新合成】单选按钮，其余参数保持不变，如图 3-29 所示。也可以按组合键 Ctrl+Shift+C 进行预合成。

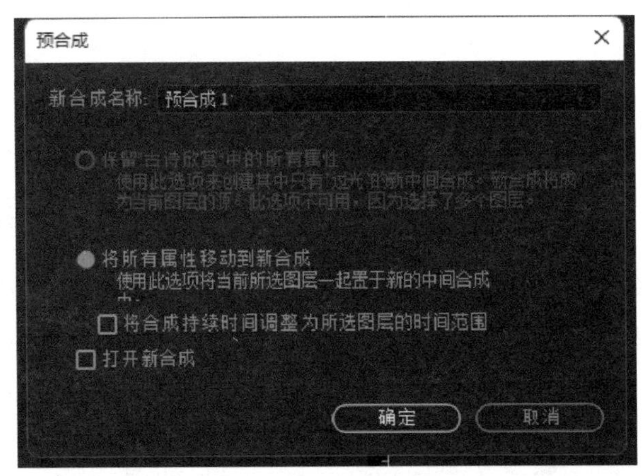

图 3-29　【预合成】对话框

执行【预合成】操作之后，【时间轴】面板的显示如图 3-30 所示。

图 3-30　预合成之后的【时间轴】面板

3.2.3　文字下划线效果

蒙版除了可以是封闭路径，产生遮蔽效果之外，还可以利用钢笔工具绘制开放蒙版路径，那么开放的蒙版路径有什么作用呢？接下来我们利用开放的蒙版路径为古诗添加下划线效果。

1. 绘制蒙版作为下划线

选中【预合成 1】图层，单击工具栏中的【钢笔工具】按钮，此时鼠标指针变为钢笔形状，在【合成】窗口中第一行古诗下方左侧单击确定第一个锚点，按住 Shift 键的同时在第一行古诗下方右侧单击确定第二个锚点（按住 Shift 键是为了辅助读者画出横线），为了结束钢笔工具的绘制，此时按住 Ctrl 键在【合成】窗口中的任意位置单击，即可结束蒙版路径的绘制，从而形成一个开放的蒙版路径，效果如图 3-31 所示。

继续采用此方法为第二行诗绘制下划线。单击【钢笔工具】按钮，在第二行古诗下方左侧单击确定第一个锚点，按住 Shift 键的同时在第二行古诗下方右侧单击确定第二个锚点，按住 Ctrl 键在【合成】窗口中的任意位置单击，结束绘制。

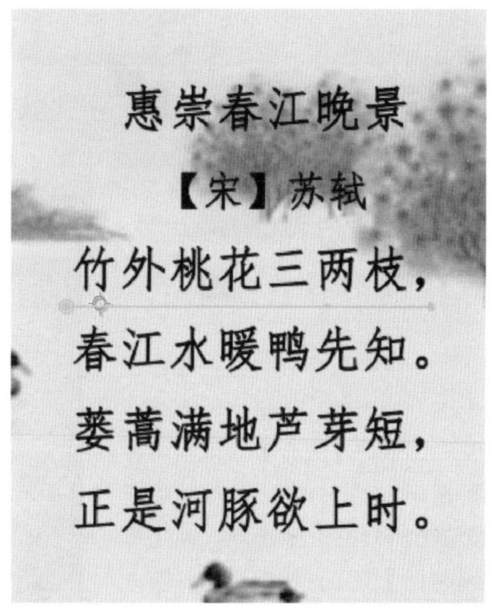

图 3-31　直线蒙版

2. 复制蒙版制作多个下划线

我们还可以对蒙版进行复制。在【时间轴】面板中，选中【预合成 1】图层的【蒙版 2】图层，按组合键 Ctrl+D 复制出【蒙版 3】，再按组合键 Ctrl+D 复制出【蒙版 4】。复制完成后，选中【蒙版 3】，利用键盘上的方向键↓，将【蒙版 3】移动至第 3 行诗下方。采用同样的方法，将【蒙版 4】移动到第 4 行诗下方。

3. 为“预合成 1”图层添加特效

选中【预合成 1】图层，执行【效果】|【生成】|【描边】命令，为【预合成 1】图层添加“描边”特效。在【效果控件】面板的【描边】选项组中选中【所有蒙版】复选框，如图 3-32 所示。

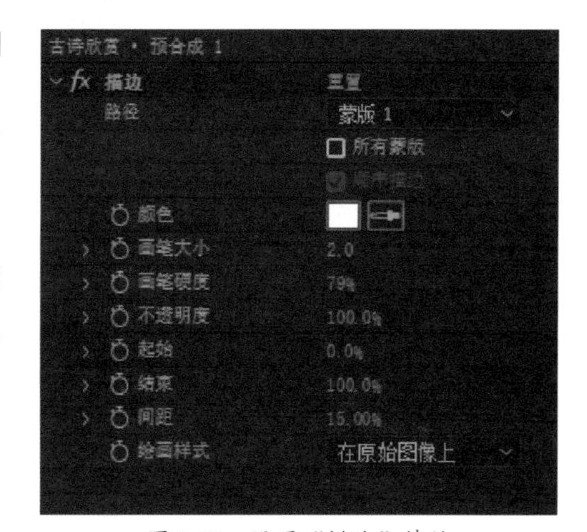

图 3-32　设置“描边”特效

单击【颜色】属性后面的吸管，此时鼠标指针变成吸管形状，在【合成】窗口中花的位置单击一下，即可吸附花的颜色。读者也可以根据自己的喜好设置描边的颜色。将【画笔大小】后面的数值设置为 10。

4. 制作关键帧动画实现下划线效果

拖动时间指示器，将时间定位到 6s。在【效果控件】面板中，单击【结束】属性前面的【时间变化秒表】按钮，添加关键帧，将数值设置为 0。拖动时间指示器，将时间定位到 10s。将【结束】属性的数值设置为 100。至此，加下划线的效果就实现了，如图 3-33 所示。

图 3-33　加下划线的效果

3.3 蒙版综合应用——梦里花开

3.3.1 梦中花朵

1. 新建合成

启动 After Effects 软件，单击【新建合成】按钮，弹出如图 3-34 所示的对话框。在对话框中进行如下设置：在【合成名称】后面的文本框中输入“花开”，单击【预设】右侧的下拉按钮，在弹出的下拉列表中选择 HDTV 1080 25 选项，在【持续时间】后面的文本框中输入 0:00:11:00，设置时间为 11s，其他设置保持不变，设置完成后单击【确定】按钮。

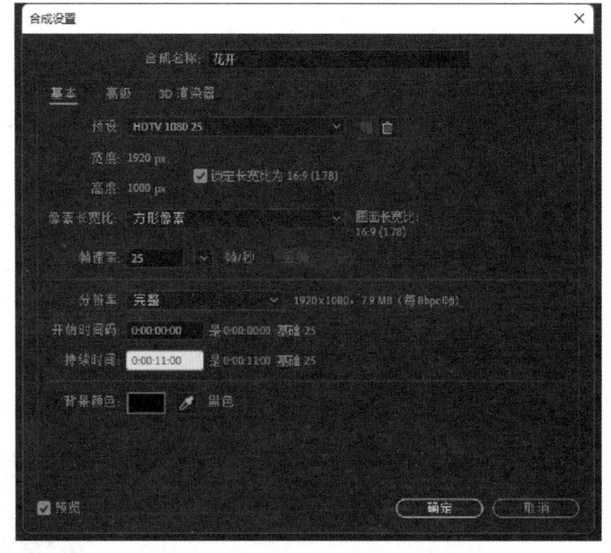

图 3-34 【合成设置】对话框

2. 导入素材

在【项目】面板的空白处双击，在弹出的【导入文件】对话框中选中所有素材，单击【导入】按钮，导入所有素材。

3. 设置素材静态时间

执行【编辑】|【首选项】|【常规】命令，弹出【首选项】对话框，如图 3-35 所示。

单击左侧导航栏中的【导入】，然后在右侧【静止素材】下方选中第二个单选按钮，并在右侧文本框中输入 0:00:03:00，设置静止素材的持续时间为 3s。

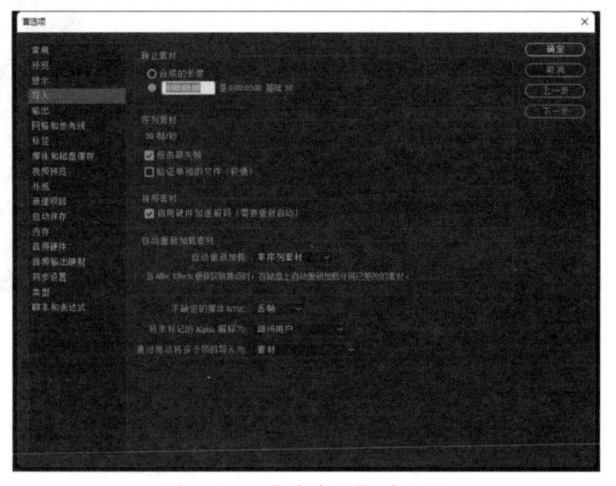

图 3-35 【首选项】对话框

4. 将素材拖入合成

在【项目】面板选中图片素材“花 1”“花 2”“花 3”“花 4”，拖入【时间轴】面板，按快捷键 S 键展开 4 个图层的【缩放】属性，将缩放值设置为 160。拖动时间指示器，将时间定位到 2s，将 4 个图层的时间起始位置定位至 2s，如图 3-36 所示。

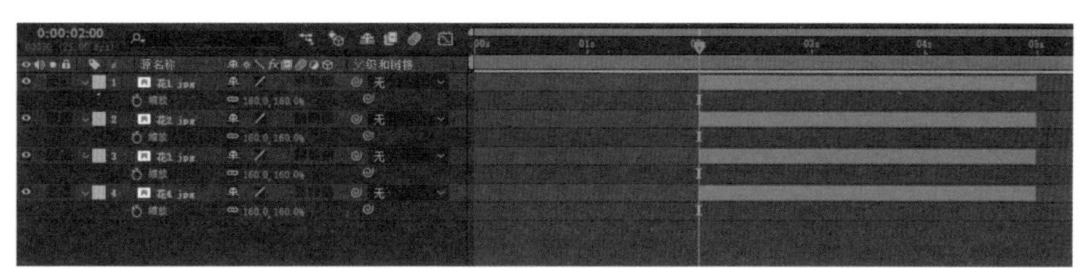

图 3-36 调整图片素材的大小

5. 设置序列图层效果

选中“花 1”“花 2”“花 3”“花 4”素材，执行【动画】|【关键帧辅助】|【序列图层】命令，在弹出的【序列图层】对话框中选中【重叠】复选框，然后在【持续时间】右侧的文本框中输入 0:00:01:00，设置过渡时间为 1s，单击【过渡】右侧的下拉按钮，在弹出的下拉列表框中选择【溶解前景图层】选项，如图 3-37 所示，单击【确定】按钮，此操作使花之间的过渡更加自然。

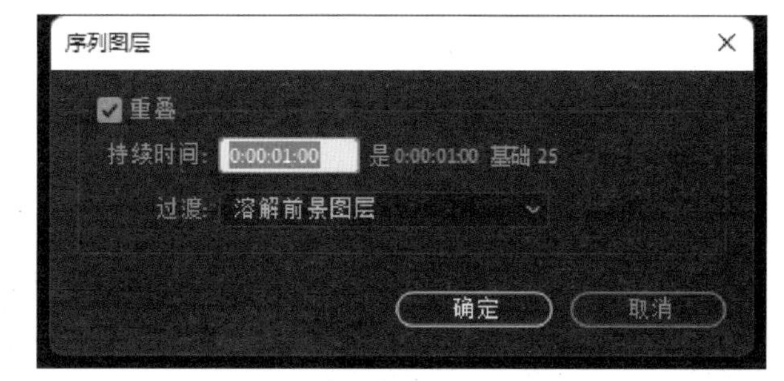

图 3-37 【序列图层】对话框

> **提示：**【溶解前景图层】主要是自动为前面的图层制作“不透明度”属性由 100% 到 0% 的关键帧动画。读者可以选中 4 个图层，按快捷键 U 键，调出 4 个图层的关键帧，可以看到每个图层的不透明度属性有关键帧动画，如图 3-38 所示。

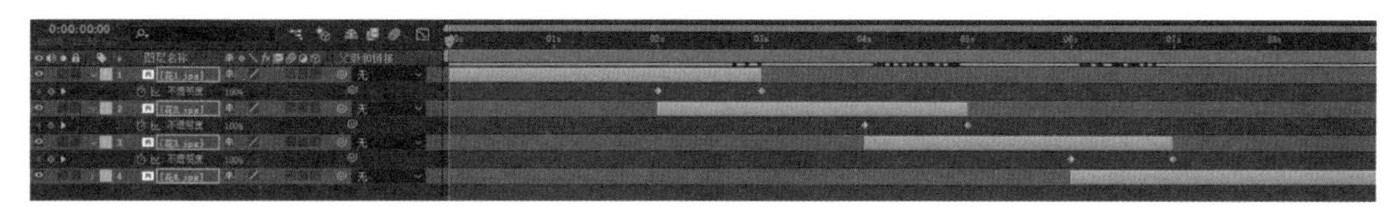

图 3-38 图层溶解过渡的“时间线”

6. 绘制蒙版

在【项目】面板中选中视频素材“背景 2”，拖入【时间轴】面板，放置于最底图层。选中“花 1”图层，单击工具栏中的【椭圆工具】按钮，在【合成】窗口绘制一个椭圆蒙版“蒙版 1”，按快捷键 F 键调出【蒙版羽化】属性，设置数值为 150，效果如图 3-39 所示。

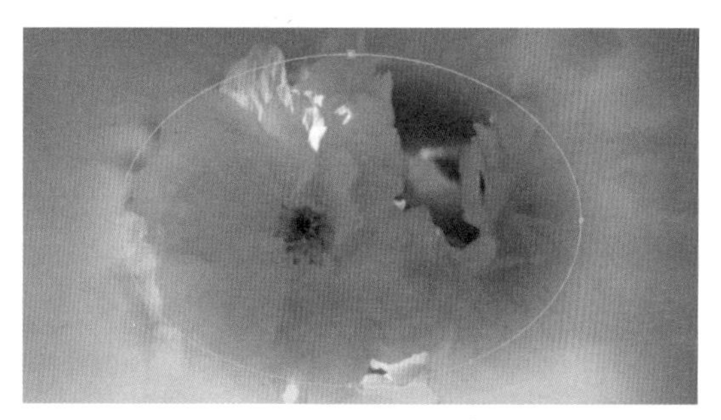

图 3-39 为花绘制蒙版

7. 复制蒙版

选中“花 1”图层的“蒙版 1”，按组合键 Ctrl+C 复制蒙版。选中“花 2”“花 3”“花 4”图层，按组合键 Ctrl+V 为“花 2”“花 3”“花 4”图层粘贴蒙版。这里读者也可以根据自己的喜好，为各个花图层绘制不同的蒙版。

8. 制作花朵的动态效果

制作“花 1”向右微移的动态效果。具体操作为：选中“花 1”图层，在【时间轴】面板中，拖动时间指示器，将时间定位到 2s。按快捷键 P 键，展开“花 1”图层的【位置】属性，单击属性前面的【时间变化秒表】按钮，添加关键帧，更改位置属性为（930, 540）。拖动时间指示器，将时间定位到 4s，更改位置属性为（960, 540）。

制作“花 2”微缩的动态效果。具体操作为：选中“花 2”图层，在【时间轴】面板中，拖动时间指示器，将时间定位到 4s。按快捷键 S 键，展开“花 2”图层的【缩放】属性，单击属性前面的【时间变化秒表】按钮，添加关键帧，更改缩放属性为（170, 170）。拖动时间指示器，将时间定位到 6s，更改缩放属性为（150, 150），如图 3-40 所示。

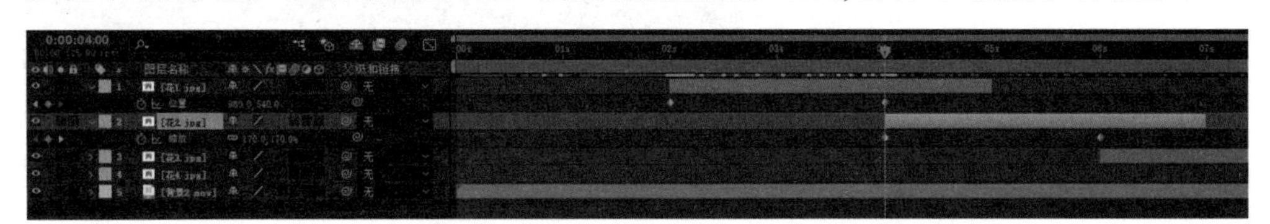

图 3-40 制作“花 1”“花 2”的关键帧动画

制作“花 3”边缘扩展的动态效果。具体操作为：选中“花 3”图层，按快捷键 S 键，展开“花 3”图层的【缩放】属性，更改缩放属性为（110, 110）。按快捷键 F 键调出【蒙版羽化】属性，设置数值为 200。在【时间轴】面板中，拖动时间指示器，将时间定位到 6s。按快捷键 M 键，展开“花 3”图层的【蒙版路径】属性，单击属性前面的【时间变化秒表】按钮，添加关键帧。单击工具栏中的【选取工具】按钮，在【合成】窗口双击“花 3”图层的“蒙版 1”，当出现调节框时拖动鼠标缩小“蒙版 1”并移动到如图 3-41 所示的位置。拖动时间指示器，将时间定位到 8s。单击工具栏中的【选取工具】按钮，在【合成】窗口双击“花 3”图层的“蒙版 1”，当出现调节框时拖动鼠标放大“蒙版 1”，得到如图 3-42 所示的大小。

图 3-41 “花 3”蒙版的初始路径

图 3-42 “花 3”蒙版的最终路径

制作“花 4”向左微移的动态效果。具体操作为：选中“花 4”图层，在【时间轴】面板，拖动时间指示器，将时间定位到 8s。按快捷键 P 键，展开“花 1”图层的【位置】

属性，单击属性前面的【时间变化秒表】按钮，添加关键帧。拖动时间指示器，将时间定位到 11s，更改位置属性为（930, 540）。

3.3.2　小女孩入梦

1. 制作小女孩向上微移动画

单击【新建合成】按钮，在弹出的对话框中进行如下设置：在【合成名称】后面的文本框中输入“梦里花开”，在【预设】右侧的下拉列表框中选择 HDTV 1080 25 选项，在【持续时间】后面的文本框中输入 0:00:12:00，设置时间为 12s，其他设置保持不变，设置完成后单击【确定】按钮。

执行【编辑】|【首选项】|【常规】命令，在弹出的【首选项】对话框中，单击左侧导航栏中的【导入】，然后在右侧【静止素材】下方选中【合成的长度】单选按钮。

在【项目】面板中选中图片素材“小女孩”，拖入【时间轴】面板，按快捷键 S 键，展开“小女孩”图层的【缩放】属性，设置【缩放】属性为（110, 110）。

按快捷键 P 键，展开“小女孩”图层的【位置】属性，单击属性前面的【时间变化秒表】按钮，添加关键帧。拖动时间指示器，将时间定位到 1s，更改位置属性为（960, 510）。

2. 制作波纹效果

在【项目】面板中选中视频素材“背景 1”，拖入【时间轴】面板。单击工具栏中的【椭圆工具】按钮，在【合成】窗口依次由大到小绘制 5 个椭圆蒙版，按快捷键 F 键调出【蒙版羽化】属性，设置数值为 100。在【蒙版模式】下拉列表中，将“蒙版 1”“蒙版 3”“蒙版 5”的蒙版模式由【相加】更改为【相减】，出现圆环效果，如图 3-43 所示。

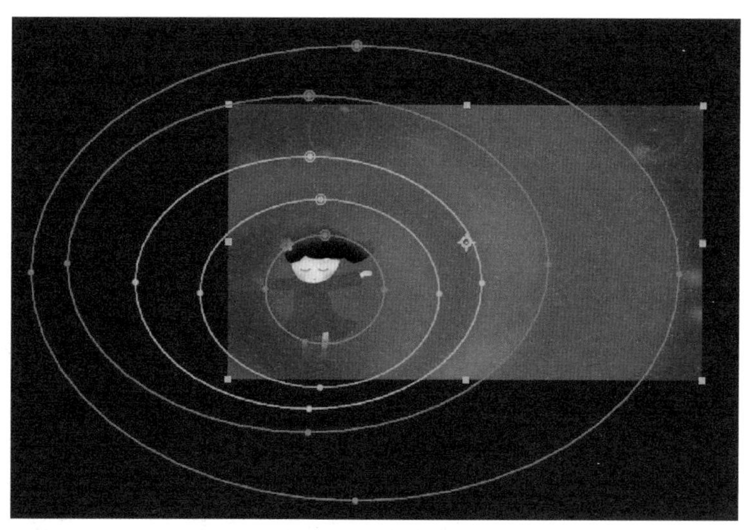

图 3-43　绘制蒙版

知识链接:蒙版模式

蒙版模式决定了蒙版如何在图层上起作用。当一个层上有多个蒙版时,可以对蒙版模式进行选择,从而产生不同的显示效果。

蒙版模式一共有7种可供选择,如图3-44所示,默认的为【相加】模式。下面简单介绍一下每种模式。

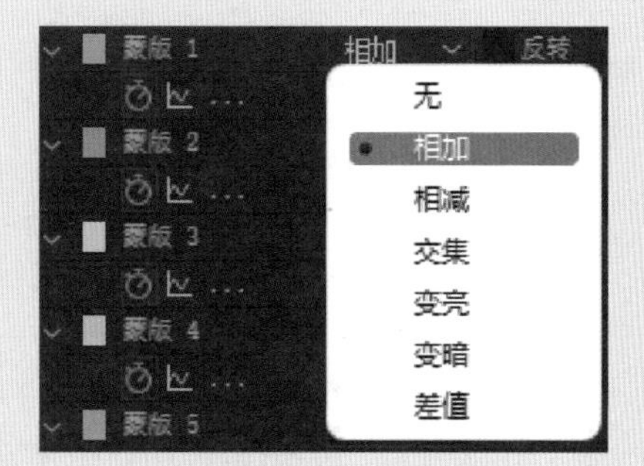

图3-44　蒙版模式

无:只显示蒙版的形状,不产生遮蔽效果,在需要为蒙版路径添加特效时使用。

相加:显示蒙版内所有内容,有多个蒙版相交时,显示前后蒙版相加的所有区域。

相减:与【相加】模式相反,显示蒙版外所有内容;有多个蒙版相交时,下层蒙版会将与上层蒙版重叠的部分减去。

交集:显示所选蒙版与其他蒙版相交部分的内容。

变亮:与【相加】模式相同,但蒙版相交部分不透明度以当前蒙版的不透明度为准。

变暗:与【相减】模式相同,但蒙版相交部分不透明度以当前蒙版的不透明度为准。

差值:与【交集】模式相反,显示蒙版相交部分以外的所有区域。

拖动时间指示器,将时间定位到0s,选中"小女孩"图层的5个蒙版,按快捷键M键调出5个蒙版的【蒙版路径】属性,单击属性前面的【时间变化秒表】按钮,添加关键帧。拖动时间指示器,将时间定位到1s,单击工具栏中的【选取工具】按钮,在【合成】窗口双击5个蒙版,当出现调节框时旋转放大调节框,效果如图3-45所示。

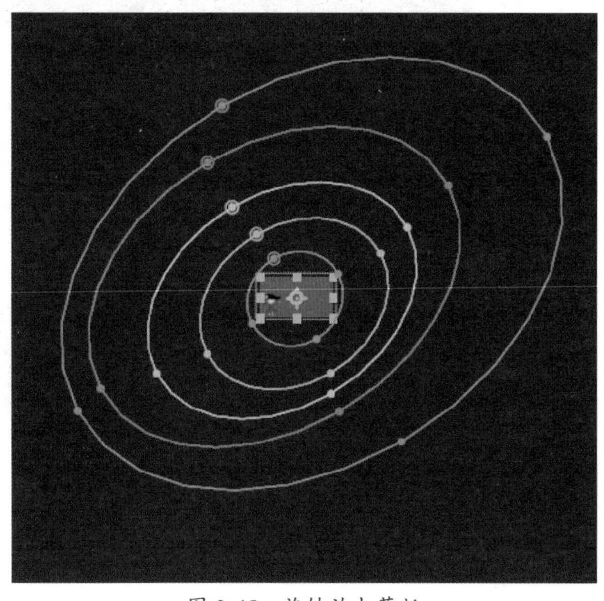

图3-45　旋转放大蒙版

3.3.3 梦里花开

1. 制作小女孩联想效果

在【项目】面板中选中合成“花开”作为素材拖入【时间轴】面板，将该图层的起始时间调整为 1s。选中“花开”图层，单击工具栏中的【椭圆工具】按钮，在【合成】窗口中依次由小到大绘制 3 个椭圆蒙版，如图 3-46 所示。

图 3-46 为“花开”图层绘制 3 个蒙版

选中 3 个蒙版，按快捷键 F 键，调出【蒙版羽化】属性，设置羽化值为 50。然后按快捷键 TT 键，调出【蒙版不透明度】属性。

单击【蒙版 1】属性前面的【时间变化秒表】按钮，添加关键帧，设置不透明度值为 0%。拖动时间指示器，将时间定位到 1s10f，设置不透明度值为 100%。

单击【蒙版 2】属性前面的【时间变化秒表】按钮，添加关键帧，设置不透明度值为 0%。拖动时间指示器，将时间定位到 1s20f，设置不透明度值为 100%。

单击【蒙版 3】属性前面的【时间变化秒表】按钮，添加关键帧，设置不透明度值为 0%。拖动时间指示器，将时间定位到 2s5f，设置不透明度值为 100%。按快捷键 M 键，展开“花开”图层的【蒙版路径】属性，选中【蒙版 3】的【蒙版路径】属性，单击属性前面的【时间变化秒表】按钮，添加关键帧。拖动时间指示器，将时间定位到 3s，放大【蒙版 3】直到露出整个画面，如图 3-47 所示。

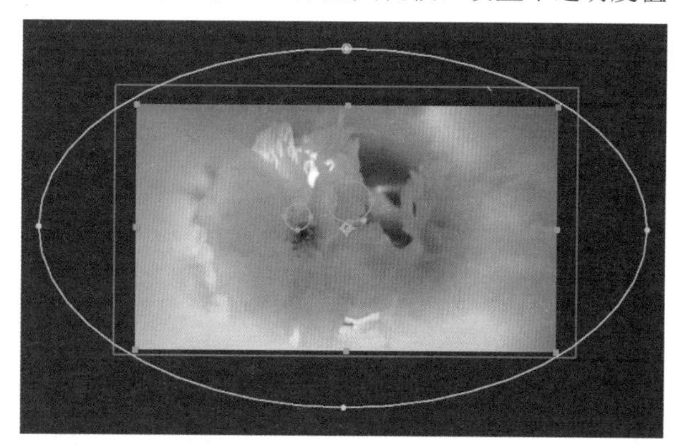

图 3-47 放大“花开”图层“蒙版 3”

2. 新建纯色固态层

在【时间轴】面板空白处右击，在弹出的快捷菜单中选择【新建】|【纯色（S）】命令，如图 3-48 所示，新建一个纯色固态层。

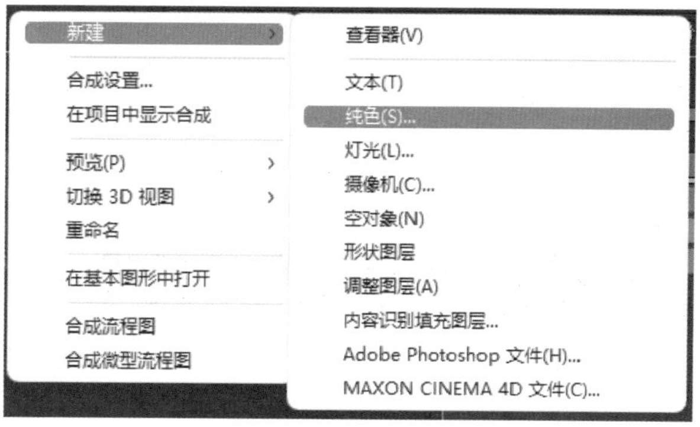

图 3-48 新建纯色固态层

在弹出的【纯色设置】对话框中，设置【名称】为“梦里花开”，其他设置保持默认，如图 3-49 所示。

3. 添加“路径文本”特效

选中“梦里花开”图层，执行【效果】|【过时】|【路径文本】命令，为“梦里花开”图层添加“路径文本”特效。在弹出的【路径文字】对话框中输入文字“梦里花开”，如图 3-50 所示，读者可以根据自己的需要在此窗口设置字体和样式，单击【确定】按钮。

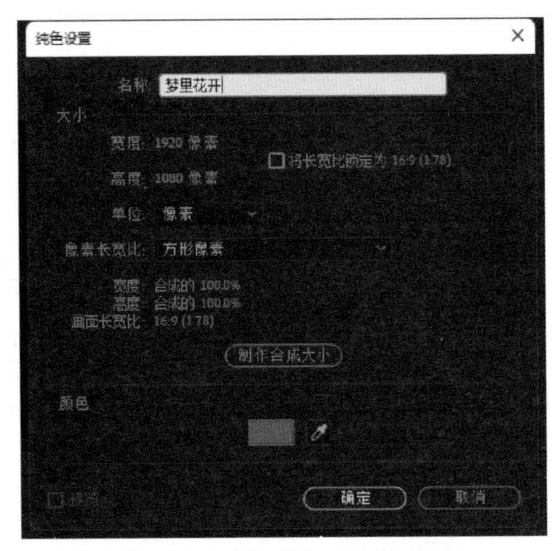

图 3-49 【纯色设置】对话框

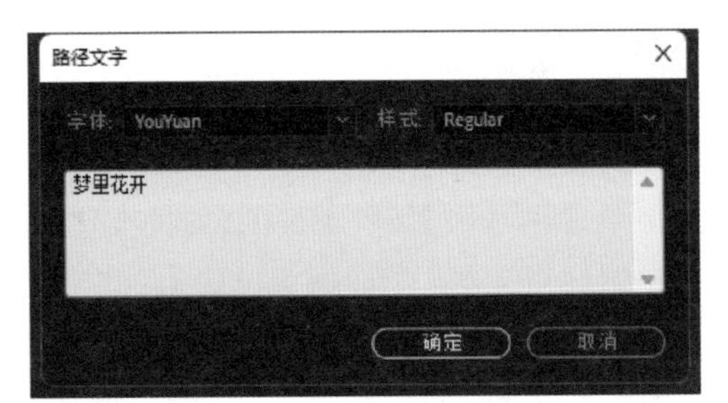

图 3-50 【路径文字】对话框

4. 制作路径文字动画

选中“梦里花开”图层，单击工具栏中的【钢笔工具】按钮，此时鼠标指针变为钢笔形状，在【合成】窗口左下角单击确定第一个锚点，在中间位置单击确定第二个和第三个锚点，在右侧单击确定第四个锚点，按住 Ctrl 键在【合成】窗口任意位置单击结束钢笔工具的绘制，形成如图 3-51 所示的开放的蒙版路径。

在【效果控件】面板中进行如下设置：【自定义路径】设置为【蒙版 1】，【填充颜色】的 RGB 值设置为（86, 88, 173），字符【大小】设置为 100，【字符间距】设置为 20，如图 3-52 所示。

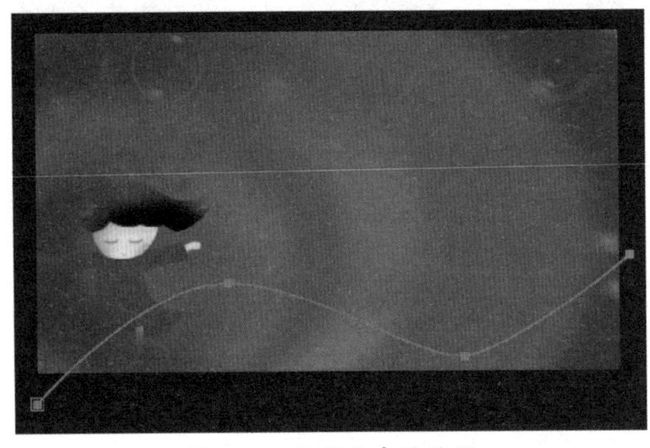

图 3-51 绘制文字的路径

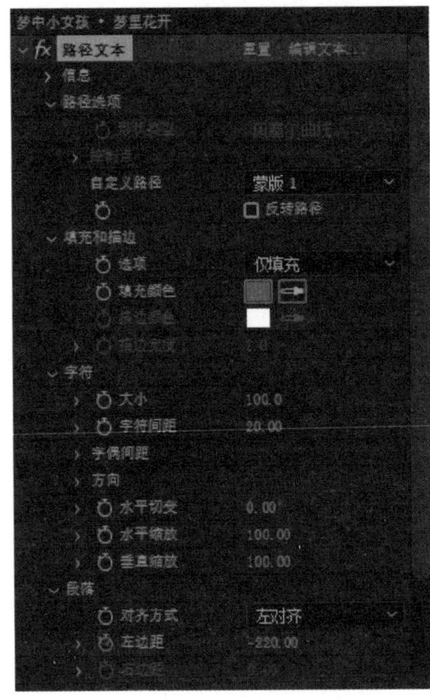

图 3-52 “路径文本”参数设置

在【时间轴】面板中，拖动时间指示器，将时间定位到 1s。单击【路径文本】特效下方的【左边距】属性前面的【时间变化秒表】按钮，添加关键帧，并调整数值使文字移动至蒙版路径的最左边（参考数值为 - 220）。拖动时间指示器，将时间定位到12s，调整数值（参考数值为2290）使文字移动至蒙版路径的最右边，效果如图 3-53 所示。

图 3-53 路径文字效果

项目任务单——蒙版的认识及应用项目

3.1 初识蒙版

1. 利用矩形工具绘制蒙版

启动 After Effects 软件，导入素材“天空”和“奔跑”，将素材“天空”拖入【新建合成】按钮上新建合成。将素材“天空”拖入【时间轴】面板。

选中“奔跑”图层，单击【矩形工具】按钮，在【合成】窗口绘制蒙版。

2. 变换和缩放蒙版

双击蒙版路径的任意位置，即可出现一个蒙版调节框，将鼠标指针移至调节框上的控制点对蒙版进行旋转或者缩放。

3. 利用钢笔工具绘制蒙版

选中“奔跑”图层，单击【钢笔工具】按钮，在【合成】窗口单击添加锚点，绘制蒙版。

长按工具栏中的【钢笔工具】，或者按住【钢笔工具】右下角的三角按钮，在弹出的下拉列表中分别选择添加锚点、删除锚点、转换锚点和羽化锚点，依次对蒙版进行操作。

4. 改变蒙版属性

在【时间轴】面板中，选中“奔跑”图层，按快捷键 MM，展开蒙版的属性，单击【蒙版路径】属性右侧的【形状】按钮，在弹出的【蒙版形状】对话框中设置对应的数值。

调整【蒙版羽化】属性后面对应的像素值，设置不同程度的羽化效果。

调整【蒙版不透明度】属性后面对应的像素值，设置不同程度的不透明度效果。

项目记录：

3.2 文字蒙版动画：古诗欣赏

1. 文字出现

启动 After Effects 软件，新建合成“古诗欣赏”，在【预设】下拉列表框中选择 HDTV 1080 25 选项，将【持续时间】设置为 10s。

执行【文件】|【导入】|【文件】命令，导入图片素材“古诗背景图”。

在【项目】面板中选中图片素材拖入【时间轴】面板。展开“古诗背景图”图层的【缩放】属性，将缩放值设置为 256。

新建文字层。将素材中的古诗文字粘贴过去，设置文字字体为【仿宋】，字号为 70 像素，设置行距为 115 像素，设置加粗效果。选中古诗作者这一行文字，设置字号为 60 像素。

选中文字图层，为【蒙版路径】属性制作关键帧动画。时间定位到 0s 时，在古诗左侧绘制一个矩形蒙版。时间定位到 2s 时，双击蒙版，向右拖动调节框，直至整个古诗全部显示出来。设置蒙版羽化值为 50 像素。

2. 文字过光

选中文字图层，按 Ctrl+D 组合键复制文字层，重命名为“过光”。双击“过光”图层，删除古诗正文部分，保留标题和作者。选中标题和作者，在【字符】面板中，单击【填充颜色】按钮，更改文字颜色，设置 RGB 值为（217, 173, 122）。

删除“过光”图层的【蒙版 1】。单击工具栏中的【矩形工具】按钮，在古诗标题左侧重新绘制一个小的矩形蒙版“蒙版 1”。将“蒙版 1”旋转一定的角度。设置蒙版羽化值为 30 像素。

时间定位到 2s，为【蒙版路径】属性添加关键帧，将“蒙版 1”拖至古诗标题左侧。时间定位到 4s，调整“蒙版 1”的位置在标题行的右侧。将时间定位到 4s10f，将“蒙版 1”拖至古诗作者右侧。将时间定位到 6s，将“蒙版 1”拖至古诗作者左侧。

选中两个文字图层，执行【图层】|【预合成】命令。

3. 文字划线效果

选中“预合成 1”图层，单击工具栏中的【钢笔工具】按钮，在【合成】窗口中第一行古诗下方左侧单击确定第一个锚点，按住 Shift 键的同时在第一行古诗下方右侧单击确定第二个锚点，按住 Ctrl 键在【合成】窗口中的任意位置单击，结束蒙版路径的绘制。使用同样的方法为其他三行诗绘制下划线。

选中“预合成 1”图层，执行【效果】|【生成】|【描边】命令，为“预合成 1”图层添加“描边”特效。在【效果控件】面板的【描边】选项组中选中【所有蒙版】复选框。根据自己的喜好设置描边的颜色和大小。

将时间定位到 6s，在【效果控件】面板，为【结束】属性添加关键帧，将数值设置为 0。将时间定位到 10s，将【结束】属性的数值设置为 100。

项目记录：

3.3 蒙版综合应用——梦里花开

1. 梦中花朵

启动 After Effects 软件，新建合成“花开”，在【预设】下拉列表框中选择 HDTV 1080 25 选项，将【持续时间】设置为 11s。

在【项目】面板空白处双击，在弹出的【导入文件】对话框中选中所有素材，导入所有素材。

执行【编辑】|【首选项】|【常规】命令，弹出【首选项】对话框，设置静止素材的持续时间为 3s。

将 4 个花素材拖入【时间轴】面板，将缩放值设置为 160。将 4 个图层的时间起始位置定位至 2s。

选中所有图层，执行【动画】|【关键帧辅助】|【序列图层】命令，弹出【序列图屋】对话框，选中【重叠】复选框，设置过渡时间为 1s，选择【溶解前景图层】选项。

将视频素材“背景 2”拖入【时间轴】面板，放置于最底图层。选中“花 1”图层，绘制一个椭圆蒙版“蒙版 1”，设置【蒙版羽化】属性数值为 150。

复制“花 1”图层的“蒙版 1”，粘贴至“花 2”“花 3”“花 4”图层。

制作“花 1”向右微移的动态效果。在时间定位到 2s 和 4s 时为【位置】属性添加关键帧，分别设置属性值为（930, 540）和（960, 540）。

制作“花 2”微缩的动态效果。在时间定位到 4s 和 6s 时为【缩放】属性添加关键帧，分别设置属性值为（170, 170）和（150, 150）。

制作“花 3”边缘扩展的动态效果。设置“花 3”图层的【缩放】属性值为（110, 110）。设置【蒙版羽化】属性值为 200。在时间定位到 6s 和 8s 时为【蒙版路径】属性添加关键帧，分别调整蒙版路径的大小和位置。6s 时缩小蒙版路径，8s 时放大蒙版路径。

制作“花 4”向左微移的动态效果。在时间定位到 8s 和 11s 时为【位置】属性添加关键帧，分别设置属性值为（960, 540）和（930, 540）。

2. 小女孩入梦

新建合成“梦里花开”，在【预设】下拉列表中选择 HDTV 1080 25 选项，将【持续时间】设置为 12s。

执行【编辑】|【首选项】|【常规】命令，弹出【首选项】对话框，设置静止素材的持续时间为【合成的长度】。

将【项目】面板中的素材“小女孩”拖入【时间轴】面板，设置【缩放】属性值为（110, 110）。在时间定位到 0s 和 1s 时为【位置】属性添加关键帧，分别设置属性值为（960, 540）和（960, 510）。

将视频素材“背景 1”拖入【时间轴】面板。依次由大到小绘制 5 个椭圆蒙版，设置【蒙版羽化】属性值为 100。将“蒙版 1”“蒙版 3”“蒙版 5”的蒙版模式由【相加】更改为【相减】，出现圆环效果。

在时间定位到 0s 和 1s 时为 5 个蒙版的【蒙版路径】属性添加关键帧。在 1s 时旋转放大 5 个蒙版，直至整个画面显示出来。

3. 梦里花开

将合成“花开”拖入【时间轴】面板，将该图层的起始时间定位至 1s。依次由小到大绘制 3 个椭圆蒙版。设置 3 个蒙版的【蒙版羽化】属性值为 50。

依次为 3 个蒙版制作【蒙版不透明度】属性的关键帧动画。蒙版 1：在 1s 和 1s10f 时，不透明度数值分别为 0%、100%。蒙版 2：在 1s10f 和 1s20f 时，不透明度数值分别为 0%、100%。蒙版 3：在 1s20f 和 2s5f 时，不透明度数值分别为 0%、100%。

为“蒙版 3”制作【蒙版路径】属性的关键帧动画，在 2s5f 和 3s 时，放大蒙版。

在【时间轴】面板的空白处右击，在弹出的快捷菜单中选择【新建】|【纯色（S）】命令，新建纯色固态层“梦里花开”。

选中“梦里花开”图层，执行【效果】|【过时】|【路径文本】命令，为“梦里花开”图层添加“路径文本”特效。在弹出的【路径文字】对话框中输入文字“梦里花开”。

选中“梦里花开”图层，绘制波浪线形状的开放蒙版。

在【效果控件】面板中，将【自定义路径】设置为【蒙版 1】，【填充颜色】的

RGB 值设置为（86, 88, 173），字符【大小】设置为100，【字符间距】设置为20。

在【时间轴】面板中，在1s和12s时，分别为【路径文本】特效的【左边距】属性添加关键帧，调整属性值，制作文字自路径左侧运动至右侧的动画效果。

项目记录：

____

____

____

____

____

____

课后习题

一、单项选择题

1.【蒙版路径】属性的快捷键为（　　）。

A. F

B. D

C. T

D. M

2. 下列（　　）蒙版模式下，显示两个蒙版相加的区域，且重合部分不透明度相加。

A. 相加

B. 相减

C. 无

D. 交集

3. 将素材图层大小设置成和合成大小一致的快捷键为（　　）。

A. Ctrl+Shift+Alt+H

B. Ctrl+Alt+F

C. Ctrl+Shift+Alt+G

D. Ctrl+Shift+ G

4. 以下（　　）蒙版属性可以使该图层与下方图层之间的过渡更加自然。

A. 蒙版路径

B. 蒙版羽化

C. 蒙版不透明度

D. 蒙版扩展

5. 不能将蒙版的角点转化为曲线点的工具是（　　）。

A. 删除节点工具

B. 转换点工具

C. 钢笔工具

D. 添加节点工具

二、实际操作题

利用所给素材制作“扫描奔跑中的小人”的效果，如图 3-54 所示。

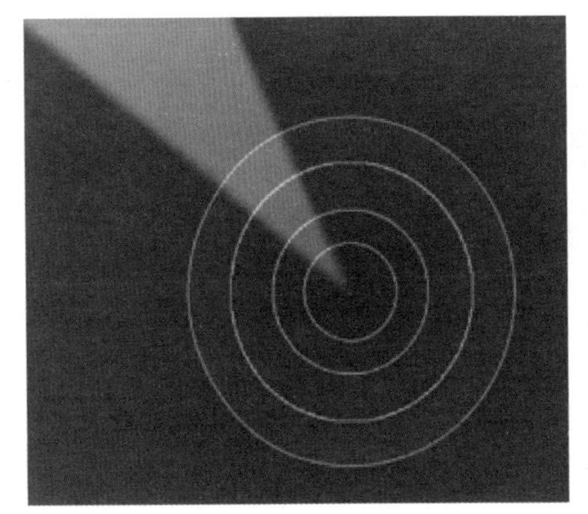
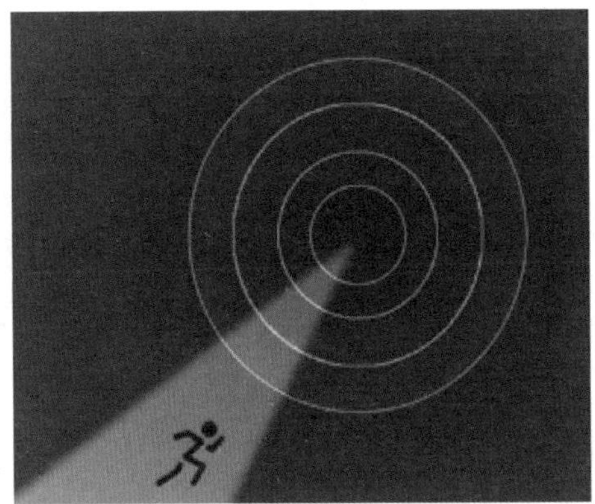

图 3-54　效果图

参考答案：1.D　2.A　3.B　4.B　5.A

项目4 色彩调整

项目导读：

在进行影视后期处理工作中，对视频进行色彩的调整，是必不可少的工作之一。在 Adobe After Effects 2020 中，默认有 35 个色彩调整特效。本项目将对常用的特效逐一进行学习，并在任务中加以应用。

4.1 认识色彩调整

选择要调整色彩的图层，右击，在弹出的快捷菜单中选择【效果】|【颜色校正】命令，可以发现其中的很多调色命令与 Photoshop 中的命令相同。比 Photoshop 更进一步的是，After Effects 能够对动态的视频进行运用，而且可以对色彩的效果进行关键帧的设置，使视频呈现出多样的效果来。颜色校正菜单中的命令，如图 4-1 所示。

三色调
通道混合器
阴影/高光
CC Color Neutralizer
CC Color Offset
CC Kernel
CC Toner
照片滤镜
Lumetri 颜色
PS 任意映射
灰度系数/基值/增益
色调
色调均化
色阶
色阶（单独控件）
色光
色相/饱和度
广播颜色
亮度和对比度
保留颜色
可选颜色
曝光度
曲线
更改为颜色
更改颜色
自然饱和度
自动色阶
自动对比度
自动颜色
视频限幅器
颜色稳定器
颜色平衡
颜色平衡 (HLS)
颜色链接
黑色和白色

图 4-1 颜色校正菜单

1. 三色调

三色调特效可以将素材中的高光、中间色调、阴影的色彩重新定义，从而改变素材原来的色调，如图 4-2 所示。

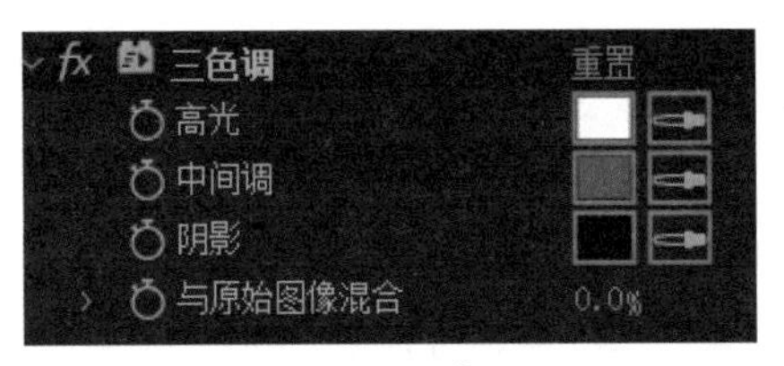

图 4-2　三色调

2. 通道混合器

通道混合器可以通过提取各个通道内的数据，重新融合，产生新的效果，如图 4-3 所示。

【红色 - 红色、红色 - 绿色……】：表示素材的 RGB 模式，调整红色、绿色、蓝色三个通道，就表示在某个通道中其他颜色所占的比率。

【红色 - 恒量、绿色 - 恒量……】：表示设置一个常量，确定几个通道的原始值，添加到前面颜色的通道里，最后的效果就是其他通道计算的结果和。

【单色】：选中该复选框后，图像变成灰色。

3. 阴影 / 高光

阴影 / 高光特效可以调整素材中的阴影和高光部分，如图 4-4 所示。

【自动数量】：选中该复选框，可对素材进行自动阴影和高光的设置。

【阴影数量】：设置素材的阴影数量。

【高光数量】：设置素材的高光数量。

【瞬时平滑（秒）】：设置时间滤波的秒数。

【场景检测】：选中该复选框，瞬时平滑在分析周围帧时，忽略超出场景变换的帧。

【更多选项】：可以通过更多的参数如阴影半径、高光半径等进行更细致的调整。

【与原始图像混合】：当值设置为 100% 时，原素材会完全显示。

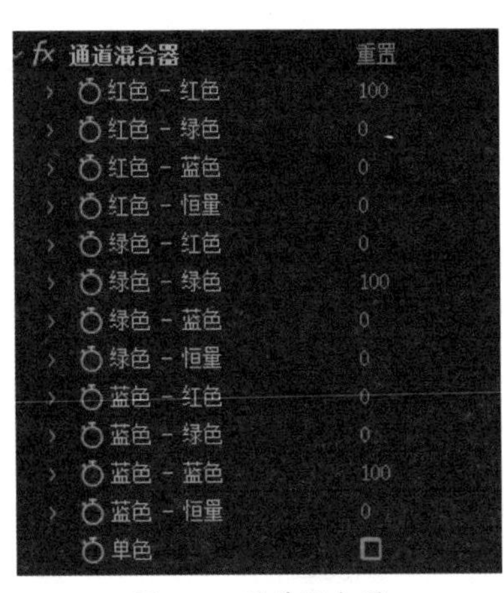

图 4-3　通道混合器

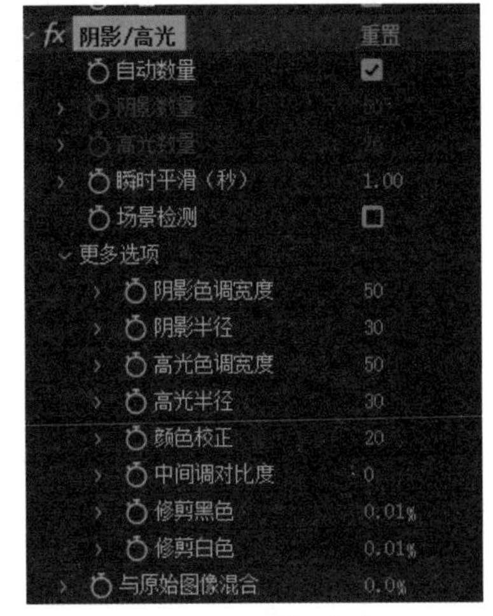

图 4-4　阴影 / 高光

4. 照片滤镜

照片滤镜特效可以模拟出素材添加上彩色滤镜片的效果，主要用于纠正素材颜色的偏差，如图 4-5 所示。

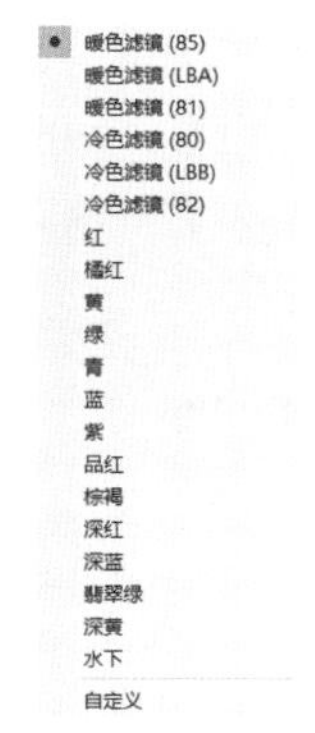

图 4-5　照片滤镜

【滤镜】：打开下拉列表后，可以从中选择所需要的颜色滤镜，共包括 20 种默认的滤镜效果。

【颜色】：根据需要重新取色。

【密度】：用于设置着色的强度。

【保持发光度】：选中该复选框，则素材保持亮度。

5. 色调

色调特效可以通过指定的颜色对图像进行颜色的映射，如图 4-6 所示。

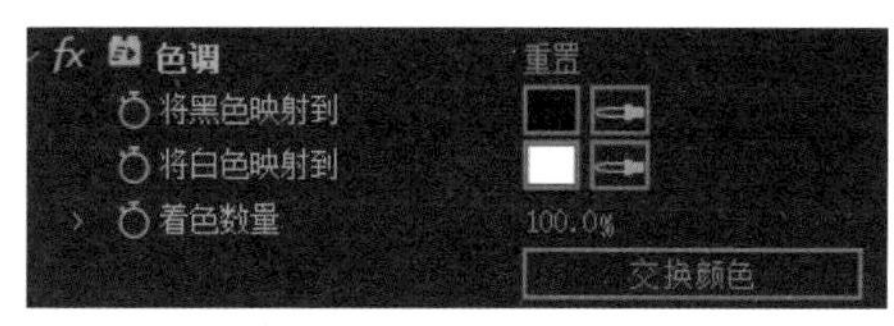

图 4-6　色调

【将黑色映射到】：用于设置素材中黑色和灰色将要映射的颜色。

【将白色映射到】：用于设置素材中白色部分将要映射的颜色。

【着色数量】：用于设置色调映射的百分比。

【交换颜色】：用于交换上面设置的两种颜色。

6. 色阶

色阶特效可以精细调节颜色的灰度，如图 4-7 所示。

【通道】：用于选择要修改的通道。

【直方图】：素材中像素的分布图。水平方向上表示亮度值，垂直方向上表示该亮度值的像素数量。黑色输出值是图像像素最暗的值，白色输出值是图像像素最亮的值。

【输入黑色】：用于设置输入图像黑色值的极限值。

【输入白色】：用于设置输入图像白色值的极限值。

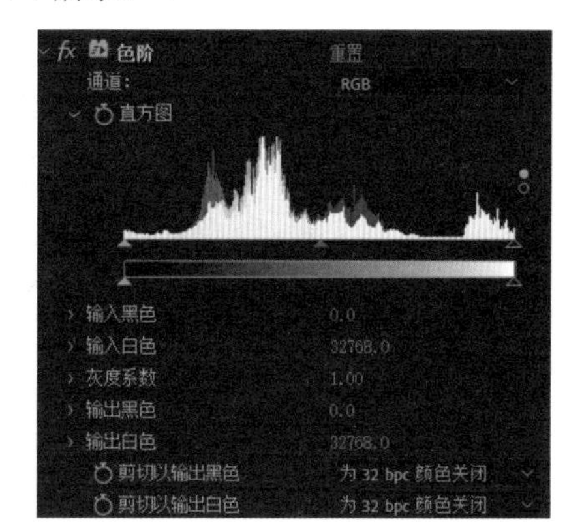

图 4-7　色阶

【灰度系数】：用于设置数码显示领域亮度的编码和解码。

【输出黑色】：用于设置输出图像黑色值的极限值。

【输出白色】：用于设置输出图像白色值的极限值。

【剪切以输出黑色】：用于减轻输出黑色效果。

【剪切以输出白色】：用于减轻输出白色效果。

7. 色阶（单独控件）

与色阶效果类似，更强调对每个色彩的输入黑色、输入白色、输出黑色、输出白色做更细致的调节，如图 4-8 所示。

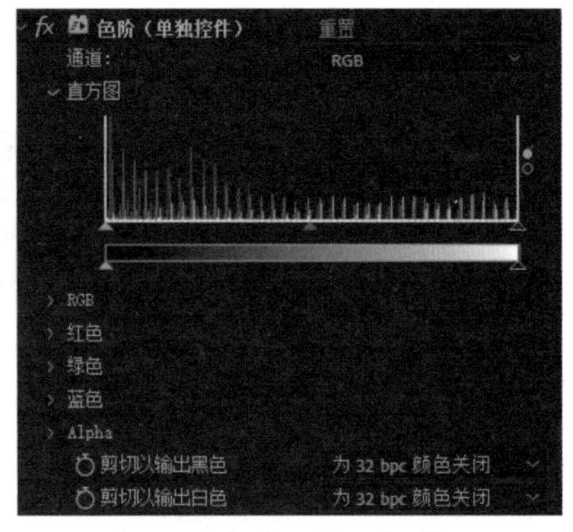

图 4-8　色阶（单独控件）

8. 色光

色光可以以自身色彩为基准按照色环颜色的变化进行周期变化，产生梦幻色彩。其自身包含很多预设效果，如图 4-9 所示。

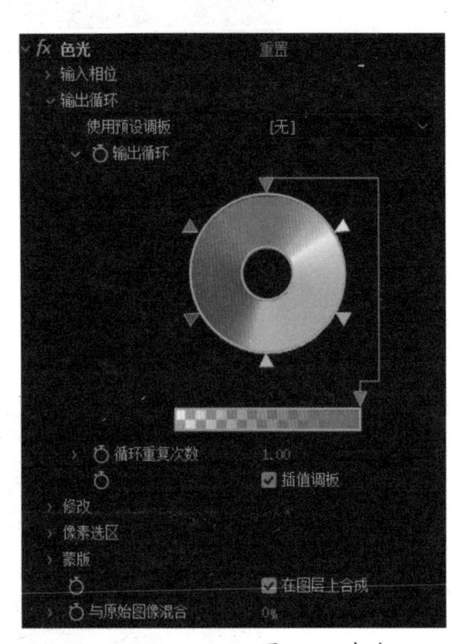

图 4-9　色光

9. 色相 / 饱和度

色相 / 饱和度用于精细调整素材的色彩及变换的颜色，如图 4-10 所示。

【通道控制】：用于选择不同的图像通道。

【通道范围】：用于设置色彩的范围。

【主色相】：用于设置色调的数值。

【主饱和度】：用于设置饱和度。

【主亮度】：用于设置亮度。

【彩色化】：用于设置将前景色转化为单色。

【着色色相】：用于设置前景色。

【着色饱和度】：用于设置前景色的饱和度。

【着色亮度】：用于设置前景色的亮度。

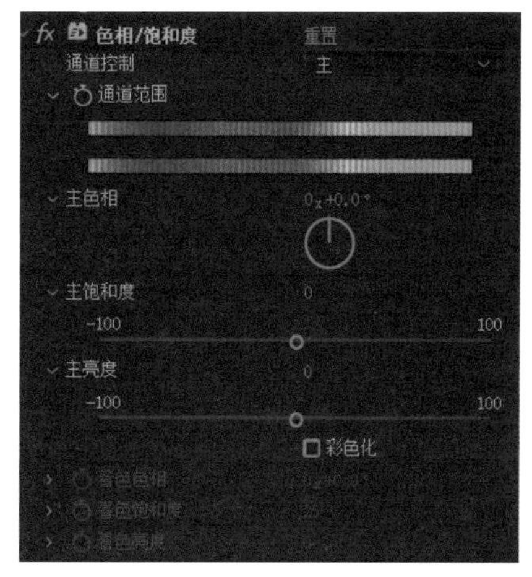

图 4-10　色相 / 饱和度

10. 广播颜色

广播颜色特效用来对影片像素的颜色值进行测试，测试影片的亮度和饱和度是否在某个幅度以下的信号范围内，以确保电视画面效果在理想的范围内，如图 4-11 所示。

图 4-11　广播颜色

11. 亮度和对比度

亮度和对比度特效主要用来调节素材的亮度和对比度，如图 4-12 所示。

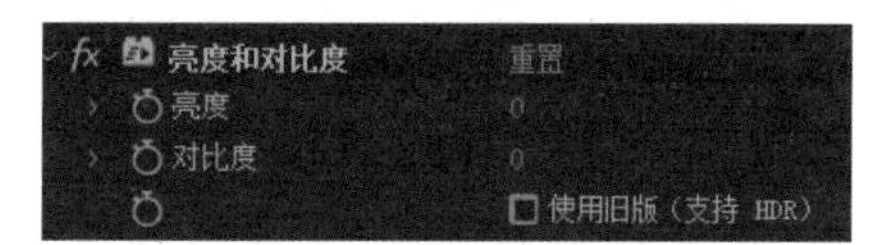

图 4-12　亮度和对比度

12. 保留颜色

保留颜色特效用来删除或者保留素材中的特定的颜色，如图 4-13 所示。

【脱色量】：用于设置脱色的程度。

【要保留的颜色】：用于设置保留的颜色。

【容差】：用于颜色相似度的设置。

【边缘柔和度】：用于设置边缘的柔化程度。

【匹配颜色】：用于设置颜色的匹配方式。

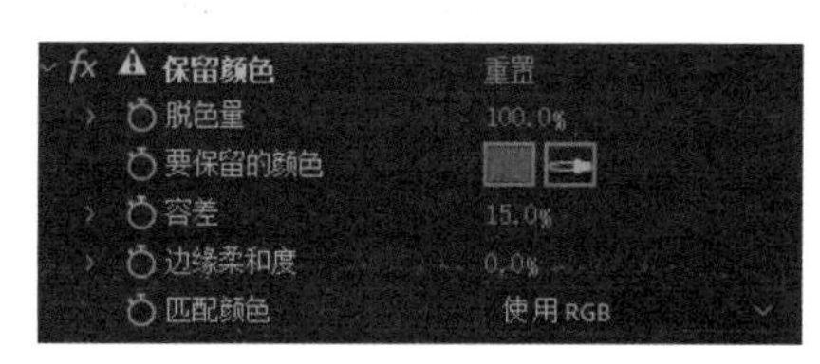

图 4-13　保留颜色

13. 曝光度

曝光度特效用来模拟相机抓拍的曝光率设置原理，对素材色彩进行校准，如图 4-14 所示。

图 4-14　曝光度

14. 曲线

曲线特效通过调整曲线的形状来改变素材的色调、暗部和亮部的平衡，功能强大并且精细，如图 4-15 所示。

【通道】：用于选择色彩通道，有 RGB、Red、Green、Blue、Alpha 五个选项。

【曲线】：贝塞尔曲线，其上可以有多个调节点，拖动时图像色彩也随之改变。

使用铅笔工具可以绘制任意形状的曲线；单击【打开】按钮，可以导入之前做好的曲线；单击【自动】按钮，可以自动调节素材的色调及亮度；单击【平滑】按钮，可以让曲线形状更规则；单击【重置】按钮，可以使曲线回到初始状态。

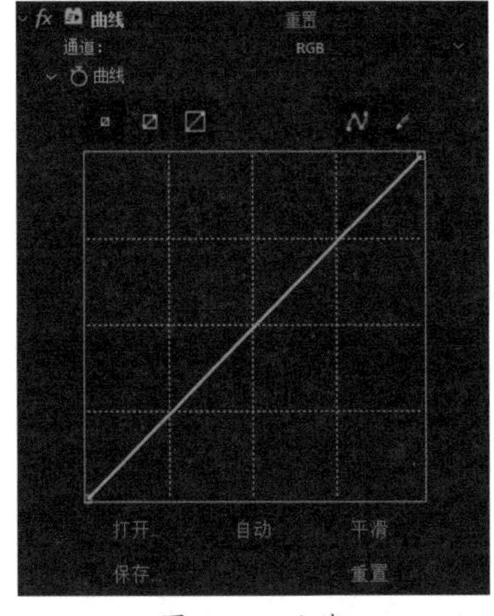

图 4-15　曲线

15. 更改为颜色

更改为颜色特效可以用另外的颜色来替换原来的颜色，并调节色彩，如图 4-16 所示。

16. 更改颜色

更改颜色特效用来改变图像中的颜色区域的色调、饱和度和亮度。可以通过指定某一个基色和设置相似值来确定该区域，如图 4-17 所示。

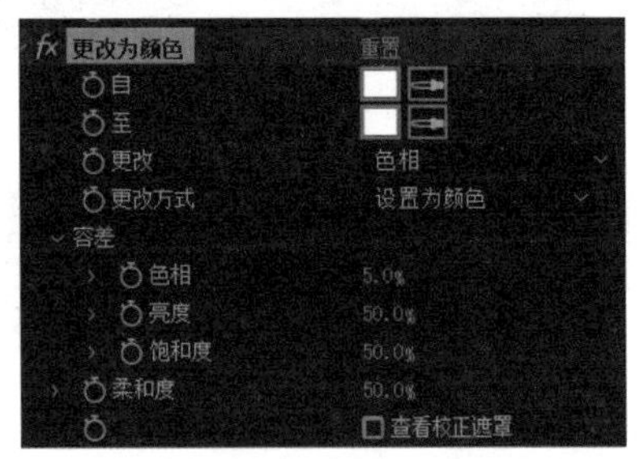

图 4-16　更改为颜色

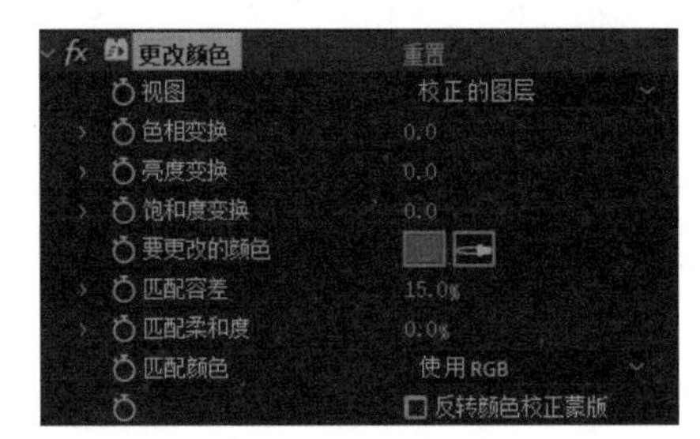

图 4-17　更改颜色

【视图】：可以选择【合成】窗口来观察效果。

【色相变换】：用于设置色相，以度为单位。

【亮度变换】：用于设置亮度变化。

【饱和度变换】：用于设置饱和度变化。

【要更改的颜色】：用于选择被修正的颜色。

【匹配容差】：用于设置颜色匹配的相似程度。

【匹配柔和度】：用于设置修正颜色的柔和度。

【匹配颜色】：用于设置匹配的颜色空间，有多种选择。

17. 自然饱和度

自然饱和度特效会大幅度增加不饱和区域的饱和度，对已经饱和的区域只做很少的调整，使素材的饱和度恢复正常，如图 4-18 所示。

图 4-18　自然饱和度

18. 自动色阶

自动色阶特效用于对素材自动进行高光和阴影的设置，如图 4-19 所示。

19. 自动对比度

自动对比度特效会自动分析层中对比度和混合的颜色，使高光部分更亮，阴影部分更暗，如图 4-20 所示。

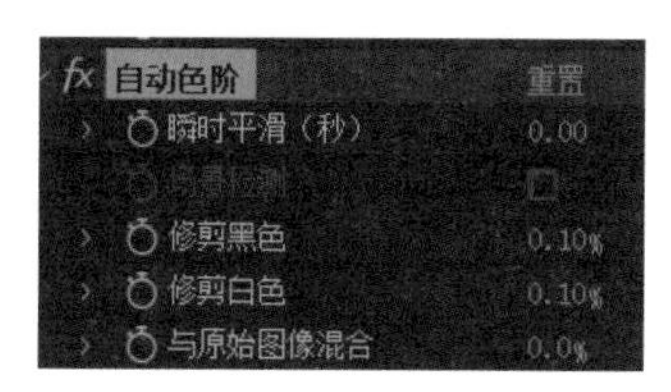

图 4-19　自动色阶

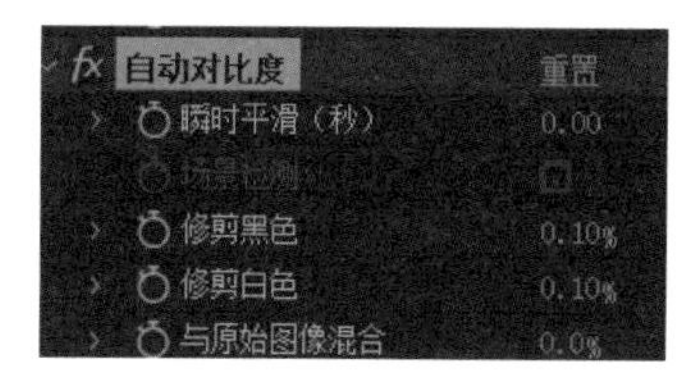

图 4-20　自动对比度

20. 颜色稳定器

通过选择不同的稳定方式，在指定点通过区域添加关键帧，对色彩进行调整，如图 4-21 所示。

21. 颜色平衡

颜色平衡特效用于平衡色彩，使亮度区域和阴影区域之间过渡自然，如图 4-22 所示。

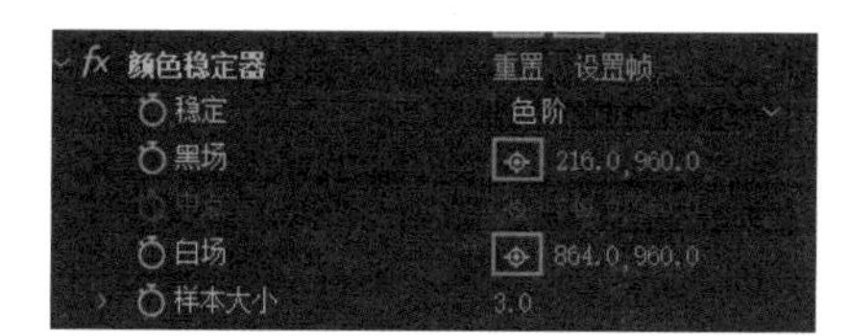

图 4-21　颜色稳定器

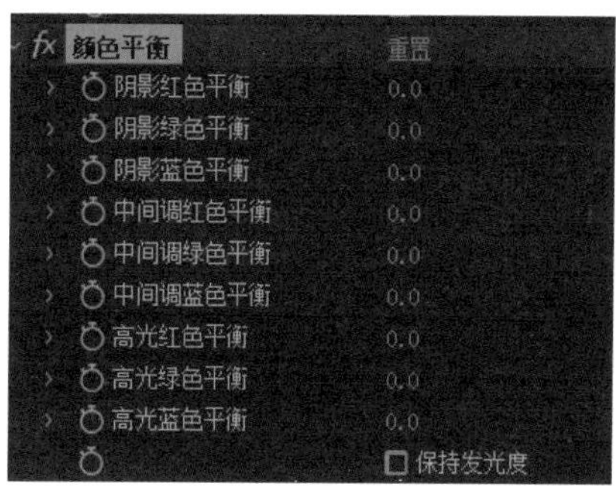

图 4-22　颜色平衡

22. 颜色平衡（HLS）

颜色平衡特效用于进行色彩平衡和色调的调整，如图 4-23 所示。

23. 黑色和白色

黑色和白色特效用于创建各种风格的黑色和白色效果，并通过简单的应用，将彩色素材处理成单色图像，如图 4-24 所示。

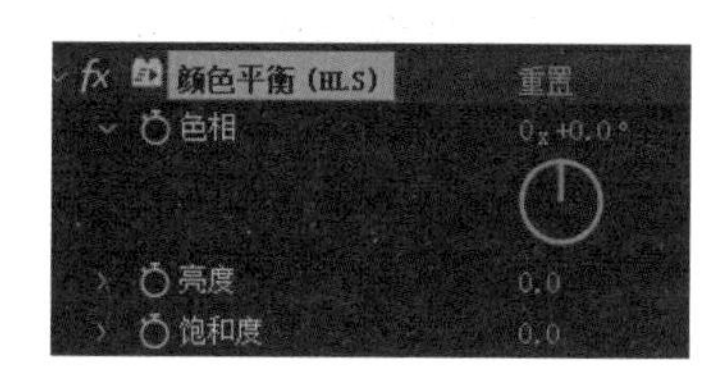

图 4-23　颜色平衡（HLS）

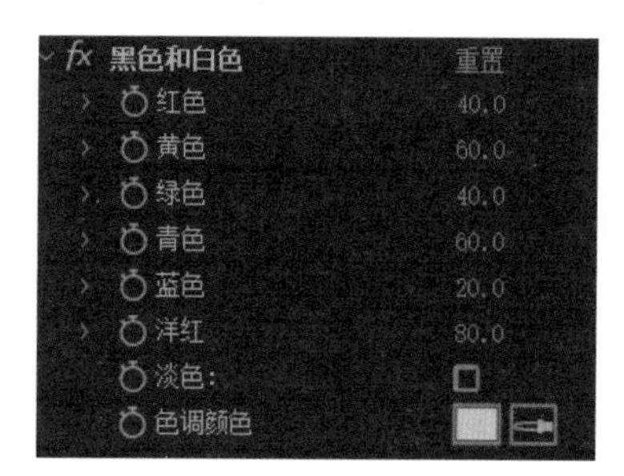

图 4-24　黑色和白色

4.2 水墨画效果的制作

综合运用多个调色效果，将视频制作出水墨画的效果。

4.2.1 制作水墨画图像效果

1. 导入素材

新建项目，保存为“水墨画”，导入“水墨画素材”视频到【项目】面板中。

2. 建立合成

将素材拖入到合成图标上，建立合成。

3. 设置视频饱和度

选中水墨画素材，添加色相 / 饱和度特效。

将素材的主饱和度设置为 -100，效果如图 4-25 所示。

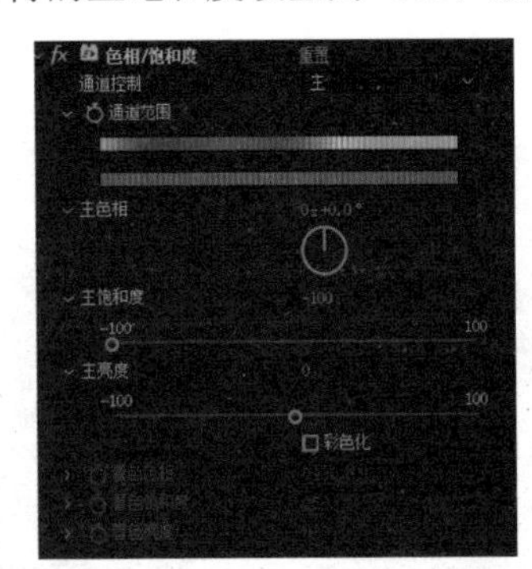

图 4-25 设置主饱和度

4. 复制图层并重命名

复制该图层，则新复制的图层位于原图层上方，重命名为“水墨画素材 2”。

5. 添加色调特效

为“水墨画素材 2”添加色调特效。单击【交换颜色】按钮，如图 4-26 所示。应用该特效后素材的效果如图 4-27 所示。

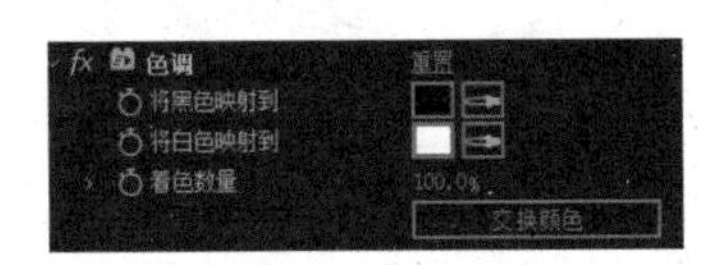

图 4-26 设置色调

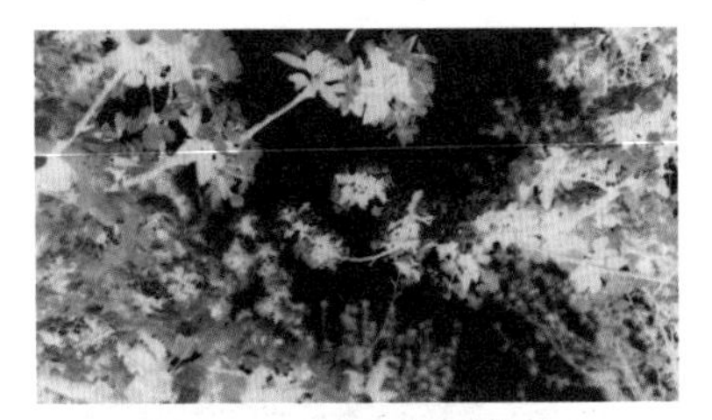

图 4-27 应用色调特效

6. 添加高斯模糊特效

继续为“水墨画素材 2”添加高斯模糊特效。将【模糊度】设置为 18，如图 4-28 所示。应用该特效后素材的效果如图 4-29 所示。

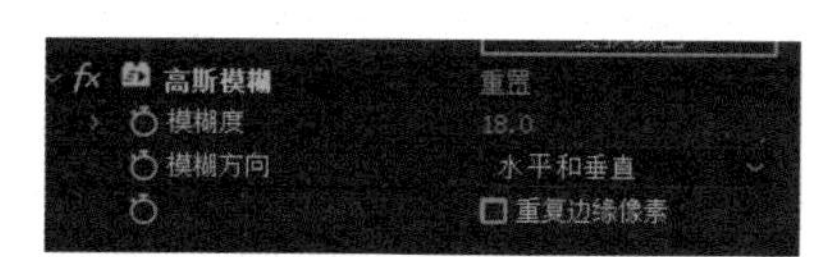

图 4-28 设置高斯模糊特效

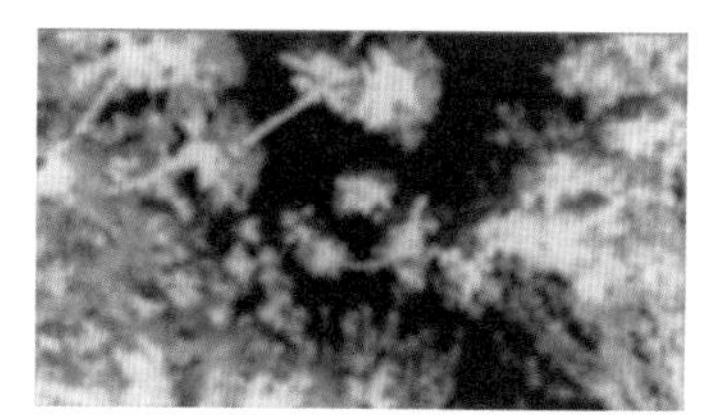

图 4-29 应用高斯模糊特效

7. 设置图层模式

单击时间轴左下角处的展开或折叠【转换控制】窗格按钮，在时间轴中显示出【模式】设置。将“水墨画素材 2”的图层模式设置为【颜色减淡】，并将其透明度设置为59%，如图 4-30 所示。素材的效果如图 4-31 所示。

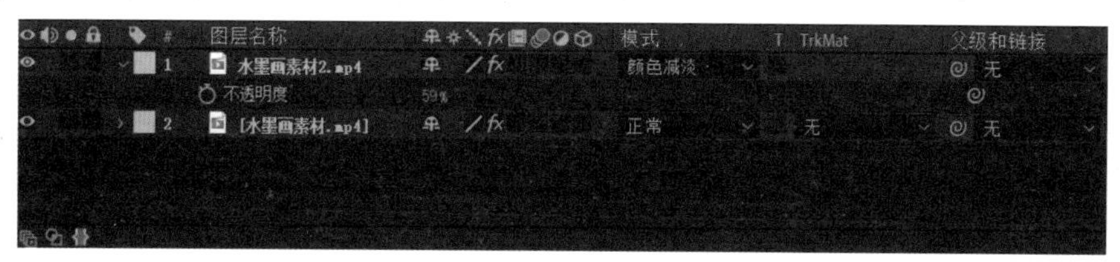

图 4-30 设置颜色减淡模式

图 4-31 应用颜色减淡模式

提示：在颜色减淡模式中，软件会查看每个通道的颜色信息，通过降低“对比度”使底色的颜色变亮来反映绘图色，和黑色混合没变化。

选择两个图层，按 Ctrl+Shift+C 组合键或者选择【图层】|【预合成】命令，将两个图层进行合并，并重新命名，如图 4-32 所示。

8. 水墨画调色

将“水墨画素材”再次拖入到合成中，进行调色设置：为拖入的“水墨画素材”添加高斯模糊特效，设置【模糊度】为11。将图层模式设置为【叠加】，如图4-33所示。

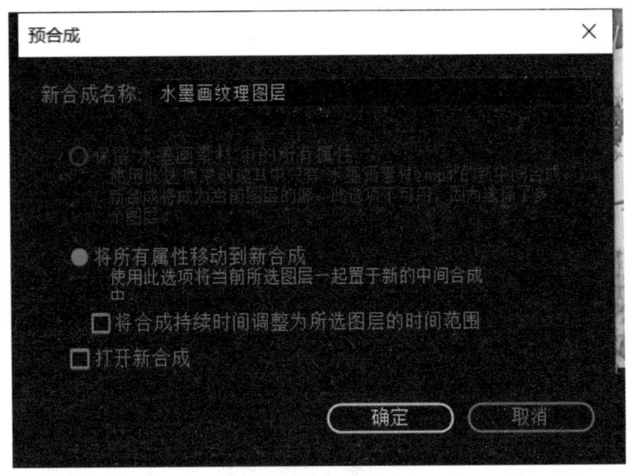

图4-32　合并图层

图4-33　设置叠加模式

提示：在叠加模式中，绘图的颜色被叠加到底色上，但保留底色的高光和阴影部分。底色的颜色没有被取代，而是和绘图色混合来体现原图的亮部和暗部。使用此模式可使底色的图像的饱和度及对比度得到相应的提高，使图像看起来更加鲜亮。

应用后的效果如图4-34所示。

图4-34　应用高斯模糊、叠加模式效果

9. 添加宣纸和印章

将合成中的两个图层继续合并，如图 4-35 所示。

导入“宣纸”和“印章”素材，将“宣纸”素材放至所有图层的下方，将“印章”素材放至顶层，并调整两个素材的大小。

10. 设置图层模式

将图层“水墨画纹理和颜色”和“印章”的图层模式设置为【变暗】，如图 4-36 所示。图像效果如图 4-37 所示。

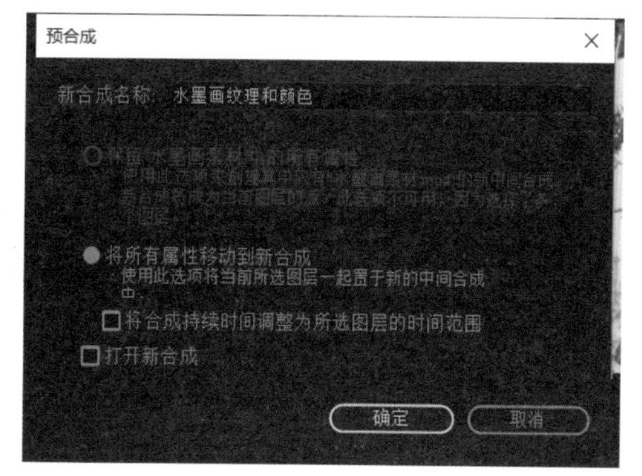

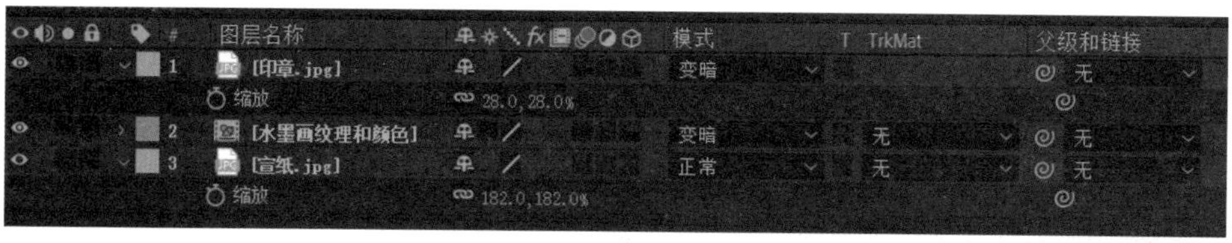

图 4-35 合并图层

图 4-36 设置印章和宣纸选项

提示：在变暗模式中，系统会查找各颜色通道内的颜色信息，并按照像素对比底色和绘图色，哪个更暗，便以这种颜色作为此图像最终的颜色，也就是取两个颜色中的暗色作为最终色。亮于底色的颜色被替换，暗于底色的颜色保持不变。

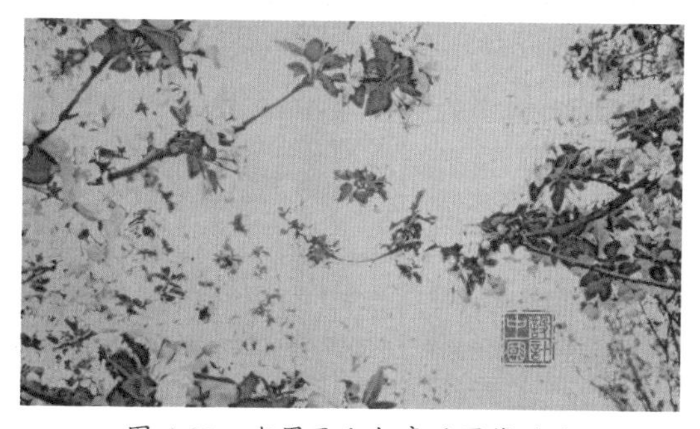
图 4-37 水墨画和印章的图像效果

4.2.2 制作水墨画标题文字

为视频添加标题文字“水墨画”。

1. 导入素材

导入图片素材“标题文字”。新建合成，设置如图 4-38 所示。将素材拖入到合成中，并调整其大小，效果如图 4-39 所示。

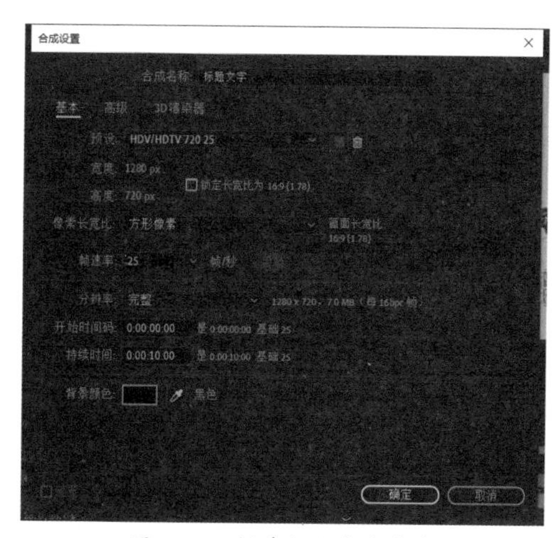

图 4-38 新建标题文字合成

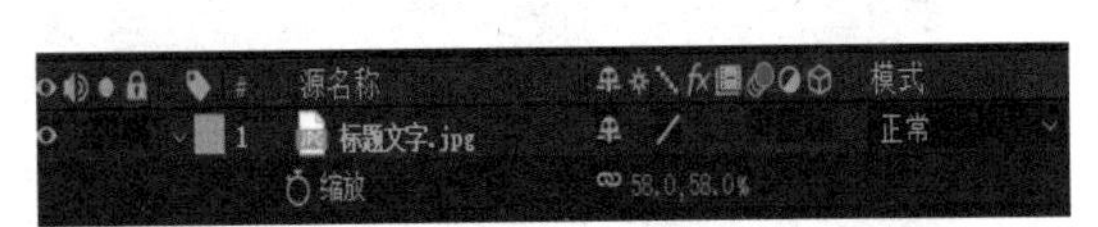

图 4-39　设置标题文字的比例

2. 提取文字部分

在时间轴中选中图片素材图层，在菜单栏中选择【效果】|【抠像】|【提取】命令，对图层应用特效。将【白场】设置为 117，单击【切换透明网格】按钮，效果如图 4-40 所示。

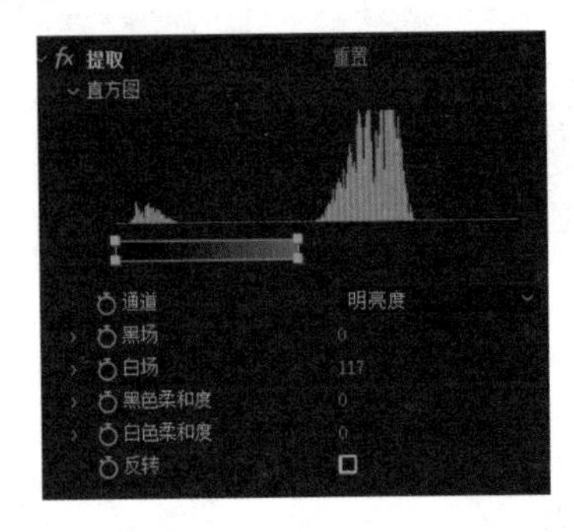

图 4-40　设置提取特效

3. 设置描边

在【时间轴】或者【合成】面板空白处右击，或者使用组合键 Ctrl+Y，新建纯色图层，图层设置如图 4-41 所示。

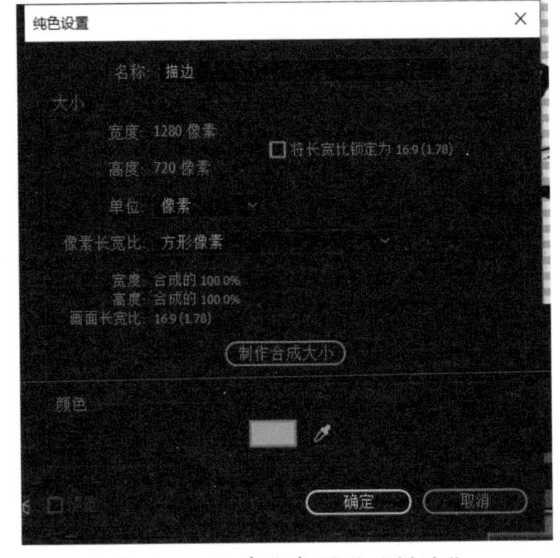

图 4-41　新建纯色图层“描边”

交换两个图层的位置，使标题文字图层可见。选中纯色图层，使用钢笔工具按照笔画将标题文字进行路径的绘制，如图 4-42 所示。

选中纯色图层并右击，在弹出的快捷菜单中选择【生成】|【描边】命令，添加描边特效。在绘制路径的过程中，路径有中断，所以将【所有蒙版】和【顺序描边】复选框都选中，在【绘画样式】下拉列表中选择【在透明背景上】选项，如图 4-43 所示。描边效果如图 4-44 所示。

图 4-42 绘制路径

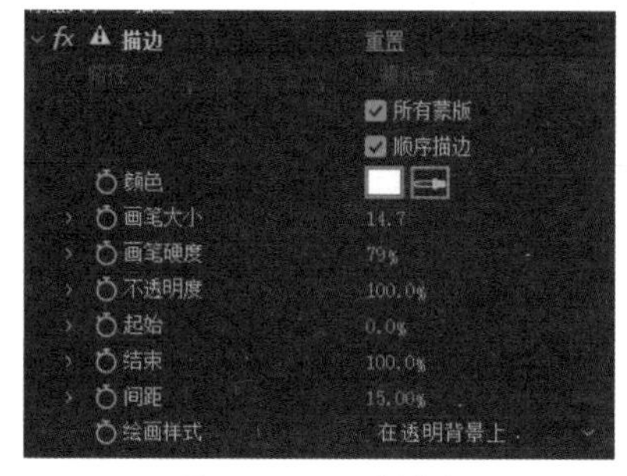

图 4-43 设置描边

图 4-44 描边效果

经过描边后的路径，粗细是均匀的，没有毛笔字笔触的效果，设置素材图层为蒙版，如图 4-45 所示。调整画笔大小，使描边效果更加逼真，如图 4-46 所示。

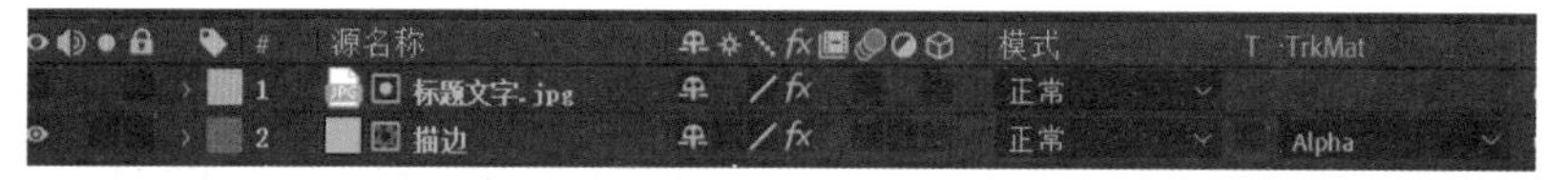

图 4-45 设置蒙版

为【描边】中的【结束】设置动画，使文字出现手写字的效果：在 0 秒时为 0%，在 3 秒时为 100%。文字效果如图 4-47 所示。

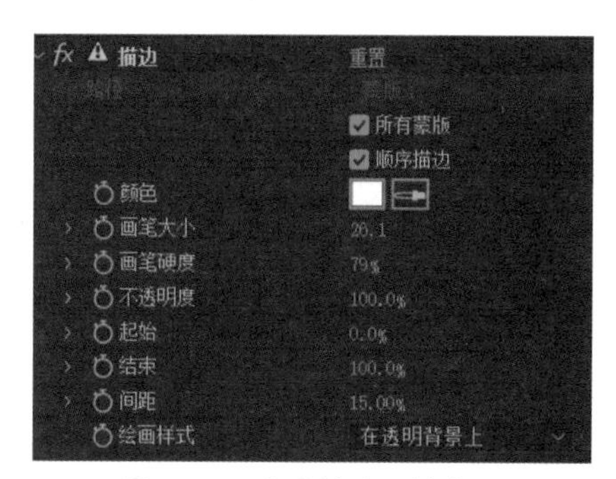

图 4-46 设置描边画笔大小

4. 合成

打开“水墨画素材”合成，将“标题文字”合成拖入至时间轴的顶层。在【时间轴】面板的空白处右击，在弹出的快捷

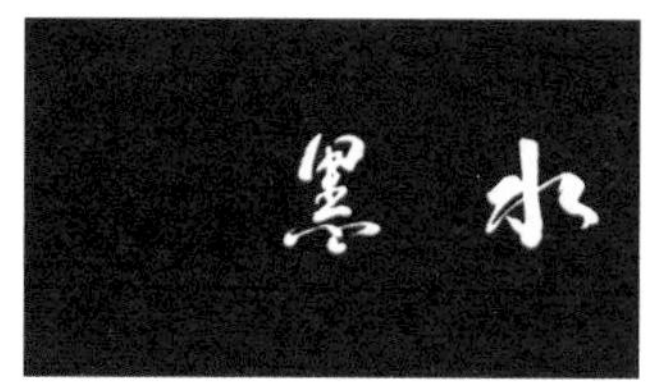

图 4-47 11 帧、1 秒 19 帧、3 秒时的文字效果

菜单中选择【透视】|【投影】命令，添加投影特效。为了使画面动画效果更佳，右击“水墨画纹理和颜色”图层，在弹出的快捷菜单中选择【时间】|【时间伸缩】命令，将【持续时间】设置为 50 秒钟，放慢播放速度，创造唯美画面。设置合成和效果分别如图 4-48 和图 4-49 所示。

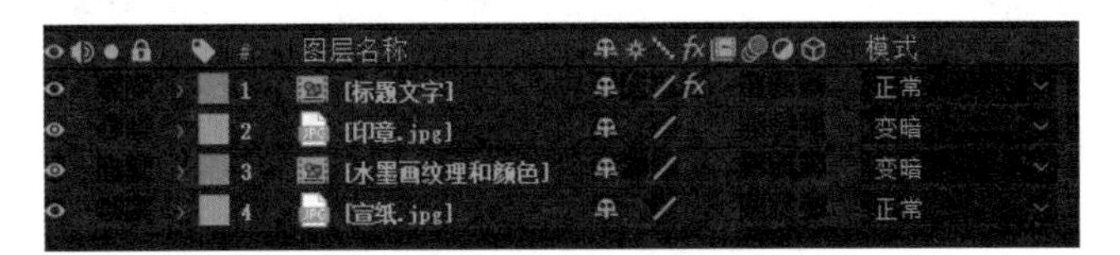

图 4-48　设置合成文字和水墨画图像

图 4-49　水墨画合成效果

4.3　色彩的撞击

在本项目中，主要使用【保留颜色】、【曲线】、【更改颜色】特效进行视频后期处理，让观众感受色彩的撞击。

4.3.1　制作“七星瓢虫”合成

1. 新建项目及合成

新建项目，保存为“色彩的撞击”。导入“七星瓢虫”图片，新建合成，名称为“七星瓢虫”，设置如图 4-50 所示。

将“七星瓢虫”图片拖入到时间轴上。

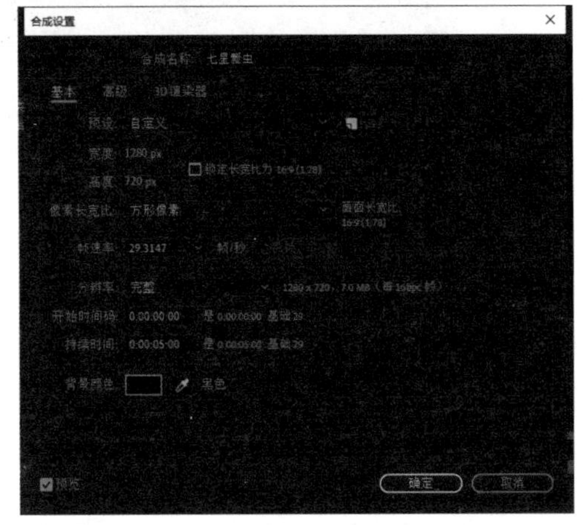

图 4-50　新建“七星瓢虫”合成

2. 设置【保留颜色】特效

瓢虫身上的红色是整个图像的亮点，添加保留颜色特效后，使周围的景物变成灰度图更凸显了瓢虫的红色，突出了动物的灵动。

选中图层，在【效果控件】面板中添加特效：颜色校正 - 保留颜色。

使用吸管工具吸取图像上的红色，将特效中的属性进行设置，设置属性值及图像效果如图 4-51 所示。

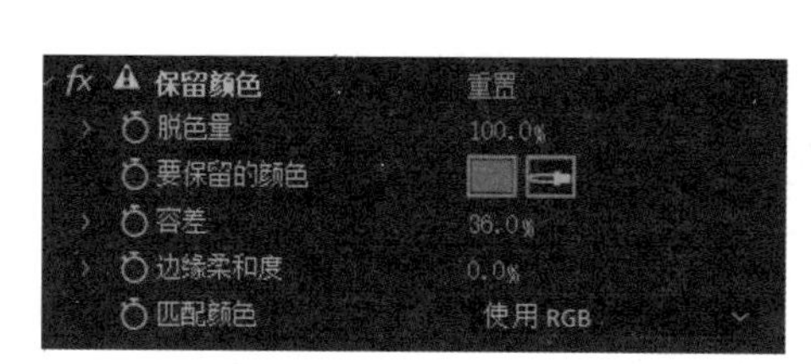

图 4-51　设置“保留颜色”效果

3. 设置显示动画

选中该图层，使用钢笔工具绘制一个平行四边形蒙版，设置羽化值为 50，如图 4-52 所示。

为蒙版路径设置动画，在 3 秒处添加关键帧，让蒙版移出画面，如图 4-53 所示。

图 4-52　绘制蒙版

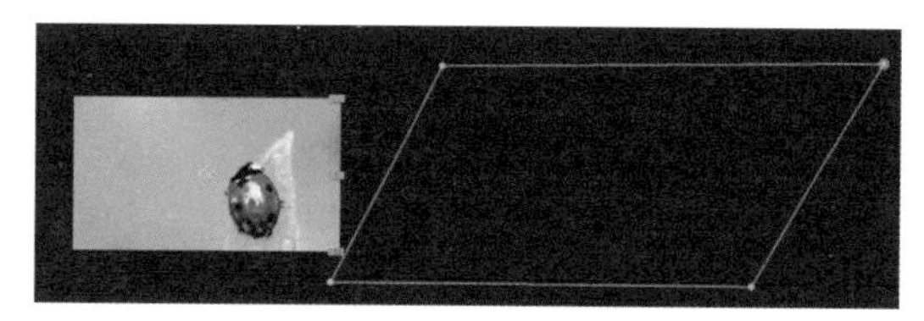

图 4-53　制作蒙版路径动画

在合成中继续拖入原图片，位于本图层下方，预览效果如图 4-54 所示。

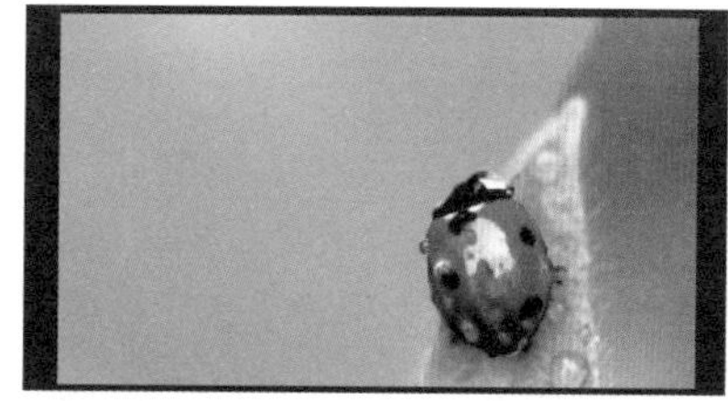

图 4-54　蒙版路径动画效果

4.3.2　制作“清风楼”合成

使用同样的方法制作清风楼的特效。

1. 新建合成

导入“清风楼”图片。新建合成，名称为“清风楼”，设置如图 4-55 所示。

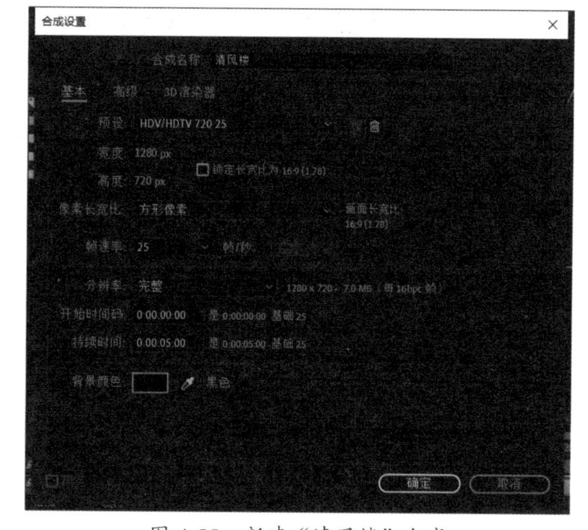

图 4-55　新建“清风楼”合成

将“清风楼”图片拖入到时间轴上。将图片的缩放值调整为39%，如图4-56所示。

图4-56　调整图层的缩放值

2. 设置“曲线”特效

清风楼是我国北方保存最完整的明代古楼之一，模拟画面日光的照射到深夜的效果，厚重的深红色则更能体现它的文化氛围和民族色彩。

选中图层，在【效果控件】面板中添加特效：颜色校正 - 曲线。

在特效面板，单击【曲线】前的按钮记录动画，在3秒钟时，分别打开RGB和蓝色通道，将曲线进行调整，如图4-57所示。

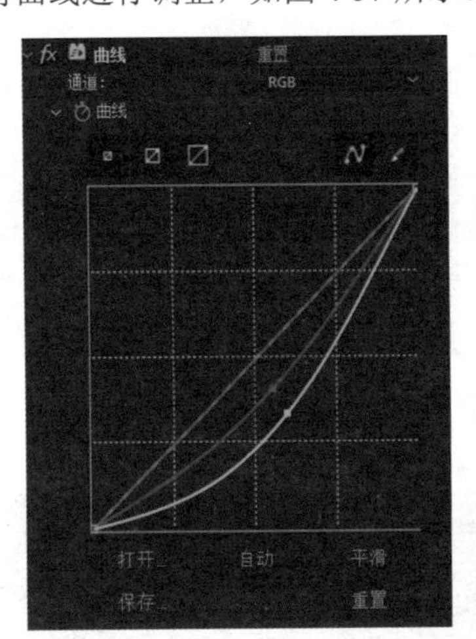

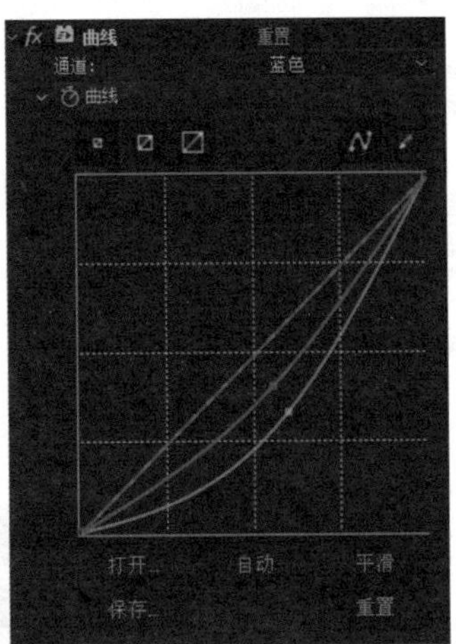

图4-57　设置曲线特效

图像效果如图4-58所示。

图4-58　应用曲线特效

4.3.3 制作“细叶美女樱”合成

制作“细叶美女樱”合成效果。

(1) 导入“细叶美女樱”图片。新建合成，名称为“细叶美女樱”，设置如图 4-59 所示。

(2) 将图片拖入到时间轴中，将图片的缩放值调整为 38%，如图 4-60 所示。

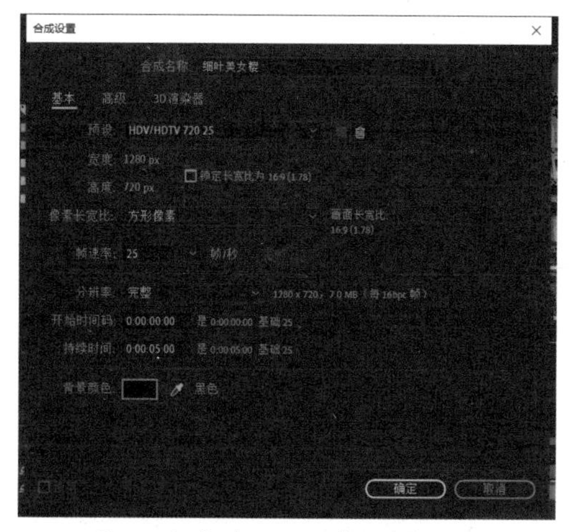

图 4-59 新建“细叶美女樱”合成

图 4-60 调整图层的缩放值

(3) 设置“更改为颜色”特效。

本例中我们打破常规，将花朵的颜色在特效中进行改变，记录变化过程，最终恢复正常。

选中图层，在【效果控件】面板中添加特效：颜色校正 - 更改为颜色。

在特效面板，选择【自】后的吸管工具吸取花朵中的紫色，单击【至】前的按钮记录动画，在 1 秒钟时，将【至】后的颜色设置为红色，在 2 秒钟时，将【至】后的颜色设置为蓝色，在 3 秒钟时，将【至】后的颜色设置为淡蓝色，如图 4-61~ 图 4-63 所示。

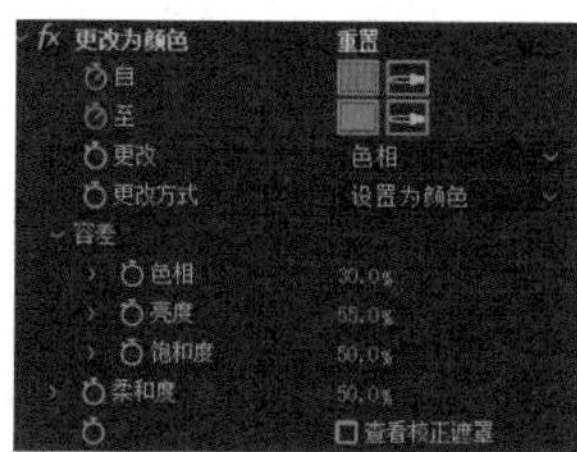

图 4-61 1 秒时的图像效果

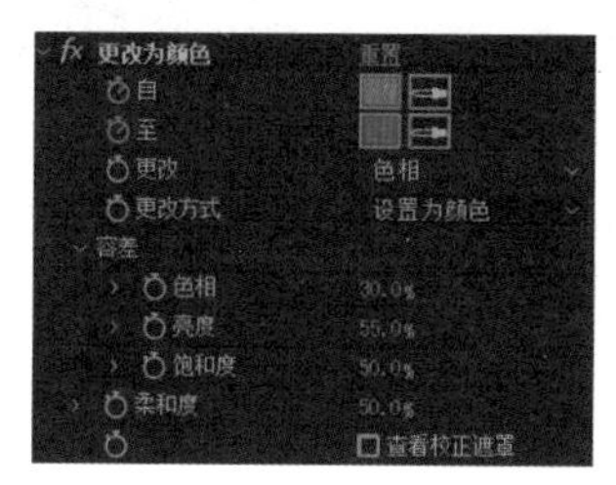

图 4-62 2 秒时的图像效果

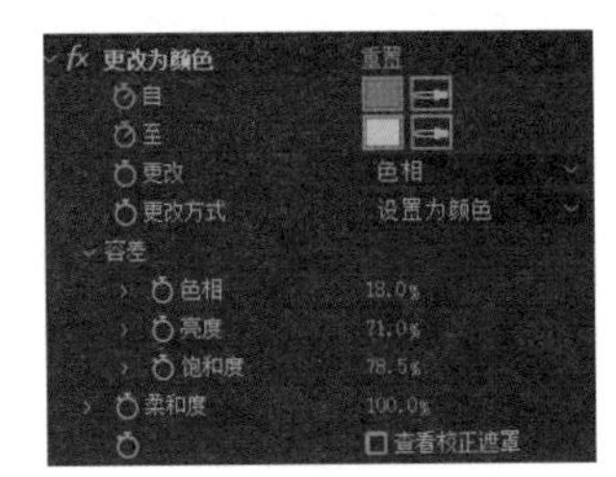

图 4-63　3 秒时的图像效果

拖动时间轴，可以看到图像的颜色变化。

4.3.4　制作“色彩的撞击”合成

将三个合成合并为一个合成。

按住 Ctrl 键，依次选中“七星瓢虫”“清风楼”“细叶美女樱”合成，拖入到【项目】面板中的合成图标上，则出现如图 4-64 所示的对话框。

将三个合成创建为单个合成，选中【序列图层】和【重叠】复选框，设置【持续时间】为 1 秒，即合成之间的过渡效果为 1 秒钟的时间，设置过渡效果为【溶解前景图层】。

最终效果如图 4-65 所示。

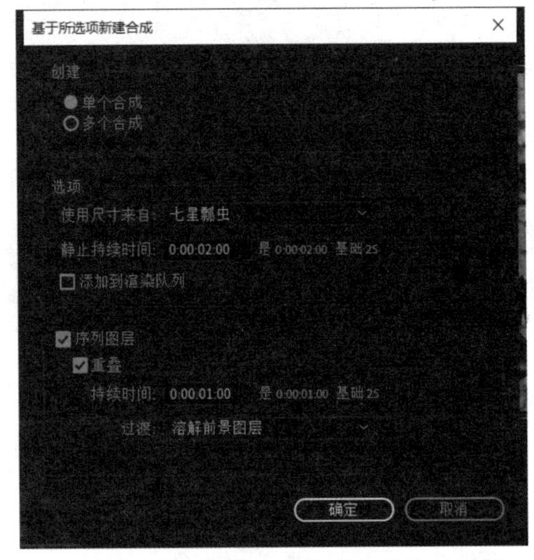

图 4-64　【基于所选项新建合成】对话框

图 4-65　序列图层后的时间轴

项目任务单

4.1 认识色彩调整

选择要调整色彩的图层并右击，在弹出的快捷菜单中选择【效果】|【颜色校正】命令，可以发现其中的很多调色命令与 Photoshop 中的命令相同。比 Photoshop 更进一步的是，After Effects 能够对动态的视频进行运用，而且可以对色彩的效果进行关键帧的设置，使视频呈现出多样的效果来。颜色校正菜单中的命令如下。

1. 三色调

三色调特效可以将素材中的高光、中间色调、阴影的色彩重新定义，从而改变素材原来的色调。

2. 通道混合器

通道混合器可以通过提取各个通道内的数据，重新融合，产生新的效果。

【红色 - 红色、红色 - 绿色……】：表示素材的 RGB 模式，调整红色、绿色、蓝色三个通道，就表示在某个通道中其他颜色所占的比率。

【红色 - 恒量、绿色 - 恒量……】：表示设置一个常量，确定几个通道的原始值，添加到前面颜色的通道里，最后的效果就是其他通道计算的结果和。

【单色】：选中该复选框后，图像变成灰色。

3. 阴影 / 高光

阴影 / 高光特效可以调整素材中的阴影和高光部分。

【自动数量】：选中该复选框，可对素材进行自动阴影和高光的设置。

【阴影数量】：调整素材的阴影数量。

【高光数量】：调整素材的高光数量。

【瞬时平滑（秒）】：设置时间滤波的秒数。

【场景检测】：选中该复选框，瞬时平滑在分析周围帧时，忽略超出场景变换的帧。

【更多选项】：可以通过更多的参数如阴影半径、高光半径等进行更细致的调整。

【与原始图像混合】：当值设置为 100% 时，原素材会完全展示。

4. 照片滤镜

照片滤镜特效可以模拟出素材添加上彩色滤镜片的效果，主要用于纠正素材颜色的偏差。

【滤镜】：打开下拉列表后，可以从中选择所需要的颜色滤镜，共包括 20 种默认的滤镜效果。

【颜色】：根据需要重新取色。

【密度】：用于设置着色的强度。

【保持发光度】：选中该复选框，则素材保持亮度。

5. 色调

色调特效可以通过指定的颜色对图像进行颜色的映射。

【将黑色映射到】：用于设置素材中黑色和灰色将要映射的颜色。

【将白色映射到】：用于设置素材中白色部分将要映射的颜色。

【着色数量】：用于设置色调映射的百分比。

【交换颜色】：用于交换上面设置的两种颜色。

6. 色阶

色阶特效可以精细调节颜色的灰度。

【通道】：用于选择要修改的通道。

【直方图】：素材中像素的分布图。水平方向上表示亮度值，垂直方向上表示该亮度值的像素数量。黑色输出值是图像像素最暗的值，白色输出值是图像像素最亮的值。

【输入黑色】：用于设置输入图像黑色值的极限值。

【输入白色】：用于设置输入图像白色值的极限值。

【灰度系数】：用于设置数码显示领域亮度的编码和解码。

输出黑色：用于设置输出图像黑色值的极限值。

输出白色：用于设置输出图像白色值的极限值。

剪切以输出黑色：用于减轻输出黑色效果。

剪切以输出白色：用于减轻输出白色效果。

7. 色阶（单独控件）

与色阶效果类似，更强调对每个色彩的输入黑色、输入白色、输出黑色、输出白色做更细致的调节。

8. 色光

色光可以以自身色彩为基准按照色环颜色的变化进行周期变化，产生梦幻色彩。其自身包含很多预设效果。

9. 色相 / 饱和度

色相 / 饱和度用于精细调整素材的色彩及变换的颜色。

【通道控制】：用于选择不同的图像通道。

【通道范围】：用于设置色彩的范围。

【主色相】：用于设置色调的数值。

【主饱和度】：用于设置饱和度。

【主亮度】：用于设置亮度。

【彩色化】：用于将前景色转化为单色。

【着色色相】：用于设置前景色。

【着色饱和度】：用于设置前景色的饱和度。

【着色亮度】：用于设置前景色的亮度。

10. 广播颜色

广播颜色特效用来对影片像素的颜色值进行测试，测试影片的亮度和饱和度是否在某个幅度以下的信号范围内，以确保电视画面效果在理想的范围内。

11. 亮度和对比度

亮度和对比度特效主要用来调节素材的亮度和对比度。

12. 保留颜色

保留颜色特效用来删除或者保留素材中的特定的颜色。

【脱色量】：用于设置脱色的程度。

【要保留的颜色】：用于设置保留的颜色。

【容差】：用于颜色相似度的设置。

【边缘柔和度】：用于设置边缘的柔化程度。

【匹配颜色】：用于设置颜色的匹配方式。

13. 曝光度

曝光度特效用来模拟相机抓拍的曝光率设置原理，对素材色彩进行校准。

14. 曲线

曲线特效通过调整曲线的形状来改变素材的色调、暗部和亮部的平衡，功能强大并且精细。

【通道】：用于选择色彩通道，有 RGB、Red、Green、Blue、Alpha 五个选项。

【曲线】：贝塞尔曲线，其上可以有多个调节点，拖动时图像色彩也随之改变。

使用铅笔工具可以绘制任意形状的曲线；单击【打开】按钮，可以导入之前做好的曲线；单击【自动】按钮，可以自动调节素材的色调及亮度；单击【平滑】按钮，可以让曲线形状更规则；单击【重置】按钮，可以使曲线回到初始状态。

15. 更改为颜色

更改为颜色特效可以用另外的颜色来替换原来的颜色，并调节色彩。

16. 更改颜色

更改颜色特效用来改变图像中的颜色区域的色调、饱和度和亮度。可以通过制定某一个基色和设置相似值来确定该区域。

【视图】：可以选择【合成】窗口来观察效果。

【色相变换】：用于设置色相，以度为单位。

【亮度变换】：用于设置亮度变化。

【饱和度变换】：用于设置饱和度变化。

【要更改的颜色】：用于选择被修正的颜色。

【匹配容差】：用于设置颜色匹配的相似程度。

【匹配柔和度】：用于设置修正颜色的柔和度。

【匹配颜色】：用于设置匹配的颜色空间，有多种选择。

17. 自然饱和度

自然饱和度特效会大幅度增加不饱和区域的饱和度，对已经饱和的区域只做很少的调整，使素材的饱和度恢复正常。

18. 自动色阶

自动色阶特效用于对素材自动进行高光和阴影的设置。

19. 自动对比度

自动对比度特效会自动分析层中对比度和混合的颜色，使高光部分更亮，阴影部分更暗。

20. 颜色稳定器

通过选择不同的稳定方式，在指定点通过区域添加关键帧，对色彩进行调整。

21. 颜色平衡

颜色平衡特效用于平衡色彩，使亮度区域和阴影区域之间过渡自然。

22. 颜色平衡（HLS）

颜色平衡特效用于进行色彩平衡和色调的调整。

23. 黑色和白色

黑色和白色特效用于创建各种风格的黑色和白色效果，并通过简单的应用，将彩色素材处理成单色图像。

项目记录：

____

____

____

____

____

____

4.2 水墨画效果的制作

综合运用多个调色效果，将视频制作出水墨画的效果。

1. 导入素材

新建项目，保存为“水墨画”，导入“水墨画素材”视频到【项目】面板中。

2. 建立合成

将素材拖入到合成图标上，建立合成。

3. 设置视频饱和度

选中水墨画素材，添加色相 / 饱和度特效。

将素材的主饱和度设置为-100。

4. 复制图层并重命名

复制该图层，则新复制的图层位于原图层上方，重命名为“水墨画素材2”。

5. 添加色调特效

为“水墨画素材2”添加色调特效。单击【交换颜色】按钮。

6. 添加高斯模糊特效

继续为“水墨画素材2”添加高斯模糊特效。将【模糊度】设置为18。

7. 设置图层模式

单击时间轴左下角处的展开或折叠【转换控制】窗格按钮，在时间轴中显示出【模式】设置。将“水墨画素材2”的图层模式设置为【颜色减淡】，并将其透明度设置为59%。

选择两个图层，按Ctrl+Shift+C组合键或者选择【图层】|【预合成】命令，将两个图层进行合并，并重新命名。

8. 水墨画调色

将“水墨画素材”再次拖入到合成中，进行调色设置：为拖入的“水墨画素材”添加高斯模糊特效，设置【模糊度】为11。将图层模式设置为【叠加】。

9. 添加宣纸和印章

将合成中的两个图层继续合并。

导入“宣纸”和“印章”素材，将“宣纸”素材放至所有图层的下方，将“印章”素材放至顶层，并调整两个素材的大小。

10. 设置图层模式

将图层“水墨画纹理和颜色”和“印章”的图层模式设置为【变暗】。

为视频添加标题文字“水墨画”。

11. 导入素材

导入图片素材“标题文字”。新建合成，将素材拖入到合成中，并调整其大小。

12. 提取文字部分

在时间轴中选中图片素材图层，在菜单栏中选择【效果】|【抠像】|【提取】命令，对图层应用特效。将【白场】设置为117，单击【切换透明网格】按钮。

13. 设置描边

在【时间轴】或者【合成】面板空白处右击，或者使用组合键Ctrl+Y，新建纯色图层。

交换两个图层的位置，使标题文字图层可见。选中纯色图层，使用钢笔工具按照笔画将标题文字进行路径的绘制。

选中纯色图层，右击，在弹出的快捷菜单中选择【生成】|【描边】命令，添加描边特效。在绘制路径的过程中，路径有中断，所以将【所有蒙版】和【顺序描边】复选框都选中，在【绘画样式】下拉列表中选择【在透明背景上】选项。

经过描边后的路径，粗细是均匀的，没有毛笔字笔触的效果，设置素材图层为蒙版。调整画笔大小，使描边效果更加逼真。

为【描边】中的【结束】设置动画，使文字出现手写字的效果：在 0 秒时为 0%，在 3 秒时为 100%。

14. 合成

打开“水墨画素材”合成，将“标题文字”合成拖入至时间轴的顶层。在【时间轴】面板的空白处右击，在弹出的快捷菜单中选择【透视】|【投影】命令，添加投影特效。为了使画面动画效果更佳，右击“水墨画纹理和颜色”图层，在弹出的快捷菜单中选择【时间】|【时间伸缩】命令，将【持续时间】设置为 50 秒钟，放慢播放速度，创造唯美画面。

项目记录：

____

____

____

____

____

____

4.3 色彩的撞击

在本项目中，主要使用【保留颜色】、【曲线】、【更改颜色】特效进行视频后期处理，让观众感受色彩的撞击。

4.3.1 制作“七星瓢虫”合成

1. 新建项目及合成

新建项目，保存为“色彩的撞击”。导入“七星瓢虫”图片，新建合成，名称为“七星瓢虫”。

将“七星瓢虫”图片拖入到时间轴上。

2. 设置【保留颜色】特效

瓢虫身上的红色是整个图像的亮点，添加保留颜色特效后，使周围的景物变成灰度图更凸显了瓢虫的红色，突出了动物的灵动。

选中图层，在【效果控件】面板中添加特效：颜色校正 - 保留颜色。

使用吸管工具吸取图像上的红色，将特效中的属性进行设置，设置属性值及图像效果。

3. 设置显示动画

选中该图层，使用钢笔工具绘制一个平行四边形蒙版，设置羽化值为 50。

为蒙版路径设置动画，在 3 秒处添加关键帧，让蒙版移出画面。

在合成中继续拖入原图片，位于本图层下方。

4.3.2 制作“清风楼”合成

使用同样的方法制作清风楼的特效。

1. 新建合成

导入“清风楼”图片。新建合成，名称为“清风楼”。

将“清风楼”图片拖入到时间轴上。将图片的缩放值调整为 39%。

2. 设置“曲线”特效

清风楼是我国北方保存最完整的明代古楼之一，模拟画面日光的照射到深夜的效果，厚重的深红色则更能体现它的文化氛围和民族色彩。

选中图层，在【效果控件】面板中添加特效：颜色校正 - 曲线。

在特效面板，单击【曲线】前的按钮记录动画，在 3 秒钟时，分别打开 RGB 和蓝色通道，将曲线进行调整。

4.3.3 制作“细叶美女樱”合成

制作“细叶美女樱”合成效果。

(1) 导入“细叶美女樱”图片。新建合成，名称为“细叶美女樱”。

(2) 将图片拖入到时间轴中，将图片的缩放值调整为 38%。

(3) 设置“更改为颜色”特效。

本例中我们打破常规，将花朵的颜色在特效中进行改变，记录变化过程，最终恢复正常。

选中图层，在【效果控件】面板中添加特效：颜色校正 - 更改为颜色。

在特效面板，选择【自】后的吸管工具吸取花朵中的紫色，单击【至】前的按钮记录动画，在 1 秒钟时，将【至】后的颜色设置为红色，在 2 秒钟时，将【至】后的颜色设置为蓝色，在 3 秒钟时，将【至】后的颜色设置为淡蓝色。

拖动时间轴，可以看到图像的颜色变化。

4.3.4 “色彩的撞击”合成

将三个合成合并为一个合成。

按住 Ctrl 键，依次选中“七星瓢虫”“清风楼”“细叶美女樱”合成，拖入到【项目】面板中的合成图标上。

将三个合成创建为单个合成，选中【序列图层】和【重叠】复选框，设置【持续时间】为 1 秒，即合成之间的过渡效果为 1 秒钟的时间，设置过渡效果为【溶解前景图层】。

项目记录：

______

______

______

______

______

______

课后习题

一、单项选择题

1. 颜色的三要素为（　　）。

A. 亮度、色调、饱和度　　B. 亮度、透明度、饱和度

C. 色阶、色调、饱和度　　D. 曝光度、色调、饱和度

2. 在 After Effects 软件中，使用（　　）特效可以达到反色的效果。

A. 色调　　B. 色相 / 饱和度　　C. 色阶　　D. 保留颜色

3. 可以实现自动调色效果的特效是（　　）。

A. 自动曲线　　B. 自动对比度　　C. 自动色阶　　D. 自动颜色

4. 下列（　　）效果可以为素材模拟添加彩色滤镜的特效。

A. 照片滤镜　　B. 自动色阶　　C. 色调　　D. 更改颜色

5. 下列（　　）效果可以将图像中的一种颜色替换为其他一种指定的颜色。

A. 色调　　B. 颜色平衡　　C. 色相 / 饱和度　　D. 更改为颜色

二、实际操作题

生活给了你一双美的眼睛，手机赋予了我们发现美的工具，请你使用手机拍摄一段自己满意的视频，并且进行色彩的调整，最后渲染输出。

参考答案：1.A　2.A　3.D　4.A　5.D

项目5 文字特效

项目导读：

Adobe After Effects 软件为我们提供了众多的特效制作工具，为我们设计和制作丰富的文字效果打下了很好的基础。在本项目中，我们将综合运用多个工具制作影视频中常见的文字效果。

5.1 碎片文字

运用碎片、梯度渐变等工具，制作碎片文字效果。

(1) 新建一个纯色图层，命名为“渐变”，颜色为#3D764B，如图 5-1 所示。

图 5-1　新建纯色图层

(2) 新建文字图层，输入文字“车如流水马如龙”，颜色设置为#DFD992，并修改字体，调整字符大小、字间距以及文字位置，如图 5-2 所示。

图 5-2　新建文字图层

(3) 按组合键 Ctrl+D 复制渐变，命名为“纯色”，单击渐变，在菜单栏中选择【效果】|【生成】|【梯度渐变】命令，如图 5-3 所示。

(4) 渐变的起始颜色设置为黑，终点颜色设置为白，适当调节参数，使得左上方黑，右下方白。也可以用鼠标单击中心红色圆点来回拖动进行调节，如图 5-4 所示。

(5) 右击“渐变”图层，在弹出的快捷菜单中选择【预合成】命令，将渐变层变为预合成，如图 5-5、图 5-6 所示。

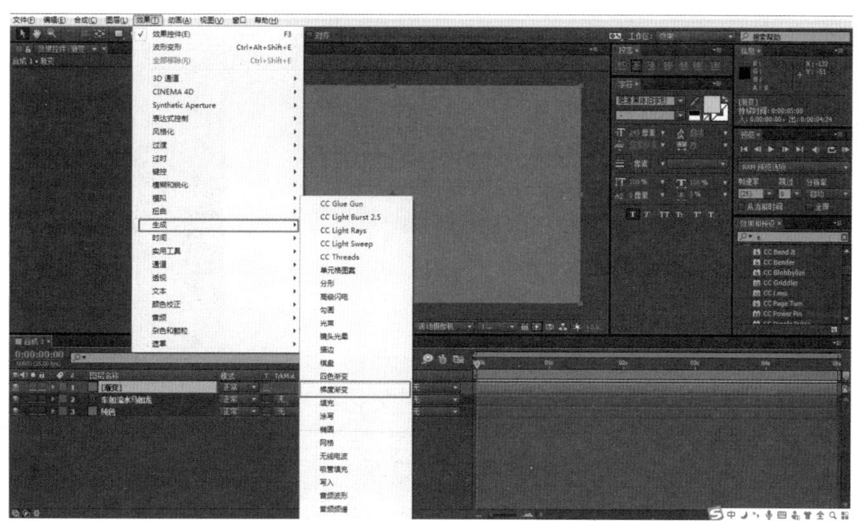

图 5-3 选择【梯度渐变】命令

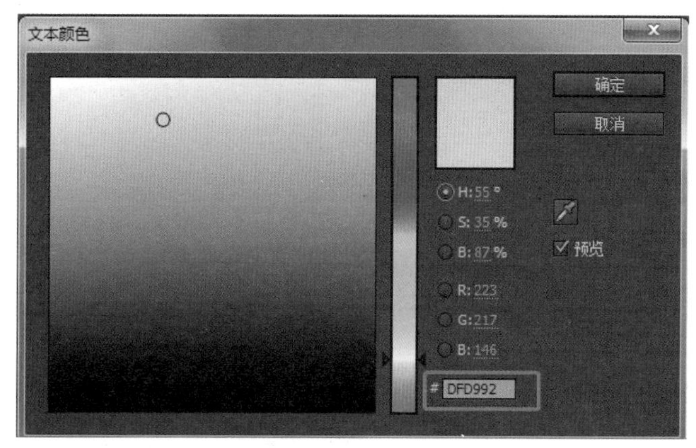

图 5-4 文字颜色调整

图 5-5 选择【预合成】命令

图 5-6　预合成渐变效果

(6) 在菜单栏中选择【效果】|【模拟】|【碎片】命令，添加碎片效果，如图 5-7 所示。

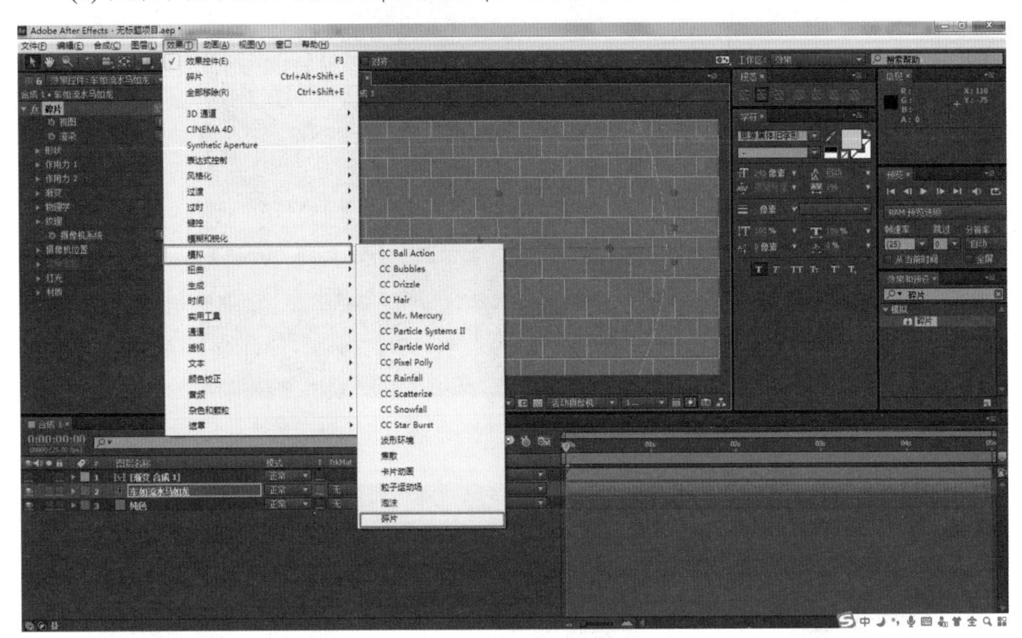

图 5-7　添加碎片效果

(7) 将【效果控件】面板中【碎片】下方的【视图】设置为【已渲染】，就可以得到文字的实时渲染效果。如果机器硬件一般，可以将视图设置为【线框】模式，减少运算量，如图 5-8 所示。

(8) 在碎片特效面板中的【渐变图层】右侧的下拉列表中选择【1. 渐变　合成 1】选项，如图 5-9 所示。

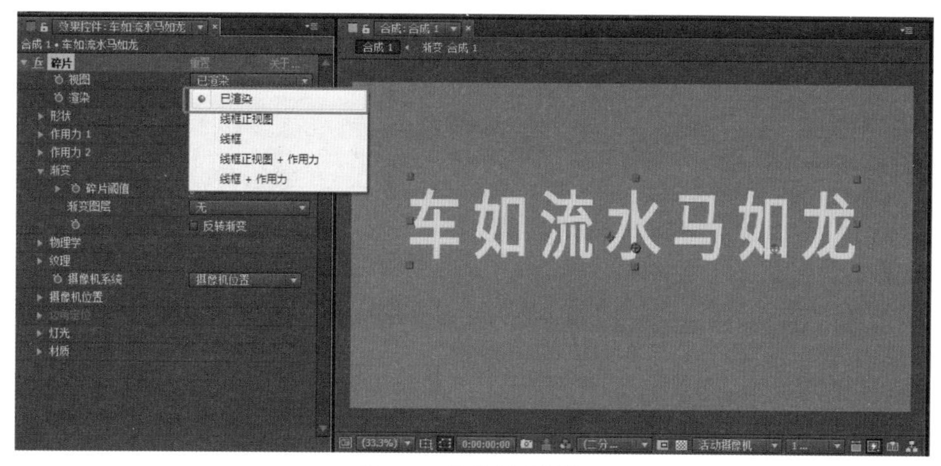

图 5-8 视图模式调整

图 5-9 设置渐变合成图层

(9) 单击【碎片阈值】前面的【时间变化秒表】按钮，将时间指示器向右拖动一定距离，分别设置【碎片阈值】为 100% 和 66%，如图 5-10 所示。

图 5-10 设置碎片阈值

图 5-10　设置碎片阈值（续）

(10) 文字碎片数量的多少取决于碎片的形状和重复的数量，在这里我们可以将形状图案设置为【正方形】，重复的数值设置为 100，如图 5-11 所示。

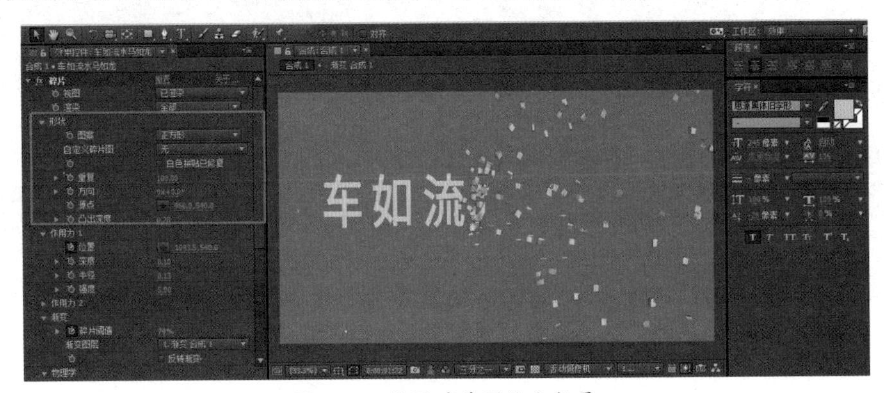

图 5-11　设置碎片形状和数量

(11) 单击【作用力 1】属性前面的【时间变化秒表】按钮，将时间指示器向右拖动一定距离。设置【半径】为 0.12，使半径大小刚好能够覆盖文字即可。在这里我们为了更方便地观察作用力的效果，将【视图】设置为【线框正视图 + 作用力】，如图 5-12 所示。

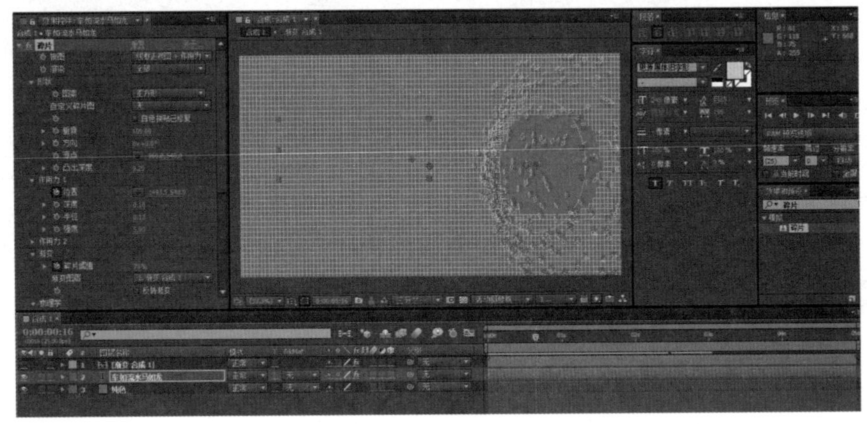

图 5-12　设置作用力

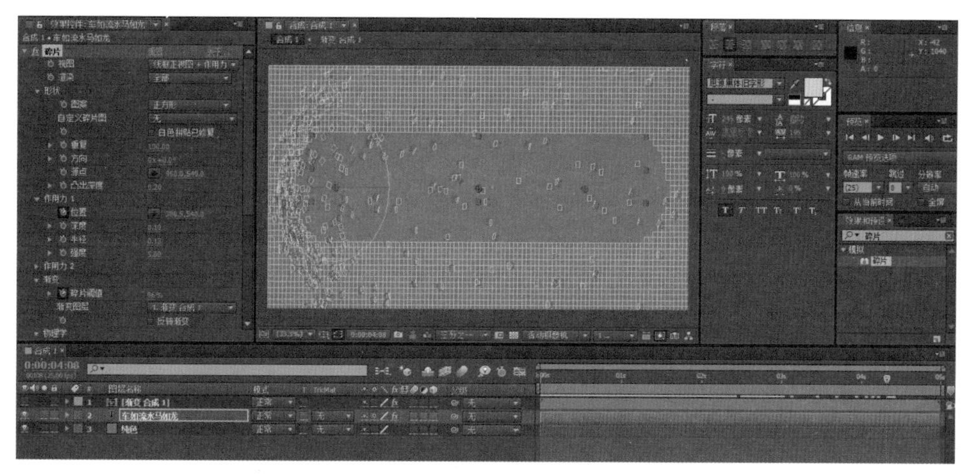

图 5-12 设置作用力（续）

(12) 调整【物理学】选项组中的重力属性，可以设置碎片飞舞的方向以及碎片的旋转速度等，如图 5-13 所示。

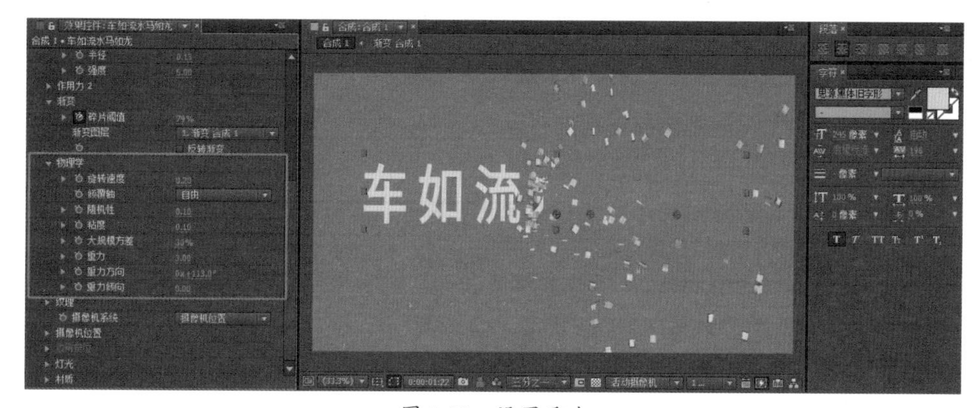

图 5-13 设置重力

至此，碎片文字效果制作完成，最终渲染效果如图 5-14 所示。

图 5-14 效果图

5.2 立体文字

利用后期软件制作一些简单并不复杂的 3D 立体文字动画效果，可以使得画面更加丰富，下面我们就来学习相关的知识。

(1) 首先我们打开 After Effects 软件，新建合成，命名为“AE 三维文字效果”，设置相应的参数。在【高级】选项卡中设置【渲染器】为【光线跟踪 3D】，如图 5-15 所示。

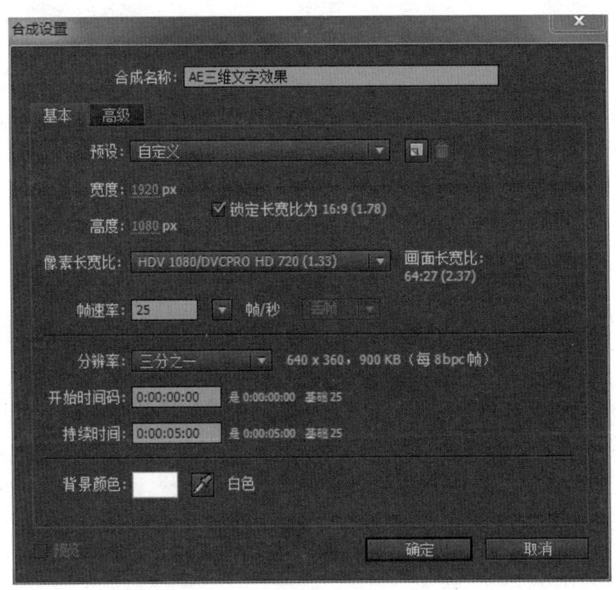

图 5-15 合成参数设置

(2) 按 Ctrl+T 组合键调出文本工具，输入 3D 内容文字“自强不息”，设置相应的文字字体样式，如图 5-16 所示。

图 5-16 输入文字

(3) 打开文字图层的三维空间模式，展开【几何选项】，设置凸出深度，给文字添加厚度，数值为 30~70 均可。这个时候你会发现效果不是很明显，如图 5-17、图 5-18 所示。

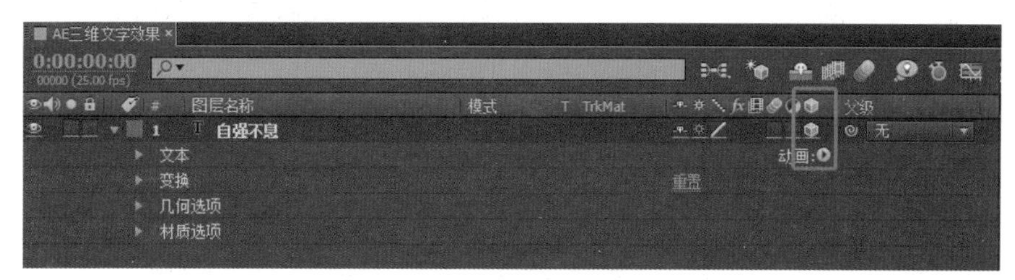

图 5-17　打开三维空间模式

图 5-18　添加文字厚度

(4) 我们调整一下观察的视角模式就可以了，这个时候文字有厚度的 3D 模式就形成了，如图 5-19 所示。

图 5-19　设置视角模式

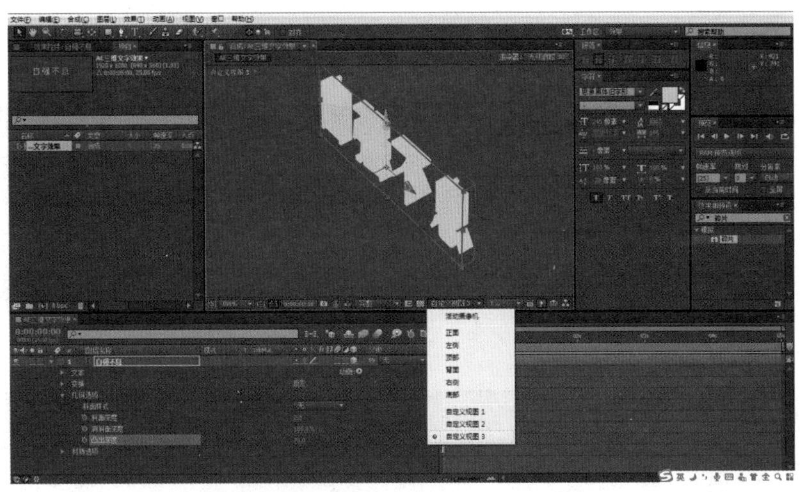

图 5-19　设置视角模式（续）

(5) 选中文字图层并右击，在弹出的快捷菜单中选择【从文字创建形状】命令，将文本转换成形状，如图 5-20 所示。

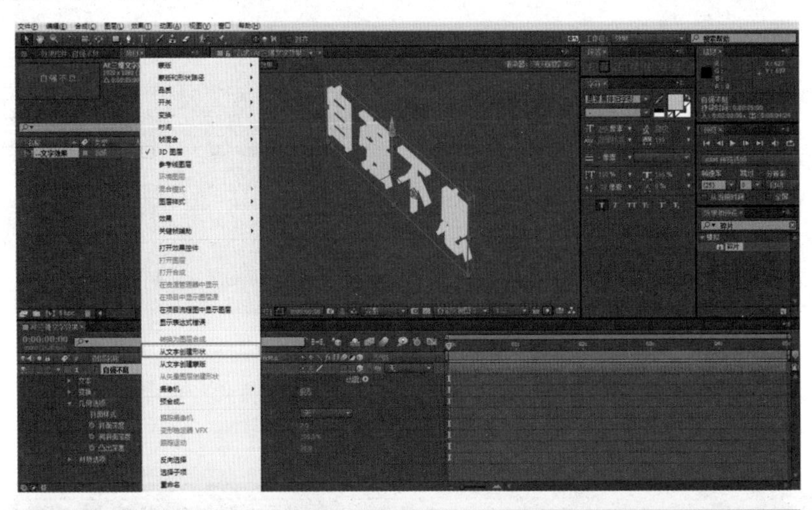

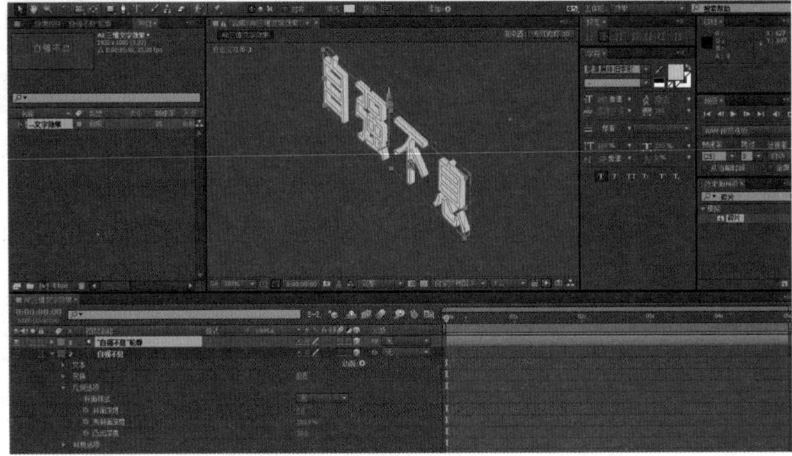

图 5-20　将文本转换成形状

(6) 给形状图层添加描边，然后调整颜色，调整观察视角，调整 Y 轴角度，得到如下 3D 效果，如图 5-21 所示。

图 5-21　给形状图层添加描边

(7) 在【时间轴】面板的空白处右击，在弹出的快捷菜单中选择【新建】|【灯光】命令，添加一个灯光层，调整灯光位置，再对 3D 效果做进一步的调整，如图 5-22 所示。

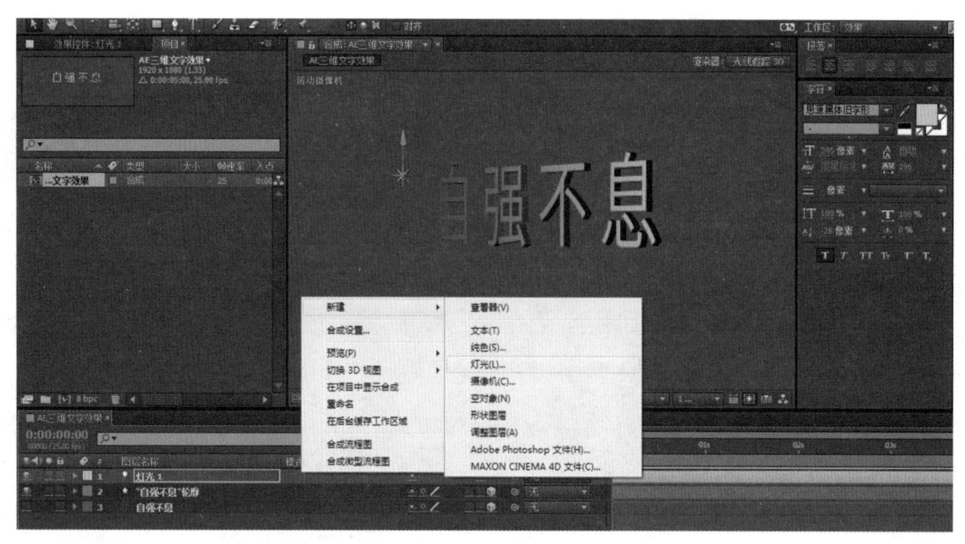

图 5-22　添加一个灯光层

到此，“AE 三维文字效果”制作完成，就可以渲染输出了。

5.3　扫光文字动画效果

我们知道蒙版与遮罩，初步了解蒙版是作为图层的一个附加属性的存在，它依附于图层，作用于图层。而遮罩是遮挡、遮盖，遮挡部分图像内容，并显示特定区域的图像内容，相当于一个窗口，它是作为一个单独的图层存在，通常是上对下遮挡的关系。对于蒙版和遮罩这样的定义，实际上并不容易理解，在 After Effects 2020 里有一个专用的内置插件可以达到这种效果，它就是 CC Light Sweep。在菜单栏中选择【效果】|【生成】|CC Light Sweep 命令，通过调整扫光位置、角度，设置关键帧，就可以生成文字扫光效果，如图 5-23、图 5-24 所示。现在使用遮罩的方法来制作扫光效果，光源的颜色、形状等可编辑性强，在此就不使用插件来制作。

图 5-23　选择 CC Light Sweep 命令

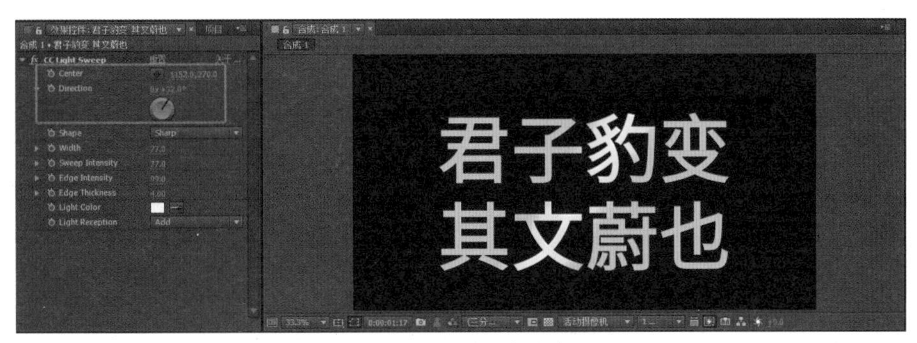

图 5-24 设置关键帧

(1) 新建合成，新建黑色背景图层，再新建文本图层，使用文本工具输入“君子豹变”，设置字体，调整文字大小和位置，并进行字体加粗，如图 5-25 所示。

图 5-25 设置字体

(2) 新建一个白色的纯色图层，使用钢笔工具或者矩形选框工具绘制一个长方形，按组合键 Ctrl+T 调整好长方形的大小和角度。相当于在新建的白色纯色图层上建立一个长方形蒙版，如图 5-26 所示。

图 5-26 建立一个长方形蒙版

(3) 单击蒙版前的小三角调出蒙版子选项，选择【蒙版羽化】选项，在纯色图层调整蒙版的羽化值，让长方形蒙版四周轮廓有些朦胧感。也可单击羽化数值前的【锁定宽高比】按钮，解除轮廓长宽羽化值的比例约束，如图5-27所示。

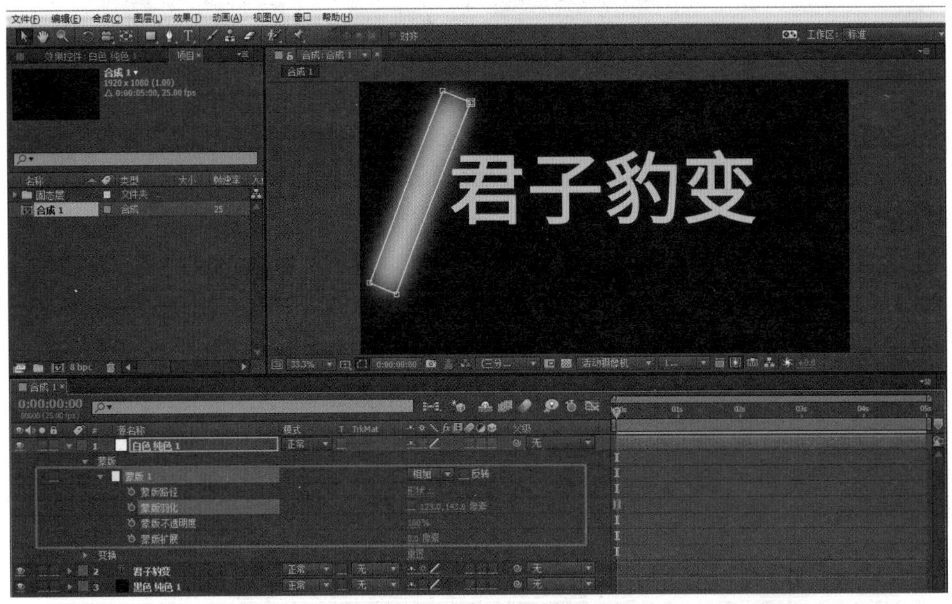

图5-27　蒙版羽化

(4) 选中蒙版，按P键打开【位置】属性，在0帧位置插入关键帧，并调整蒙版到最左侧文字外的位置，然后在3秒位置插入关键帧，蒙版运动到最右侧文字外的位置，如图5-28所示。

图5-28　插入关键帧

(5) 选中文本图层，按Ctrl+D组合键复制图层，拖动复制图层到纯白色图层的上方位置，如图5-29所示。

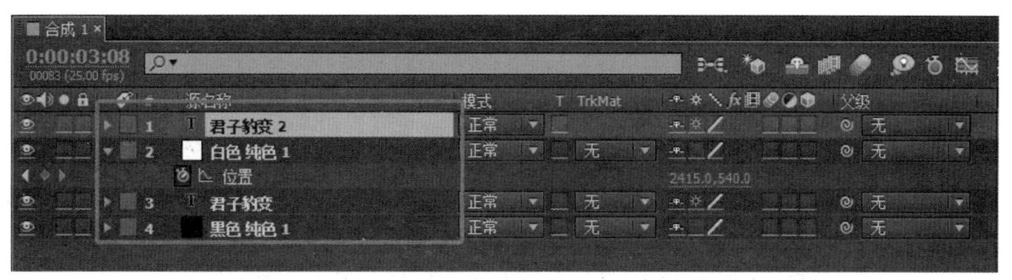

图 5-29 复制图层

(6) 选中白色图层，在 TrkMat 下面选择【Alpha 遮罩】为“君子豹变 2”，如图 5-30 所示。

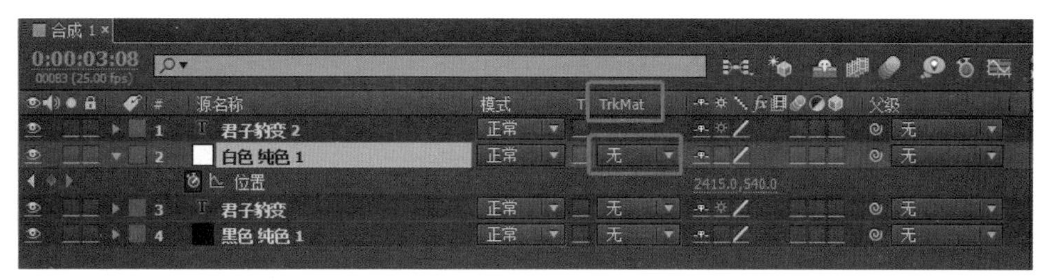

图 5-30 Alpha 遮罩

(7) 这样扫光文字的效果就制作好了，通过制作，进一步理清楚遮罩与蒙版的关系，遮罩是单独存在的图层，蒙版依附于图层，不管这个图层是什么图层，都可以进行依附，如图 5-31 所示。

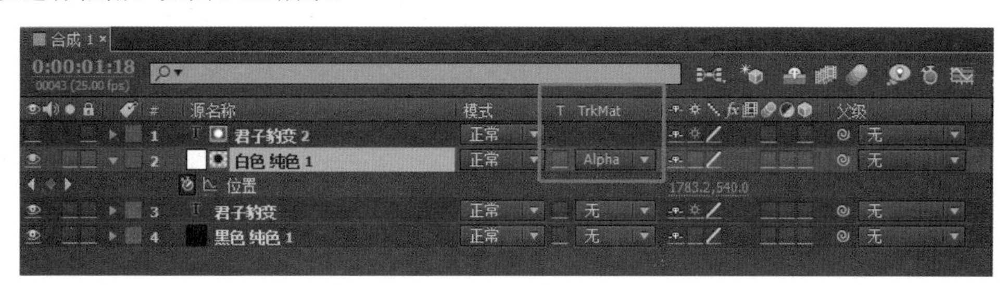

图 5-31 遮罩与蒙版的关系

(8) 按组合键 Ctrl+M 进行渲染输出。如果需要渲染带通道的文字效果，可以在【视频输出】选项组的【通道】下拉列表中选择 RGB+Alpha 选项，如图 5-32 所示。最后来看一下渲染效果，如图 5-33 所示。

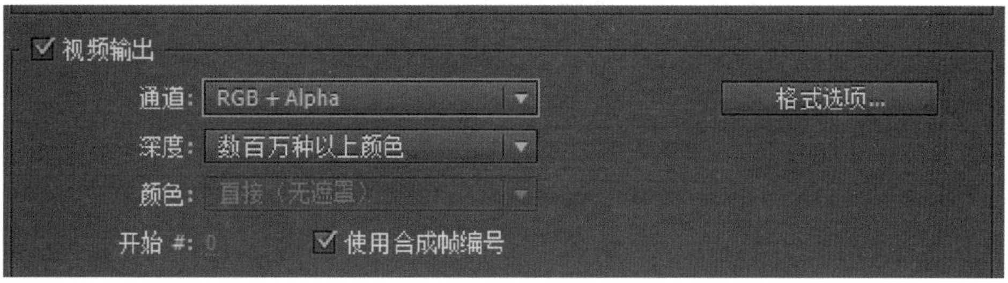

图 5-32 渲染输出

图 5-33　扫光效果图

5.4　水波文字

(1) 打开 After Effects 新建一个合成，这里将合成的大小设置成与所需要的动画的尺寸一样。取消选中【锁定长宽比】复选框，这样才可以自定义高度和宽度，如图 5-34 所示。

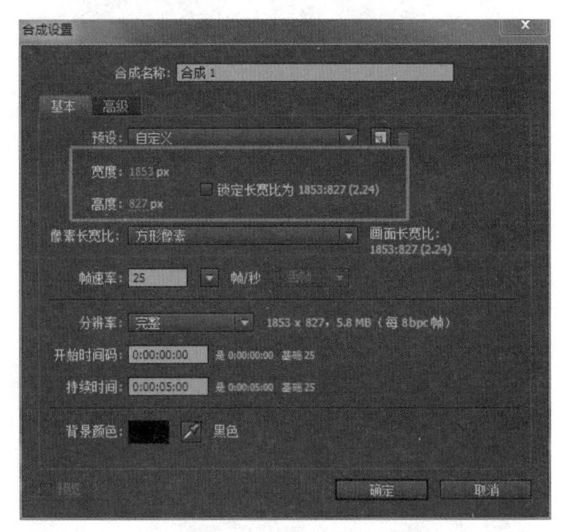

图 5-34　新建合成

(2) 新建一个文字图层，选择一个合适的字体和大小并输入文字 “We all have moments of desperation. But if we can face them head on, that’s when we find out just how strong we really are.”(我们经常会遇到绝望的时候，但是如果我们抬头面对它们的时候，我们会发现我们是如此的强大。)，如图 5-35 所示。

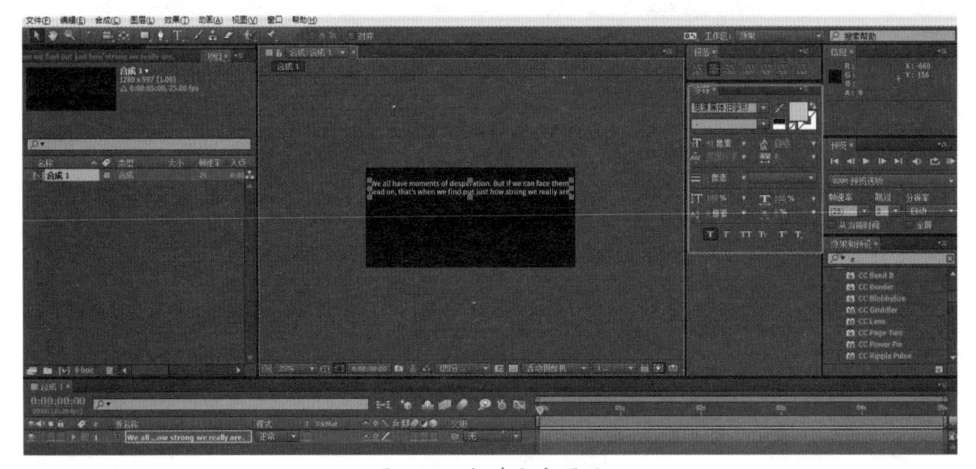

图 5-35　新建文字图层

(3) 选中文字合成，按组合键 Ctrl+D 复制出一个新的合成。调整位置使其相差几个字符的距离，行间距尽量保持一致，如图 5-36 所示。

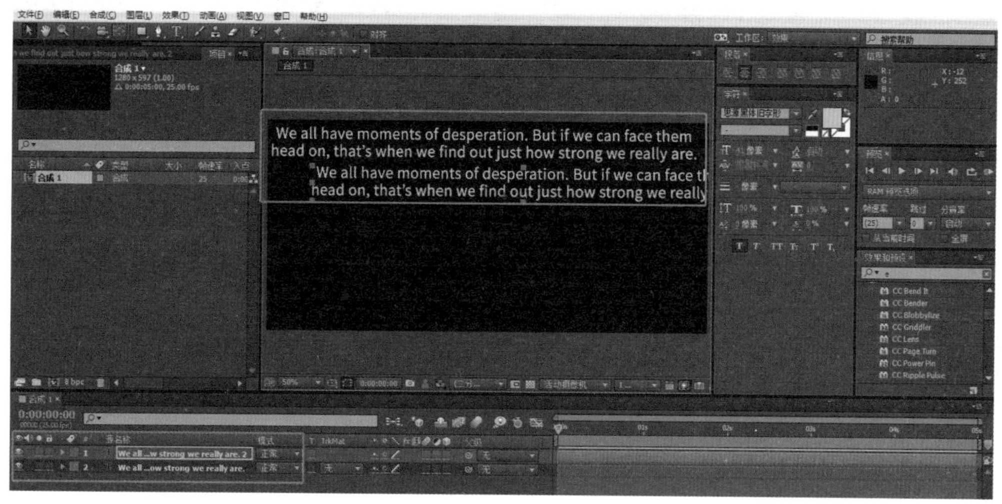

图 5-36　复制文字图层

(4) 用鼠标左键单击新复制的合成，在【合成设置】对话框中重新设置合成的尺寸，合成的尺寸宽一些效果会明显一些，如图 5-37 所示。

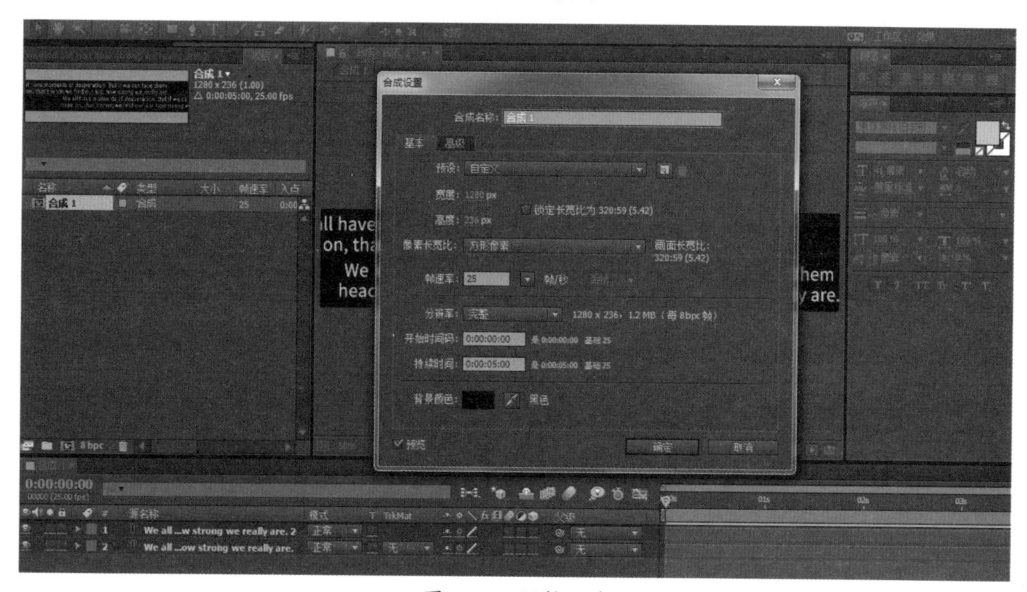

图 5-37　调整尺寸

(5) 新的文字合成，文字间隔也应尽量调整得差异化明显一些，可以使得后面制作波纹效果突出一些，如图 5-38 所示。

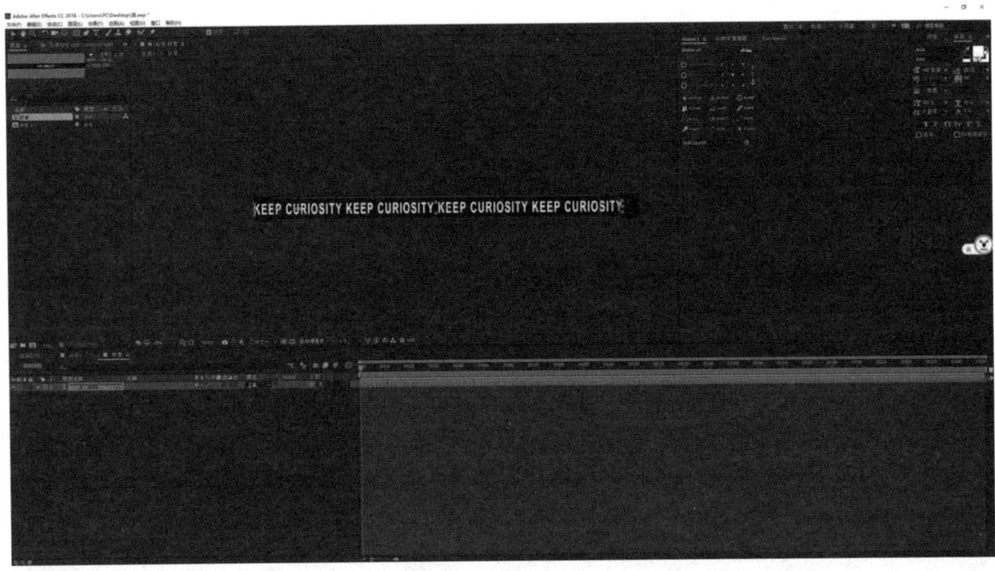

图 5-38　调整位置

(6) 选中两个文本合成并右击，在弹出的快捷菜单中选择【预合成】命令，将这两个文本合成制作成一个总合成，如图 5-39 所示。

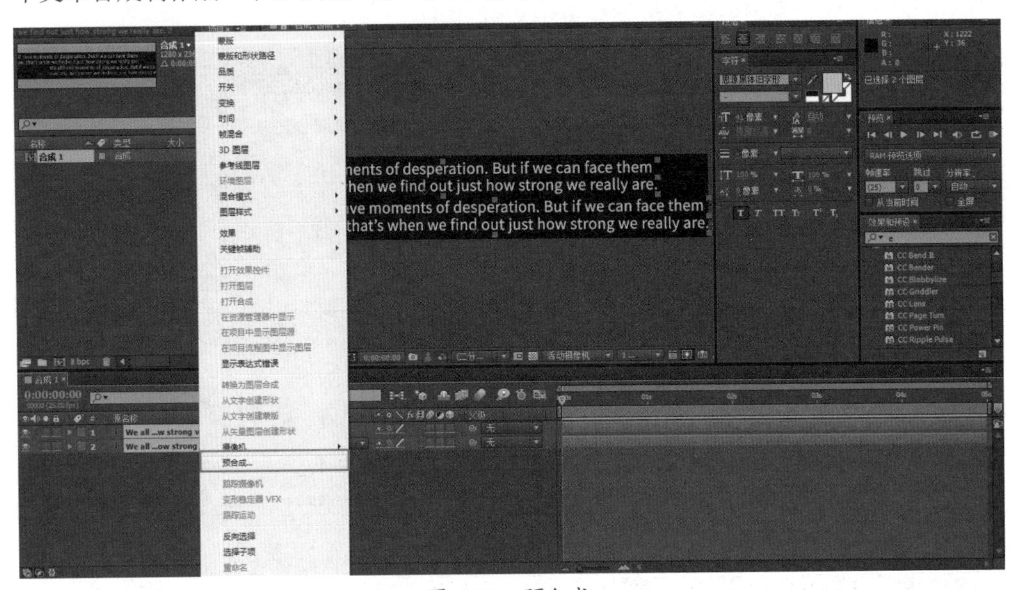

图 5-39　预合成

(7) 双击总合成，然后按组合键 Ctrl+K 或者在菜单栏中选择【合成】|【合成设置】命令（见图 5-40），在弹出的【合成设置】对话框中再去调整合成的尺寸。

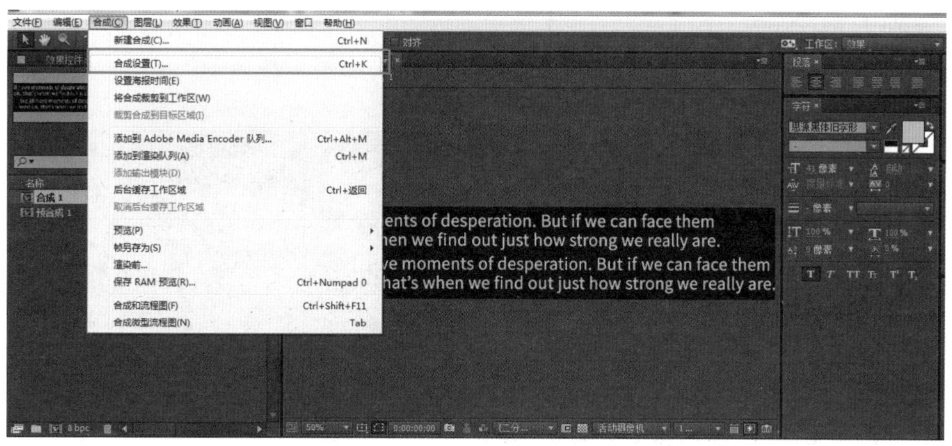

图 5-40 选择【合成设置】命令

(8) 选中新建的文字合成，在菜单栏中选择【效果】|【扭曲】|【波形变形】命令，添加特效，如图 5-41 所示。

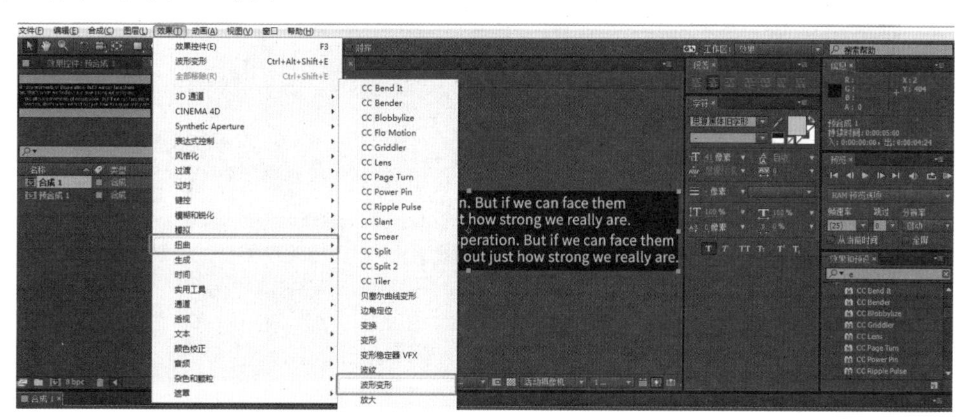

图 5-41 选择【波形变形】命令

(9) 调整波形变形的参数。将【波浪类型】设置为【正弦】，【波浪高度】设置为35，【波浪宽度】可以设置大一些，设置为 180，波浪的方向可以根据效果需要进行角度的微调，如图 5-42 所示。

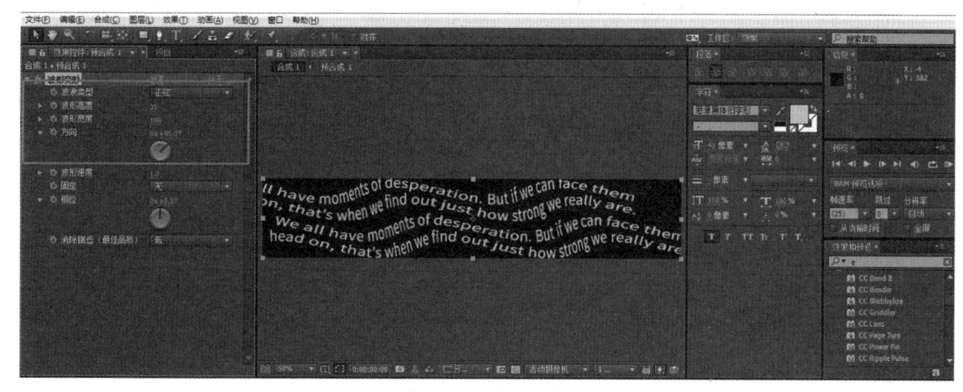

图 5-42 参数调整

(10) 复制该合成，在【波形变形】选项组中，将波浪的各个参数稍微修改一下，使得两个合成有一定的差异，【波形速度】设置为 0.8，如图 5-43 所示。

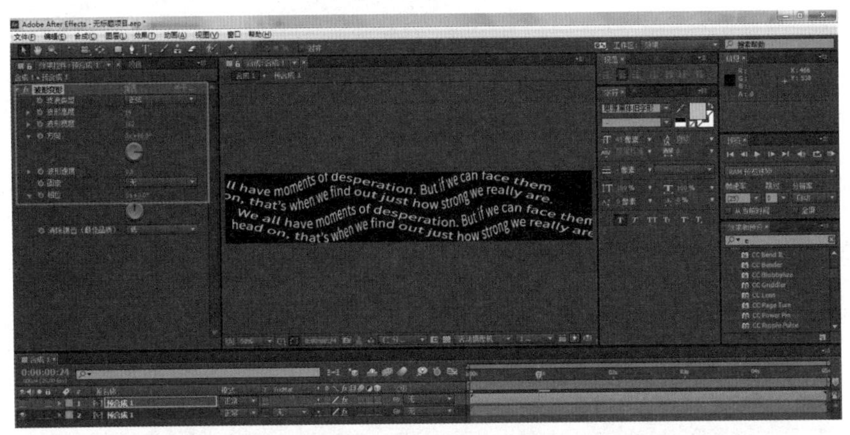

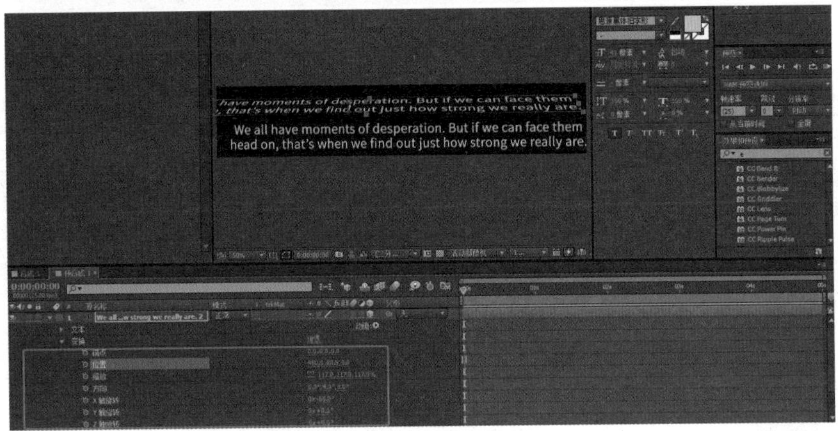

图 5-43　参数调整

(11) 打开图层的【位置】属性，旋转 Z 轴的角度，使图层具有一定的透视变形效果。将两个合成制作成一个预合成。一个合成与另一个合成波浪感要交替地起伏，这样效果才会更明显一些，如图 5-44 所示。

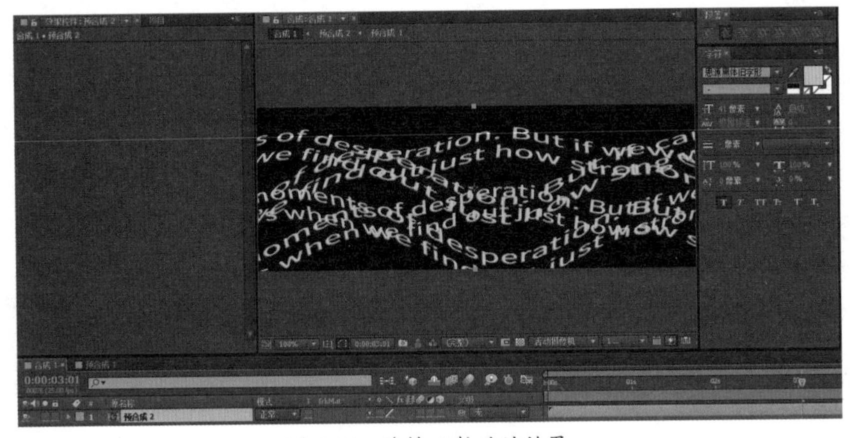

图 5-44　旋转 Z 轴后的效果

(12) 这里选择手动复制排列，按组合键 Ctrl+D 复制出文字合成若干，通过鼠标调整位置铺满合成预览窗口。选中所有文字图层，将所有文字图层的【旋转】属性同时打开，改变数值，使文字稍微倾斜，如图 5-45 所示。

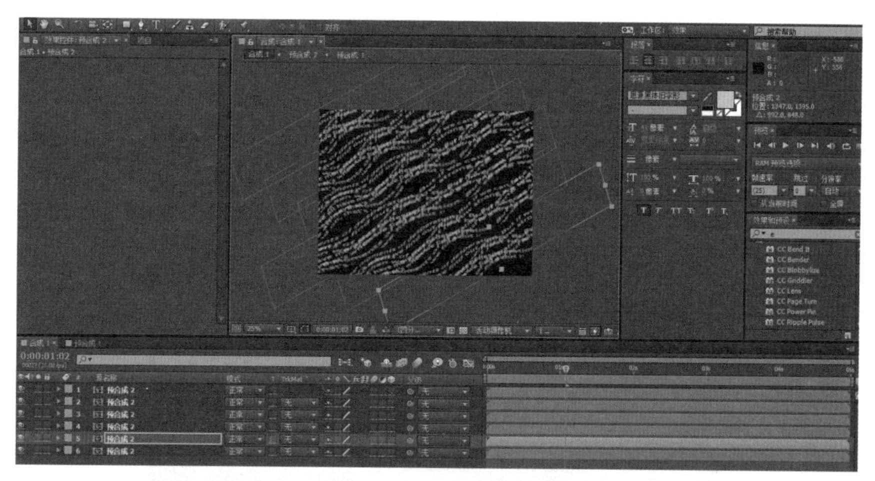

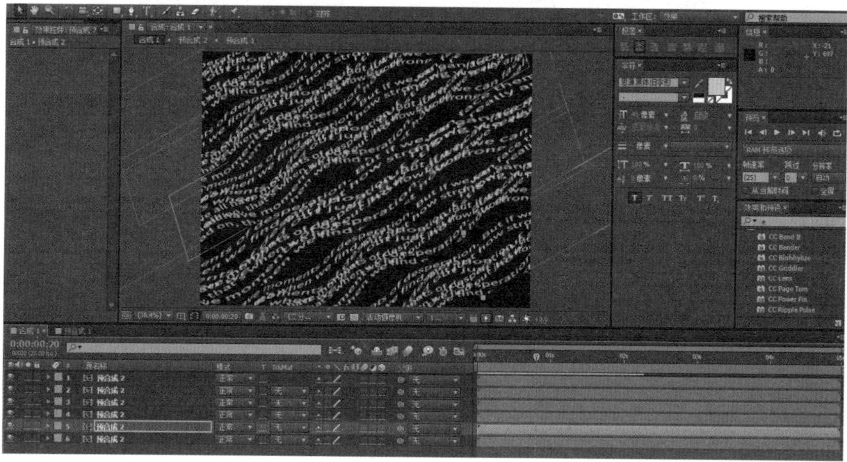

图 5-45　调整角度

(13) 渲染输出，并设置保存文件的格式和路径。如果需要渲染带通道的文字效果，可以在【视频输出】选项组的【通道】下拉列表中选择 RGB+Alpha 选项。最后来看一下渲染效果，如图 5-46 所示。

图 5-46　渲染效果图

5.5 文字飘过效果

(1) 打开 After Effects 软件，新建 1280px*720px（视频尺寸自定义）合成。设置【合成名称】为“文字漂浮”，调整相应的参数，如图 5-47 所示。

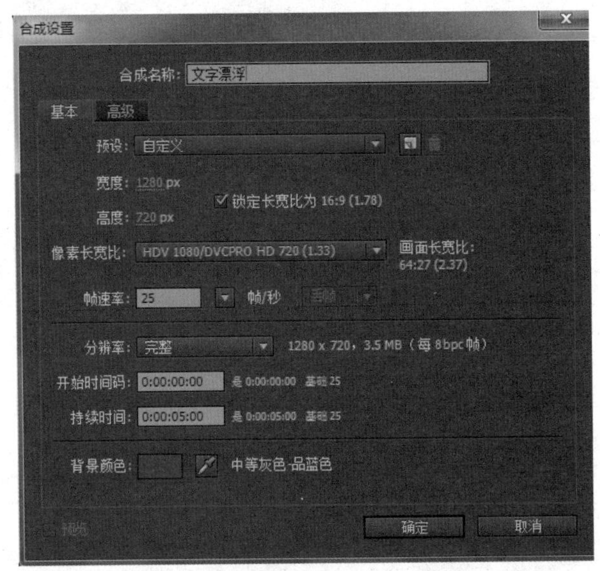

图 5-47　新建合成

(2) 使用组合键 Ctrl+T 调出文本框，使用文字工具输入文字，开启描边，关闭填充。设置字体大小、位置、间距等参数，如图 5-48 所示。

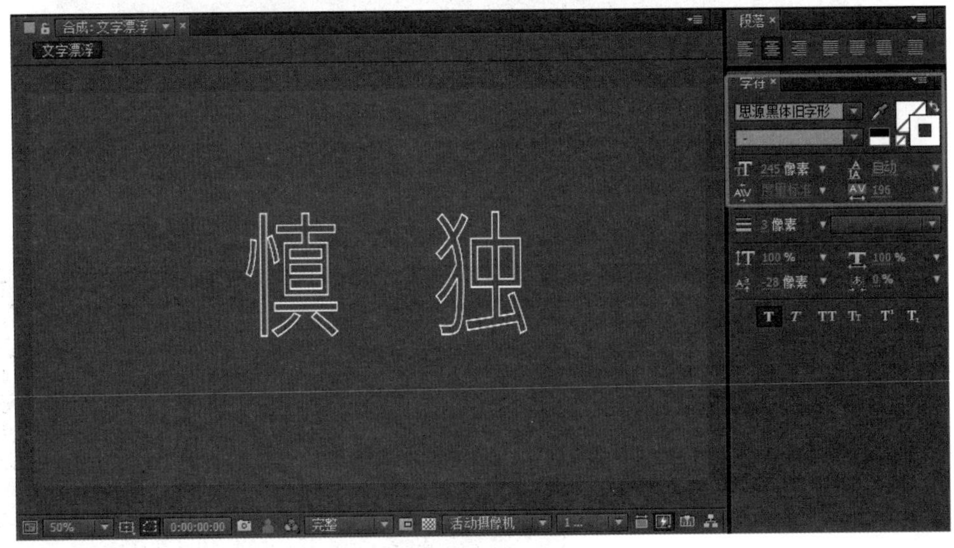

图 5-48　新建文字图层

(3) 选中文字图层并右击，在弹出的快捷菜单中选择【从文字创建形状】命令，如图 5-49 所示。

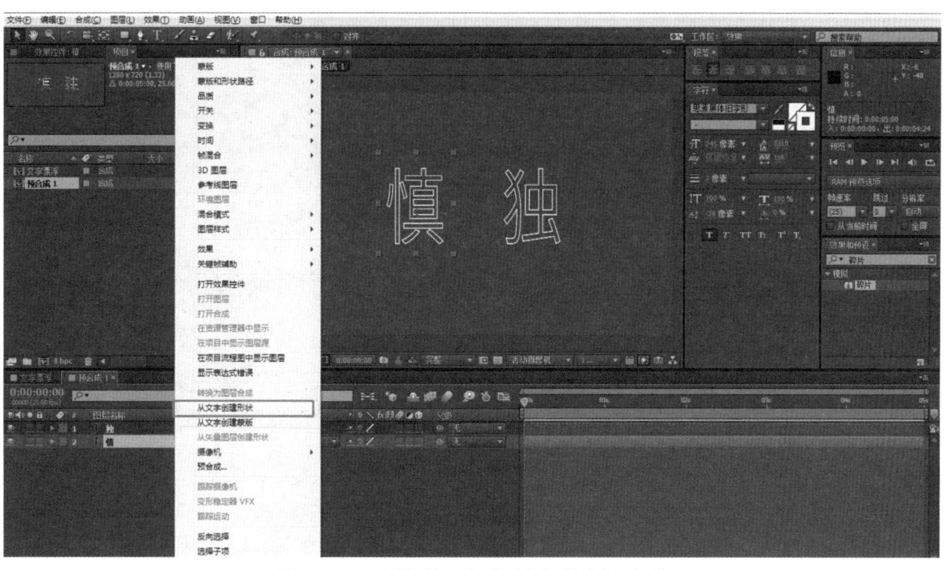

图 5-49 选择【从文字创建形状】命令

(4) 文字进行对位，位置对齐之后，我们可以通过色阶进行调整。选中所有文字图层，按 Ctrl+Shift+C 组合键新建一个预合成，给文字预合成添加色阶效果，也可以不加。

(5) 展开从文字创建出来的形状图层的小三角，单击小三角添加修剪路径，如图 5-50 所示。

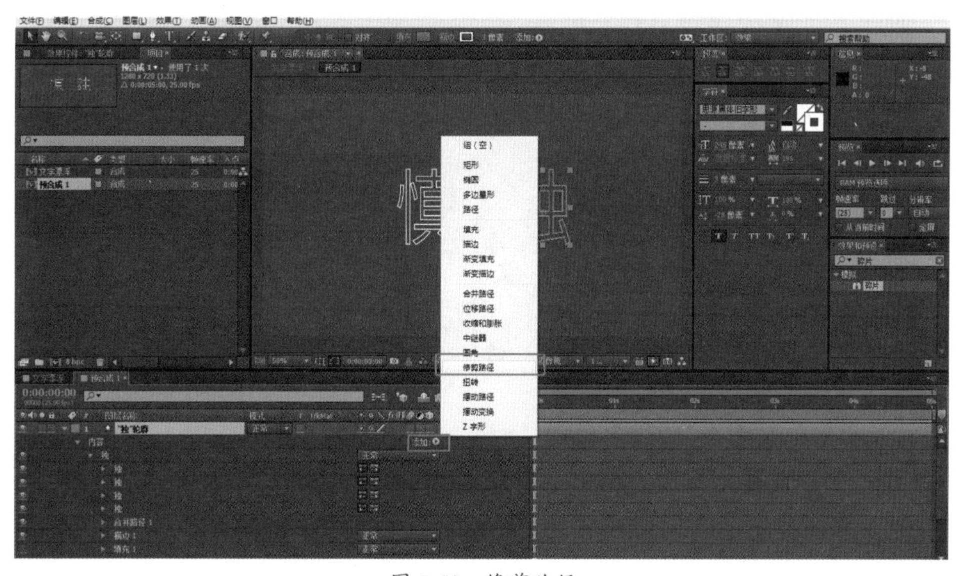

图 5-50 修剪路径

(6) 展开修剪路径小三角，显示以下属性，将【开始】设置为 100，单击【时间变化秒表】按钮记录关键帧。然后将时间线移到两秒处，将【开始】设置为 0，自动记录关键帧，如图 5-51 所示。

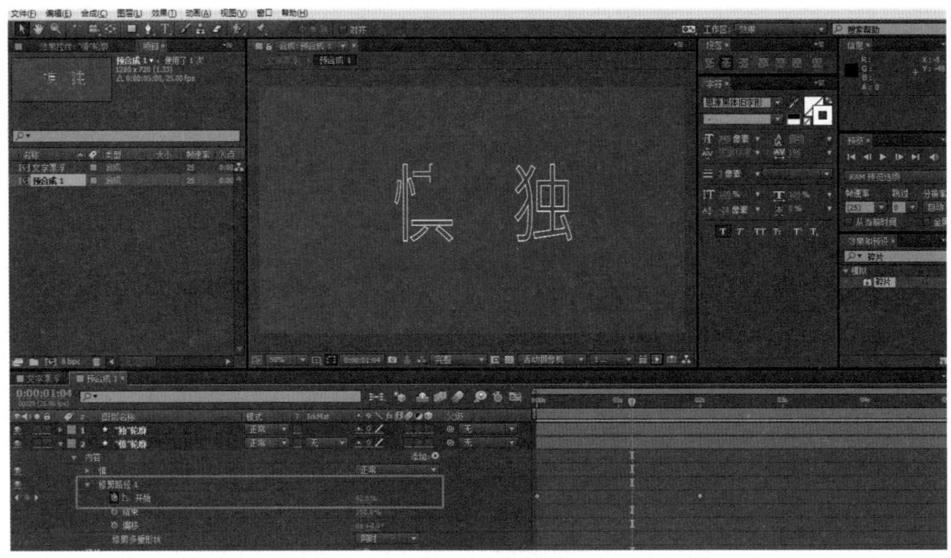

图 5-51　设置关键帧

(7) 按空格键播放，文字就出现生长动画，效果如图 5-52 所示。

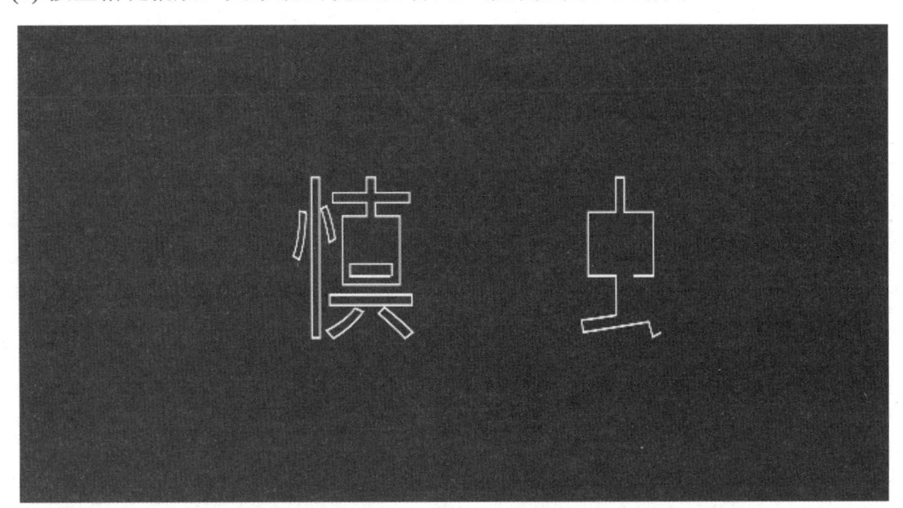

图 5-52　播放动画

(8) 选中文字图层，在菜单栏中选择【效果】|【风格化】|【发光】命令，添加发光效果，同时打开文字形状图层的三维开关，让它变为三维图层，如图 5-53 所示。

图 5-53　转化为三维图层

(9) 实现文字漂浮的效果。双击文字预合成，在【时间轴】面板中，将文字图层的 3D 开关打开，按住 Shift 键的同时按 P 和 S 键，将图层的【位置】和【缩放】属性打开，并记录动画。将时间指示器向后拖动，改变【位置】和【缩放】属性的值，使文字增大，向上运动，使其有飘动的效果，如图 5-54 所示。

图 5-54 设置关键帧

这样我们就能做出文字生长和飘浮的效果了，如图 5-55 所示。

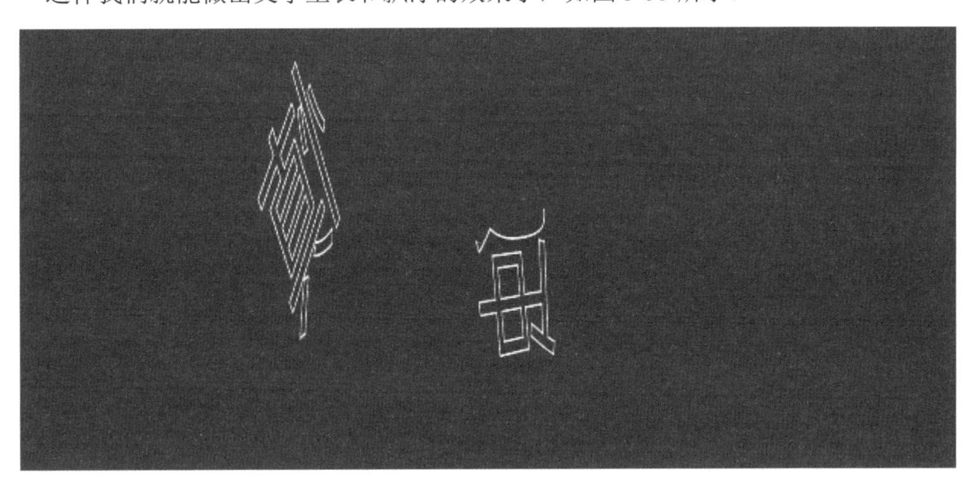

图 5-55 渲染效果图

项目任务单

5.1 碎片文字

运用碎片、梯度渐变等工具，制作碎片文字效果。

(1) 新建一个纯色图层，命名为“渐变”，颜色为 #3D764B。

(2) 新建文字图层，输入文字“车如流水马如龙”，颜色设置为 #DFD992，并修改字体，调整字符大小、字间距以及文字位置。

(3) 按组合键 Ctrl+D 复制渐变，命名为“纯色”，单击渐变，在菜单栏中选择【效果】|【生成】|【梯度渐变】命令。

(4) 渐变的起始颜色设置为黑，终点颜色设置为白，适当调节参数，使得左上方黑，右下方白。也可以用鼠标单击中心红色圆点来回拖动进行调节。

(5) 右击“渐变”图层，在弹出的快捷菜单中选择【预合成】命令，将渐变层变为预合成。

(6) 在菜单栏中选择【效果】|【模拟】|【碎片】命令，添加碎片效果。

(7) 将【效果控件】面板中【碎片】下方的【视图】设置为【已渲染】，就可以得到文字的实时渲染效果。如果机器硬件一般，可以将视图设置为【线框】模式，减少运算量。

(8) 在碎片特效面板中的【渐变图层】右侧的下拉列表选择【1. 渐变 合成 1】选项。

(9) 单击【碎片阈值】前面的【时间变化秒表】按钮，将时间指示器向右拖动一定距离，分别设置【碎片阈值】为 100% 和 66%。

(10) 文字碎片数量的多少取决于碎片的形状和重复的数量，在这里我们可以将形状图案设置为【正方形】，重复的数值设置为 100。

(11) 单击【作用力 1】属性前面的【时间变化秒表】按钮，将时间指示器向右拖动一定距离。设置【半径】为 0.12，使半径大小刚好能够覆盖文字即可。在这里我们为了更方便地观察作用力的效果，将【视图】设置为【线框正视图 + 作用力】。

(12) 调整【物理学】选项组中的重力属性，可以设置碎片飞舞的方向以及碎片的旋转速度等。

至此，碎片文字效果制作完成，最终渲染合成。

项目记录：

____

____

____

____

____

____

5.2 立体文字

利用后期软件制作一些简单并不复杂的 3D 立体文字动画效果，可以使得画面更加丰富，下面我们就来学习相关的知识。

(1) 首先我们打开 After Effects 软件，新建合成，命名为“AE 三维文字效果”，设置相应的参数。在【高级】选项卡中设置【渲染器】为【光线跟踪 3D】。

(2) 按 Ctrl+T 组合键调出文本工具，输入 3D 内容文字“自强不息”，设置相应的文字字体样式。

(3) 打开文字图层的三维空间模式，展开【几何选项】，设置凸出深度，给文字添加厚度，数值为 30~70 均可。这个时候你会发现效果不是很明显。

(4) 我们调整一下观察的视角模式就可以了，这个时候文字有厚度的 3D 模式就形成了。

(5) 选中文字图层并右击，在弹出的快捷菜单中选择【从文字创建形状】命令，将文本转换成形状。

(6) 给形状图层添加描边，然后调整颜色，调整观察视角，调整 Y 轴角度，得到 3D 效果。

(7) 在【时间轴】面板的空白处右击，在弹出的快捷菜单中选择【新建】|【灯光】命令，添加一个灯光层，调整灯光位置，再对 3D 效果做进一步的调整。

至此，“AE 三维文字效果”制作完成，就可以渲染输出了。

项目记录：

______

______

______

______

______

______

5.3 扫光文字动画效果

我们知道蒙版与遮罩，初步了解蒙版是作为图层的一个附加属性的存在，它依附于图层，作用于图层。而遮罩是遮挡、遮盖，遮挡部分图像内容，并显示特定区域的图像内容，相当于一个窗口，它是作为一个单独的图层存在，通常是上对下遮挡的关系。对于蒙版和遮罩这样的定义，实际上并不容易理解，在 After Effects 2020 里有一个专用的内置插件可以达到这种效果，它就是 CC Light Sweep。在菜单栏中选择【效果】|【生成】|CC Light Sweep 命令，通过调整扫光位置、角度，设置关键帧，就可以生成文字扫光效果。现在使用遮罩的方法来制作扫光效果，光源的颜色、形状等可编辑性强，在此就不使用插件来制作。

(1) 新建合成，新建黑色背景图层，再新建文本图层，使用文本工具输入“君子豹变”，设置字体，调整文字大小和位置，并进行字体加粗。

(2) 新建一个白色的纯色图层，使用钢笔工具或者矩形选框工具绘制一个长方形，按组合键 Ctrl+T 调整好长方形的大小和角度。相当于在新建的白色纯色图层上建立一个长方形蒙版。

(3) 单击蒙版前的小三角调出蒙版子选项，选择【蒙版羽化】选项，在纯色图层调整蒙版的羽化值，让长方形蒙版四周轮廓有些朦胧感。也可单击羽化数值前的【锁定宽高比】按钮，解除轮廓长宽羽化值的比例约束。

(4) 选中蒙版，按 P 键打开【位置】属性，在 0 帧位置插入关键帧，并调整蒙版到最左侧文字外的位置，然后在 3 秒位置插入关键帧，蒙版运动到最右侧文字外的位置。

(5) 选中文本图层，按 Ctrl+D 组合键复制图层，拖动复制图层到纯白色图层的上方位置。

(6) 选中白色图层，在 TrkMat 下面选择【Alpha 遮罩】为“君子豹变 2”。

(7) 这样扫光文字的效果就制作好了，通过制作，进一步理清楚遮罩与蒙版的关系，遮罩是单独存在的图层，蒙版依附于图层，不管这个图层是什么图层，都可以进行依附。

(8) 按组合键 Ctrl+M 进行渲染输出。如果需要渲染带通道的文字效果，可以在【视频输出】选项组的【通道】下拉列表中选择 RGB+Alpha 选项。最后可以观看渲染效果。

项目记录：

____

____

____

____

____

____

5.4 水波文字

(1) 打开 After Effects 新建一个合成，这里将合成的大小设置成与所需要的动画的尺寸一样。取消选中【锁定长宽比为】复选框，这样才可以自定义高度和宽度。

(2) 新建一个文字图层，选择一个合适的字体和大小并输入文字“We all have moments of desperation. But if we can face them head on, that’s when we find out just how strong we really are.”

(3) 选中文字合成，按组合键 Ctrl+D 复制出一个新的合成。调整位置使其相差几个字符的距离，行间距尽量保持一致。

(4) 用鼠标左键单击新复制的合成，在【合成设置】对话框中重新设置合成的尺寸，合成的尺寸宽一些效果会明显一些。

(5) 新的文字合成，文字间隔也应尽量调整得差异化明显一些，可以使得后面制作波纹效果突出一些。

(6) 选中两个文本合成并右击，在弹出的快捷菜单中选择【预合成】命令，将这两个文本合成制作成一个总合成。

(7) 双击总合成，然后按组合键 Ctrl+K 或者在菜单栏中选择【合成】|【合成设置】命令，在弹出的【合成设置】对话框中再去调整合成的尺寸。

(8) 选中新建的文字合成，在菜单栏中选择【效果】|【扭曲】|【波形变形】命令，添加特效。

(9) 调整波形变形的参数。将【波浪类型】设置为【正弦】,【波浪高度】设置为35,【波浪宽度】可以设置大一些，设置为 180，波浪的方向可以根据效果需要进行角度的微调。

(10) 复制该合成，在【波形变形】选项组中，将波浪的各个参数稍微修改一下，使得两个合成有一定的差异，【波形速度】设置为 0.8。

(11) 打开图层的【位置】属性，旋转 Z 轴的角度，使图层具有一定的透视变形效果。将两个合成制作成一个预合成。一个合成与另一个合成波浪感要交替地起伏，这样效果才会更明显一些。

(12) 这里选择手动复制排列，按组合键 Ctrl+D 复制出文字合成若干，通过鼠标调整位置铺满合成预览窗口。选中所有文字图层，将所有文字图层的【旋转】属性同时打开，改变数值，使文字稍微倾斜。

(13) 渲染输出，并设置保存文件的格式和路径。如果需要渲染带通道的文字效果，可以在【视频输出】|【通道】下拉列表中选择 RGB+Alpha 选项。最后可以观看渲染效果。

项目记录：

____

____

____

____

____

____

5.5 文字飘过效果

(1) 打开 After Effects 软件，新建 1280px*720px（视频尺寸自定义）合成。设置【合成名称】为“文字漂浮”，调整相应的参数。

(2) 使用组合键 Ctrl+T 调出文本框，使用文字工具输入文字，开启描边，关闭填充。设置字体大小、位置、间距等参数。

(3) 选中文字图层并右击，在弹出的快捷菜单中选择【从文字创建形状】命令。

(4) 文字进行对位，位置对齐之后，我们可以通过色阶进行调整。选中所有文字图层，按 Ctrl+Shift+C 组合键新建一个预合成，给文字预合成添加色阶效果，也可以不加。

(5) 展开从文字创建出来的形状图层的小三角，单击小三角添加修剪路径。

(6) 展开修剪路径小三角，显示以下属性，将【开始】设置为 100，单击【时间变化秒表】按钮记录关键帧。然后将时间线移到两秒处，将【开始】设置为 0，自动记录关键帧。

(7) 按空格键播放，文字就出现生长动画。

(8) 选中文字图层，在菜单栏中选择【效果】|【风格化】|【发光】命令，添加发光效果，同时打开文字形状图层的三维开关，让它变为三维图层。

(9) 实现文字漂浮的效果。双击文字预合成，在【时间轴】面板中，将文字图层的 3D 开关打开，按住 Shift 键的同时按 P 和 S 键，将图层的【位置】和【缩放】属性打开，并记录动画。将时间指示器向后拖动，改变【位置】和【缩放】属性的值，使文字增大，向上运动，使其有飘动的效果。

这样我们就能做出文字生长和飘浮的效果了。

项目记录：

____

____

____

____

____

____

课后习题

一、单项选择题

1. 以下关于碎片文字效果的说法错误的是（　　）。

A. 在碎片特效中，渐变图层使用梯度渐变来控制碎片的方向

B. 碎片效果中不能调节重力值

C. 碎片效果中可以调节重力值，重力值将影响碎片的下落方向和旋转速度

D. 碎片的半径大小是可以调节的

2. 关于立体文字，以下说法正确的是（　　）。

A. After Effects 中不需要借助专业的 3D 软件就可以制作出简单的立体效果

B. After Effects 中不可以调整文字的厚度

C. 设置完文字的厚度后，不能继续添加灯光的照明效果

D. 文本工具的快捷键是 Ctrl+D

3. 扫光文字的特效是（　　）。

A. CC Light Sweep

B. CC Light Burst

C. 发光

D. 曝光度

4. 在波形变形特效中，波浪类型中没有的是（　　）。

A. 正弦

B. 三角形

C. 锯齿

D. 余弦

5. After Effects 软件中，循环语句为（　　）。

A. loopOut

B. offset

C. wiggle

D. math

二、实际操作题

综合本章项目所使用的特效，设计一款科技栏目的标题片头。

参考答案：1.B　2.A　3.A　4.D　5.A

项目6 三维模型——绿色山庄

项目导读：

在熟练掌握了 After Effects 软件的功能后，本项目将带你进行三维动画的制作环节。在本项目中，将通过一个三维盒子打开的效果来展示绿色山庄的魅力。

6.1 建立三维模型

本项目三维模型的建立，参照的是立方体的结构，如图 6-1 所示。每个立方体，由 6 个正方形组成，包括 12 条棱，下面的操作将与它们有关。

图 6-1 立方体

6.1.1 新建三维图层

1. 新建合成组

新建项目，保存为“绿色山庄”。

新建合成组，设置【预设】为 HDV/HDTV 720 25，【像素长宽比】为【方形像素】，【持续时间】为 10 秒，如图 6-2 所示。

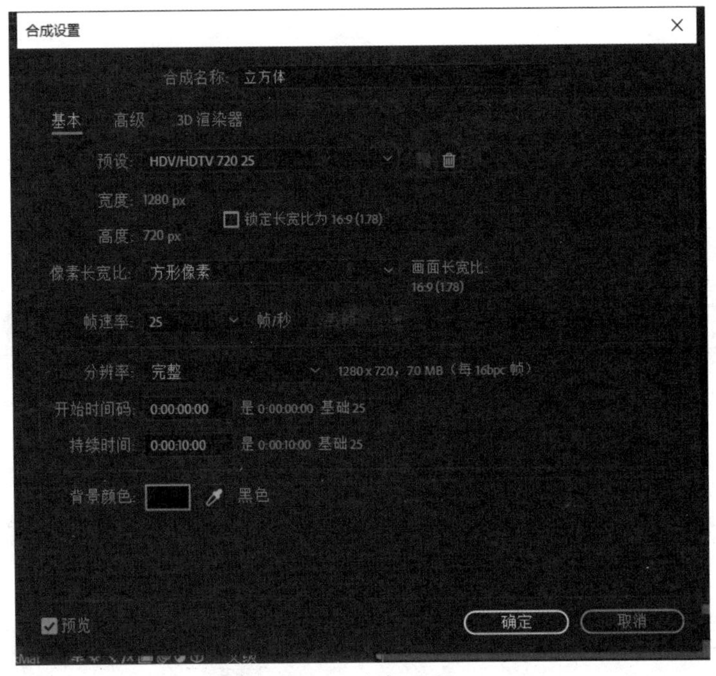

图 6-2　合成设置

2. 新建固态层

新建固态层，大小为 400px×400px，复制 5 层，选择菜单栏中的【图层】|【纯色设置】命令，将纯色图层修改成不同的颜色，并将 6 个纯色图层按照“前”“后”“左”“右”“上”“下”的顺序进行命名，如图 6-3 所示。

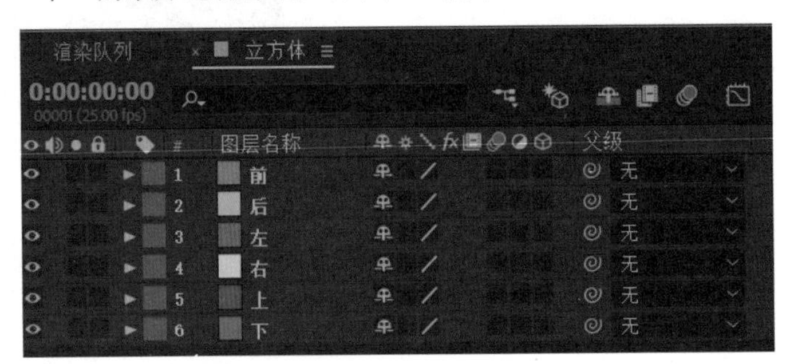

图 6-3　建立 6 个纯色图层

3. 建立立方体模型

单击每一个纯色图层的图标，将其设置成三维图层。

知识链接：三维图层

将一个图层设置为三维图层后，图层默认的属性将会发生变化。二维图层和三维图层的对比如图 6-4 所示。

不透明度没有变化；锚点、位置、缩放均添加了 Z 轴坐标上的变化；增加了方向和 X、Y、Z 轴上的旋转。

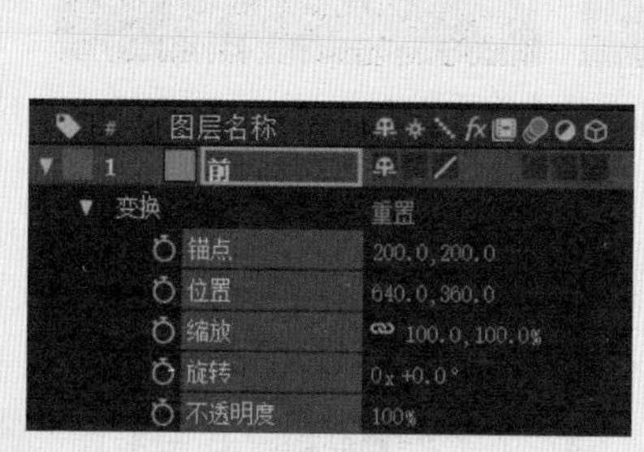

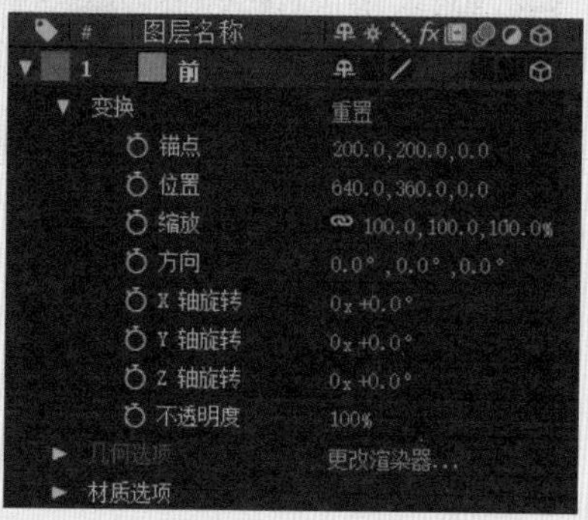

图 6-4 二维图层和三维图层的区别

设置好的三维图层如图 6-5 所示。

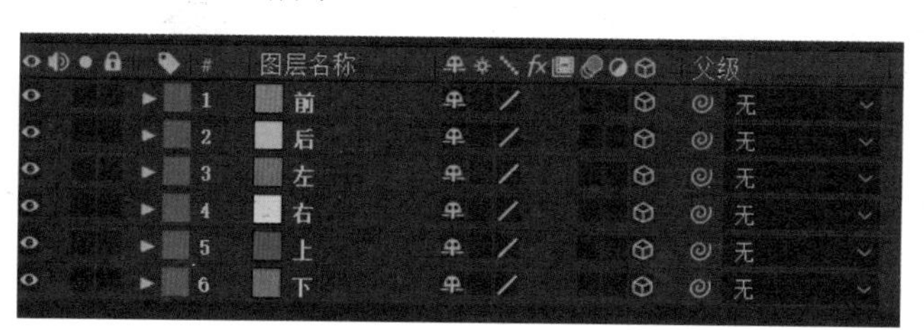

图 6-5 设置三维图层

6.1.2 旋转图层组成立方体

以纯色图层“前”为参照，对其他图层进行设置，把 6 个纯色图层组成立方体。

为了方便查看各个视角中图层的位置，在【时间轴】面板空白处右击，在弹出的快捷菜单中选择【新建】|【摄像机】命令。

提示： 当添加完摄像机后，在工具栏中找到摄像机按钮，单击其右下角的三角形标志，则在下拉菜单中显示出其他三个摄像机工具，如图 6-6 所示。轨道摄像机工具可以将摄像机的角度进行旋转；跟踪 XY 摄像机工具可以将摄像机在上、下、左、右方向上平移；跟踪 Z 轴摄像机工具可以将摄像机在 Z 轴调整景深。

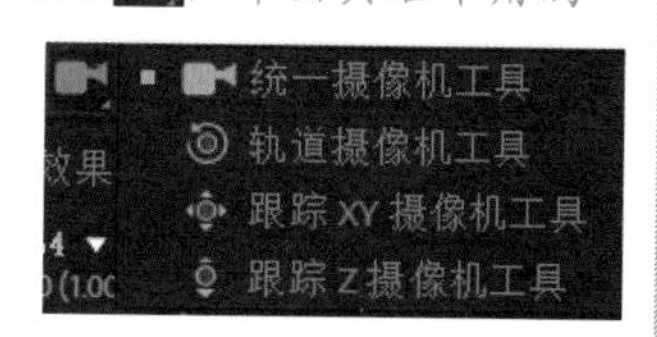

图 6-6 摄像机工具

1. 设置“后”纯色图层

“后”纯色图层，其实是在 Z 轴上增加 400px 的距离。将图层的【位置】属性打开，将 Z 轴坐标设置成 400，则“后”纯色图层向后移动 400 个像素的位置。使用【轨道摄像机工具】调整合成的视角，则可以很清晰地看出来，如图 6-7 所示。

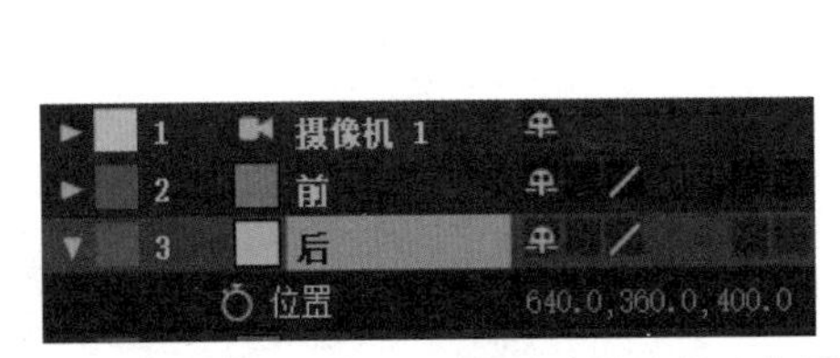

图 6-7 “后”纯色图层的调整

2. 设置“左”纯色图层

“左”纯色图层的调整需要进行“旋转”和两次“移动”操作。

将“左”图层在 Y 轴方向上旋转 90°，如图 6-8 所示。

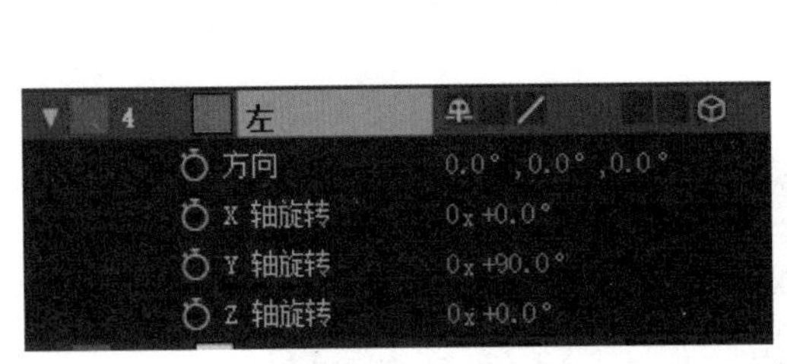

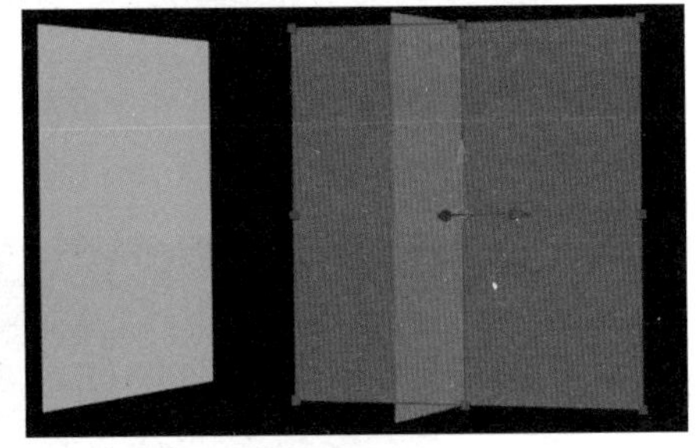

图 6-8 将“左”纯色图层进行旋转

若要使“左”图层与“后”图层衔接，则需要将“左”图层在 Z 轴上平移边长的一半即 200px，如图 6-9 所示。

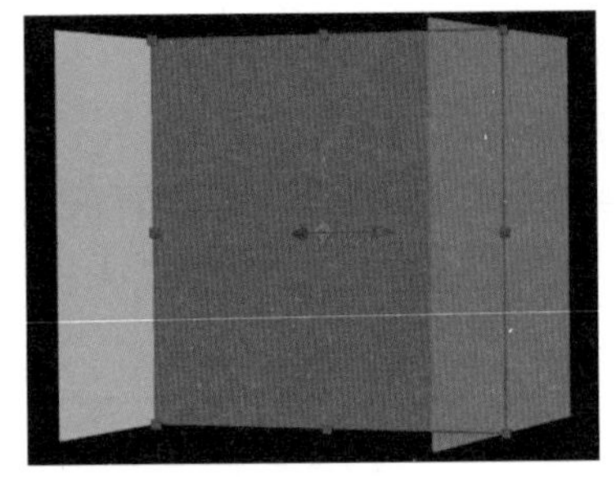

图 6-9 将“左”纯色图层进行 Z 轴上的平移

若要使“左”图层与“前”“后”图层的边长衔接，则需要将“左”图层在 X 轴上平移边长的一半即 200px，如图 6-10 所示。

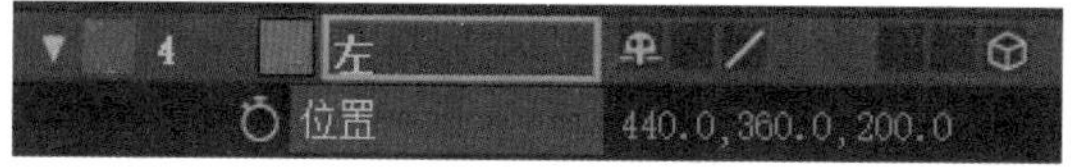

图 6-10 将“左”纯色图层进行 X 轴上的平移

继续使用轨道摄像机工具，则可以看到“前”“左”“后”三个纯色图层进行了无缝衔接，如图 6-11 所示。

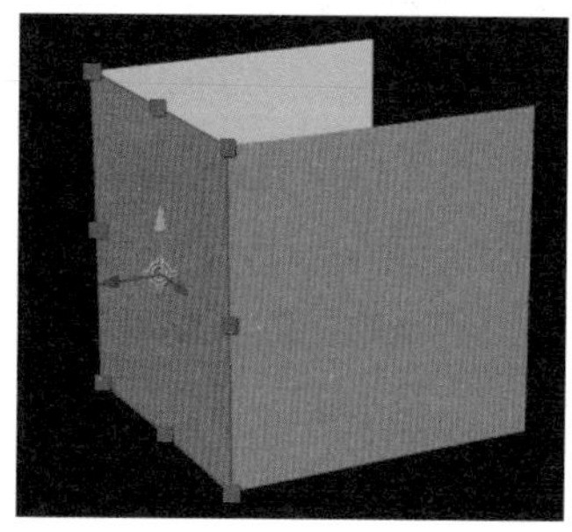

图 6-11 三个图层之间无缝衔接

3. 设置“右”纯色图层

“右”纯色图层的设置与“左”纯色图层的设置类似。

“右”纯色图层的调整同样需要进行“旋转”和两次“移动”操作。

将“右”图层在 Y 轴方向上旋转 90°，如图 6-12 所示。

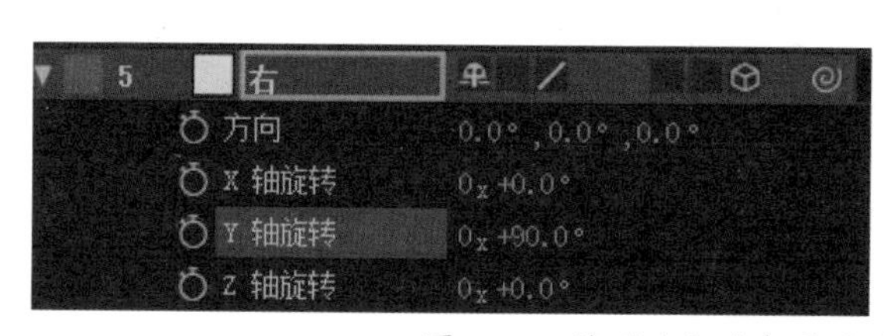

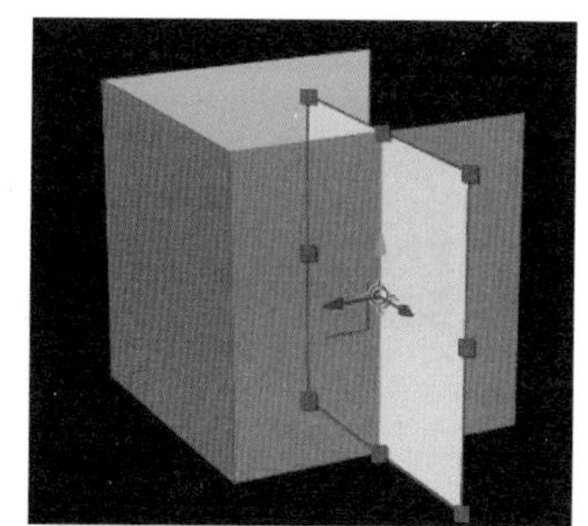

图 6-12 将“右”纯色图层进行旋转

若要使“右”图层与“后”图层衔接，则需要将“右”图层在 Z 轴上平移边长的一半即 200px，如图 6-13 所示。

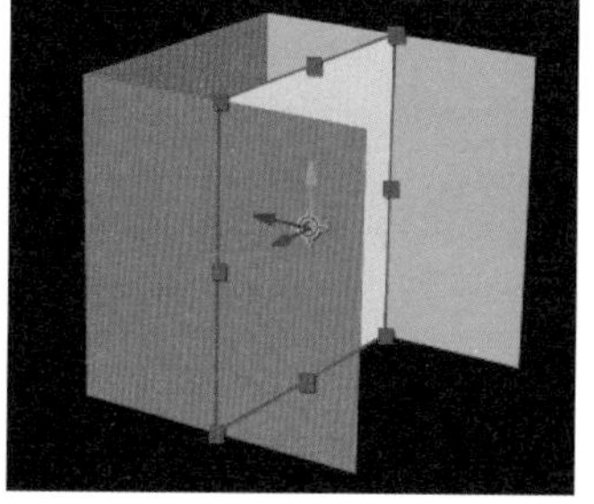

图 6-13 将“右”纯色图层进行 Z 轴上的平移

若要使“右”图层与“前”“后”图层的边长衔接，则需要将“右”图层在 X 轴上平移边长的一半即 200px，如图 6-14 所示。

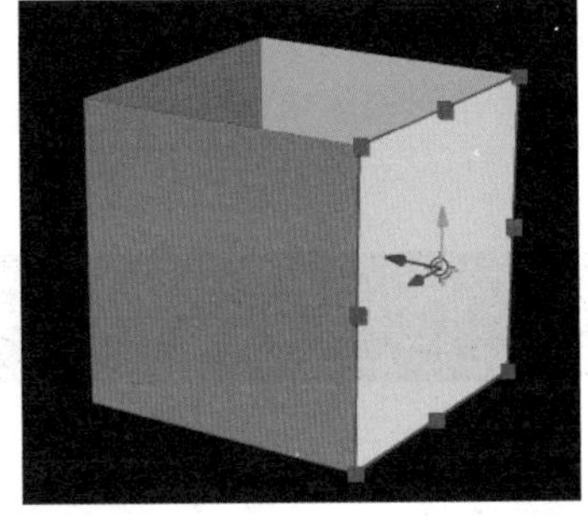

图 6-14　将“右”纯色图层进行 X 轴上的平移

继续使用【轨道摄像机工具】，则可以看到“前”“左”“后”“右”四个纯色图层进行了无缝衔接。

4. 设置“上”纯色图层

“上”纯色图层的设置与前几个纯色图层的设置均类似，只是在旋转的方向和平移的方向上有一些不同。

“上”纯色图层的调整同样需要进行“旋转”和两次“移动”操作。

将“上”图层在 X 轴方向上旋转 90°，如图 6-15 所示。

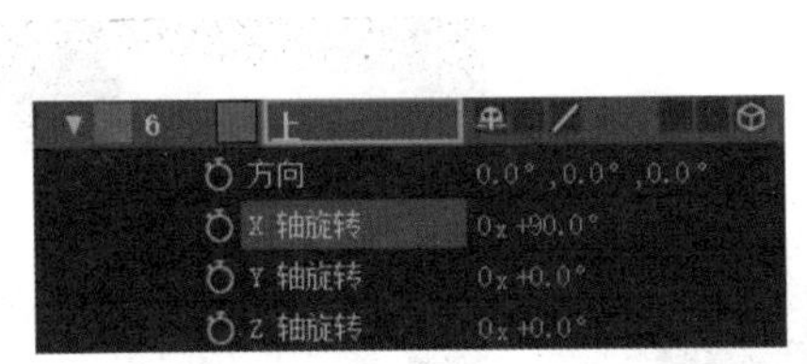

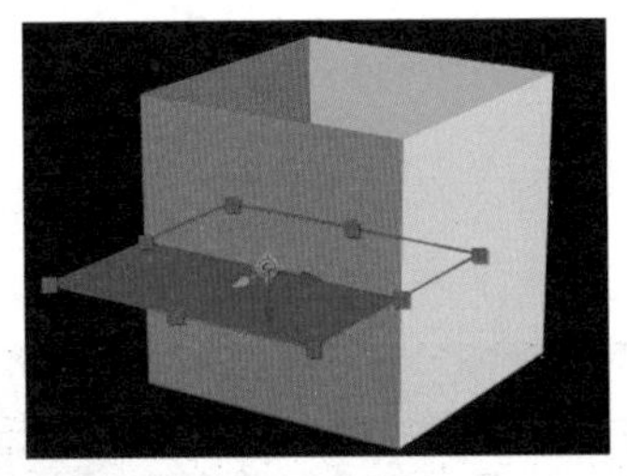

图 6-15　将“上”纯色图层进行旋转

若要使“上”图层与“后”图层衔接，则需要将“上”图层在 Z 轴上平移边长的一半即 200px，如图 6-16 所示。

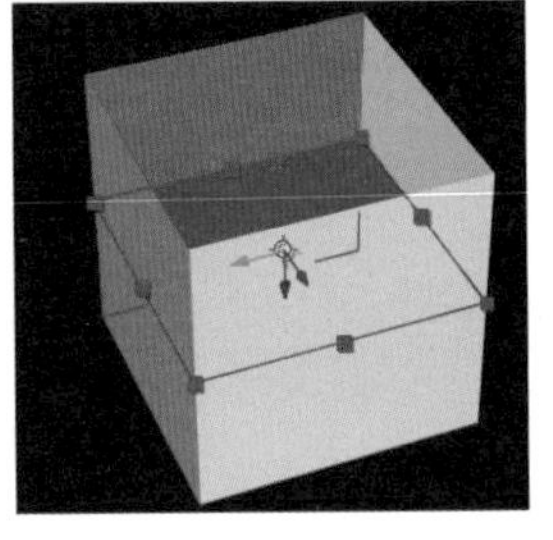

图 6-16　将“上”纯色图层进行 Z 轴上的平移

若要使“上”图层与其他四个图层的边长衔接，则需要将“上”图层在 Y 轴上平移边长的一半即 200px，如图 6-17 所示。

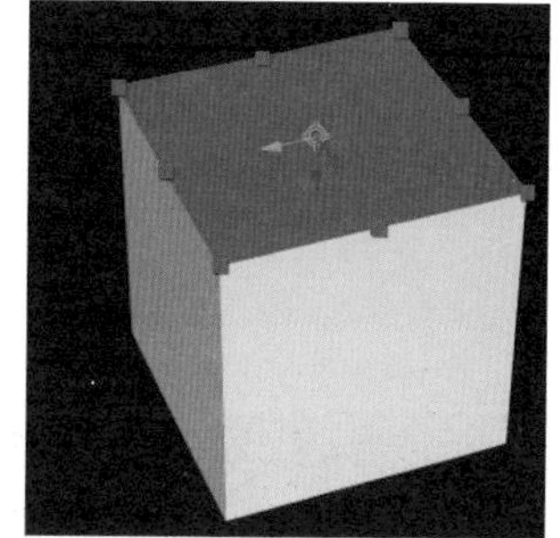

图 6-17 将“上”纯色图层进行 Y 轴上的平移

继续使用【轨道摄像机工具】，则可以看到“前”“左”“后”“右”“上”五个纯色图层进行了无缝衔接。

5. 设置“下”纯色图层

“下”纯色图层的设置与“上”纯色图层的设置类似。

“下”纯色图层的调整同样需要进行“旋转”和两次“移动”操作。

将“下”图层在 X 轴方向上旋转 90°，如图 6-18 所示。

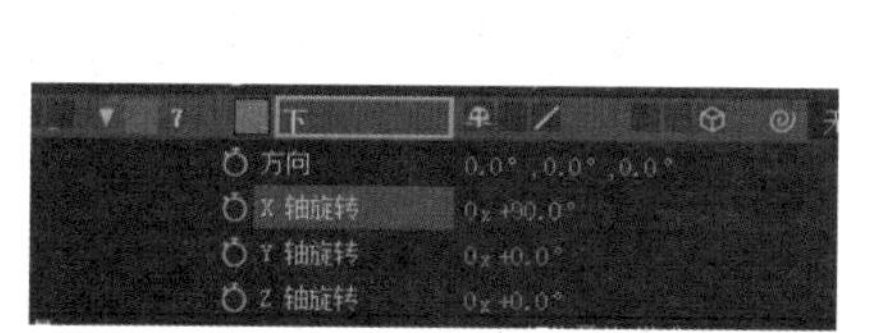

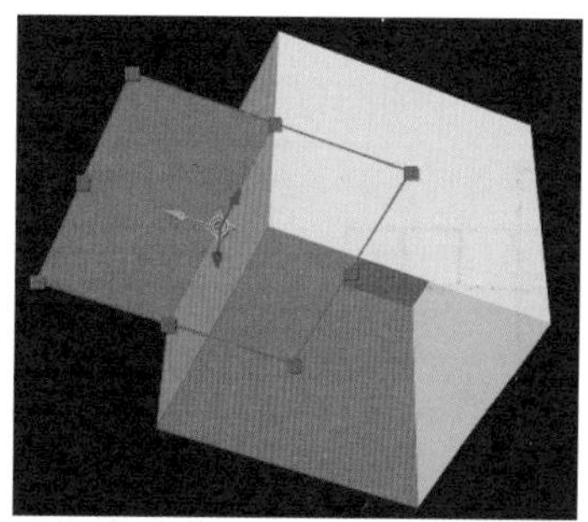

图 6-18 将“下”纯色图层进行旋转

若要使“下”图层与“后”图层衔接，则需要将“下”图层在 Z 轴上平移边长的一半即 200px，如图 6-19 所示。

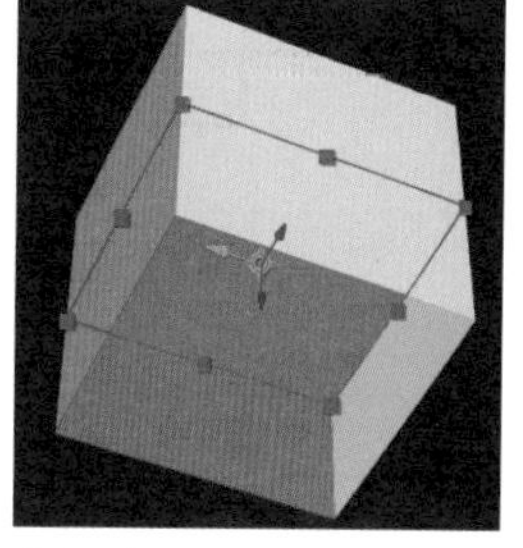

图 6-19 将“下”纯色图层进行 Z 轴上的平移

若要使“下”图层与其他四个图层的边长衔接，则需要将“下”图层在 Y 轴上平移边长的一半即 200px，如图 6-20 所示。

图 6-20　将“下”纯色图层进行 Y 轴上的平移

继续使用【轨道摄像机工具】，则可以看到“前”“左”“后”“右”“上”“下”6个纯色图层组合成了一个立方体。

6.2　设置立方体打开动画

继续设置立方体打开动画。

6.2.1　调整轴

立方体的 6 个面的打开方式，一般有以下 11 种情况，如图 6-21 所示。

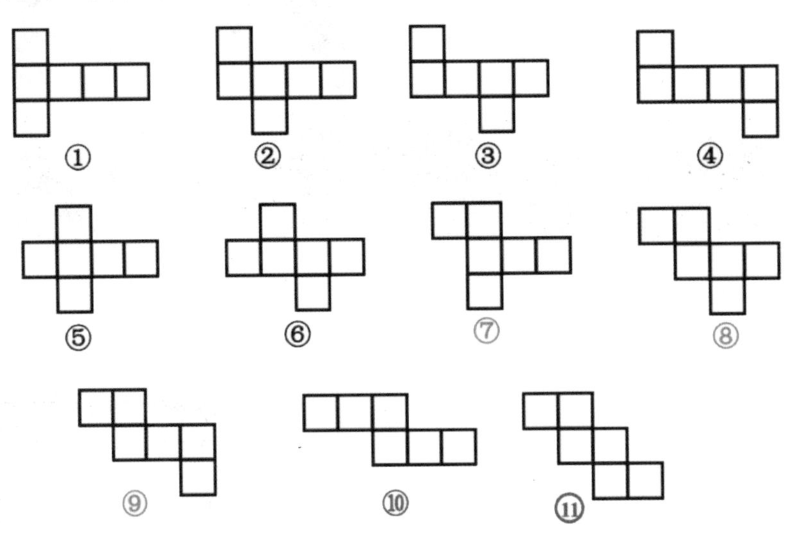

图 6-21　立方体展开的 11 种方式

我们按照第 5 种情况来制作打开效果。

1. 设置 6 个图层的排列位置

将图 6-21 中的图⑤进行 90° 旋转，“下”图层保持不变，其他图层的变化参照“下”图层进行设置，如图 6-22 所示。

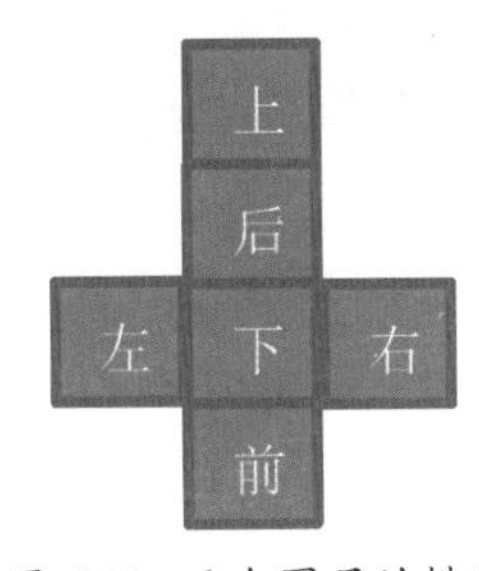

图 6-22　6 个图层的排列

2. 设置“前”图层的轴心

“前”图层的轴心，在该图层和“下”图层重合的边上。

选中“前”图层，单击工具栏上的向后平移（锚点）工具，当锚点工具贴近三个坐标轴时，锚点工具会变成相应的坐标轴字母标识，此时锚点仅在该坐标轴移动。

将锚点工具贴近 Y 轴，沿着 Y 轴调整轴心位置，直到轴心点位于“前”图层和“下”图层的重合边，如图 6-23 所示。

此时仅在前视图中，我们能够看到轴心点的位置已经调整好了，但是在其他视图的情况用户是不知道的。我们将【合成】面板下方的视图窗口进行如图 6-24 所示的调整。

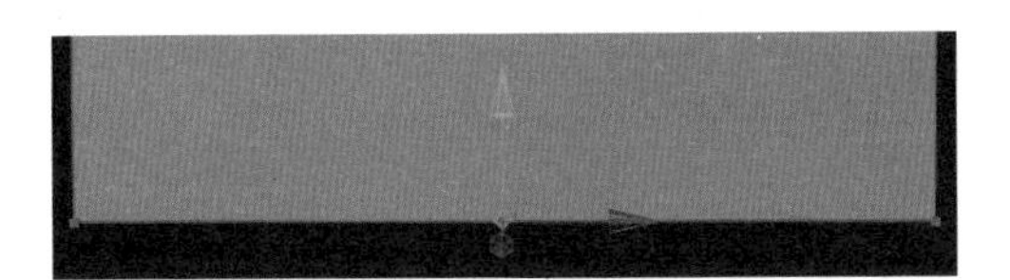

图 6-23　调整“前”图层的轴心

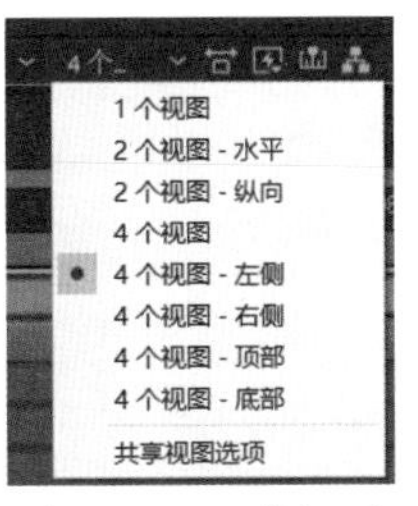

图 6-24　调整视图

合成组的画面由“顶视图”“右视图”“正视图”和“摄像机视图”组成，用户可以从多个角度进行对象的观察，如图 6-25 所示。

将左侧三个视图放大，则可以看到轴心点已经调整至每个面的边上，如图 6-26 所示。

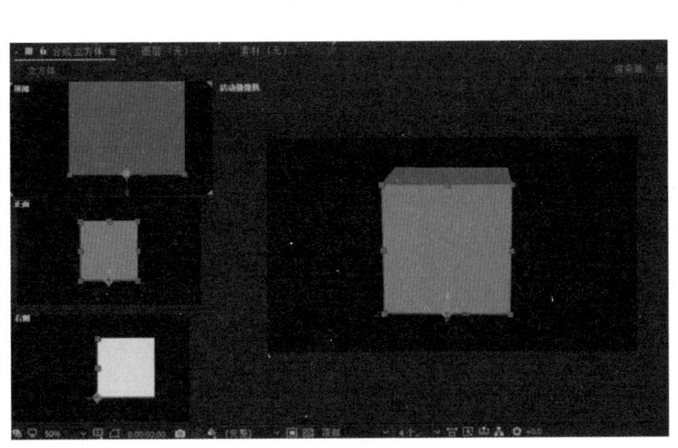

图 6-25　四视图窗口

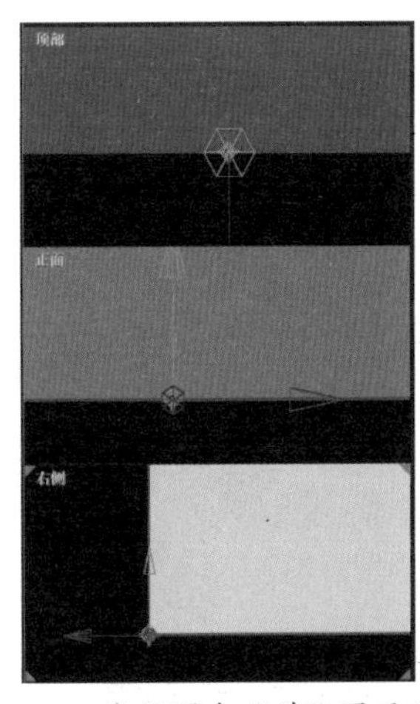

图 6-26　三个视图中“前”图层的轴心

提示：向前或者向后滚动鼠标的滚轴，可以实现【合成】面板的放大和缩小显示。按住滚轴后拖动鼠标，可以移动【合成】面板。相当于工具栏中手形工具的效果。

将各个图层的轴心均调整到面的边沿，尤其要注意上图层的轴心点。

3. 设置“左”图层的轴心

选中“左”图层，使用锚点工具调整其轴心，参照三个视图进行微调，调整好的效果如图 6-27 所示。

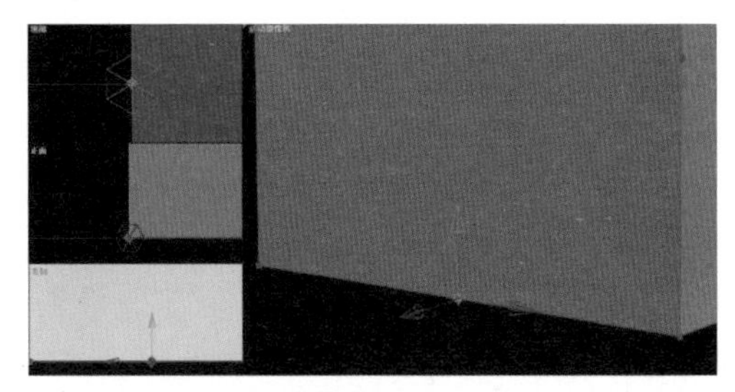

图 6-27　三个视图中“左”图层的轴心

4. 设置“右”图层的轴心

选中“右”图层，使用锚点工具调整其轴心，参照三个视图进行微调，调整好的效果如图 6-28 所示。

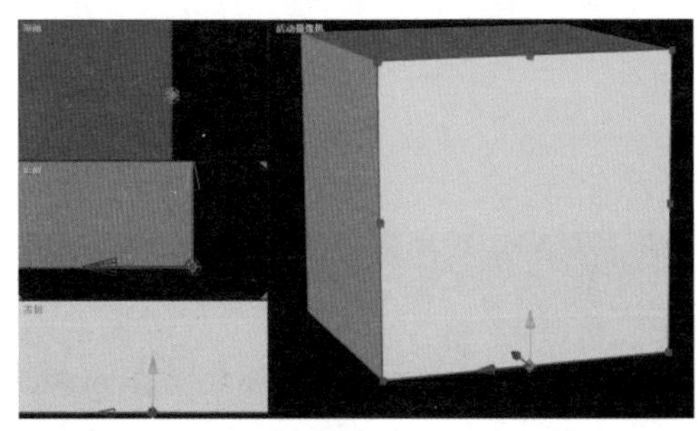

图 6-28　三个视图中“右”图层的轴心

5. 设置“后”图层的轴心

选中“后”图层，使用锚点工具调整其轴心，参照三个视图进行微调，调整好的效果如图 6-29 所示。

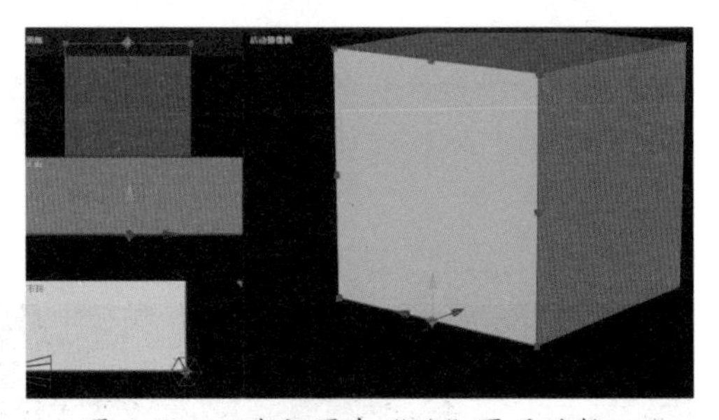

图 6-29　三个视图中“后”图层的轴心

6. 设置“上”图层的轴心

“上”图层的轴心位置与其他图层不同，在本项目中，我们让“上”图层沿着“后”图层的运动轨迹进行翻转，翻转后再沿着自己的轴心进行翻转，所以“上”图层的轴心在其与“后”图层的衔接处，如图 6-30 所示。

最终设置好的 6 个图层的轴心如图 6-31 所示。

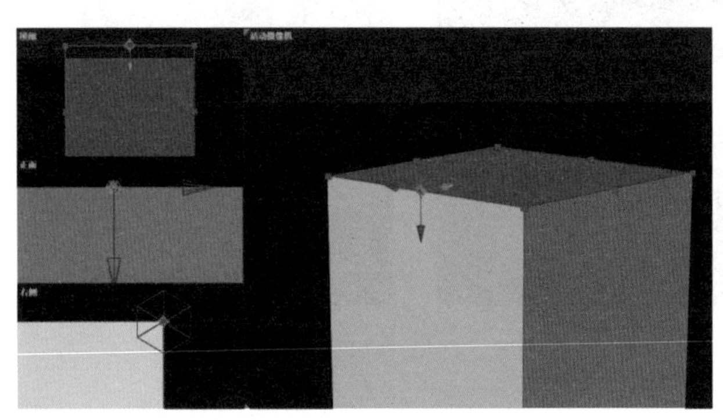

图 6-30　三个视图中“上”图层的轴心

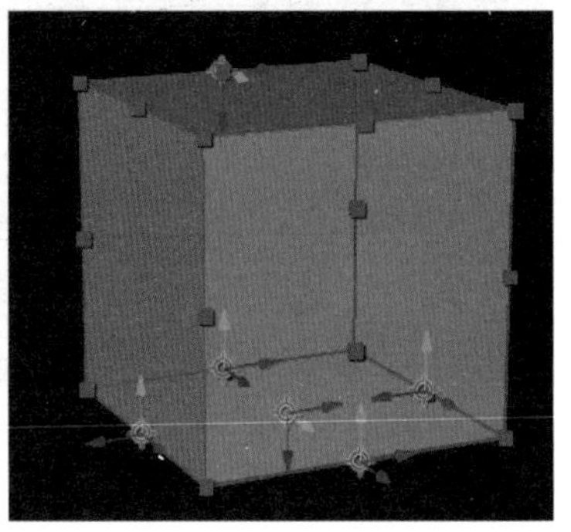

图 6-31　各图层轴心

6.2.2　打开立方体

下面我们来设置除了底面的翻转效果。

“前”“后”“左”“右”图层的翻转比较简单，只设置一次翻转即可。

1. 设置“前”图层的翻转

选择“前”图层，打开旋转属性，在0秒时设置关键帧，此时不调整旋转属性的数值。在2秒钟处，将【X轴旋转】设置为90°，“前”图层的设置和翻转效果如图6-32所示。

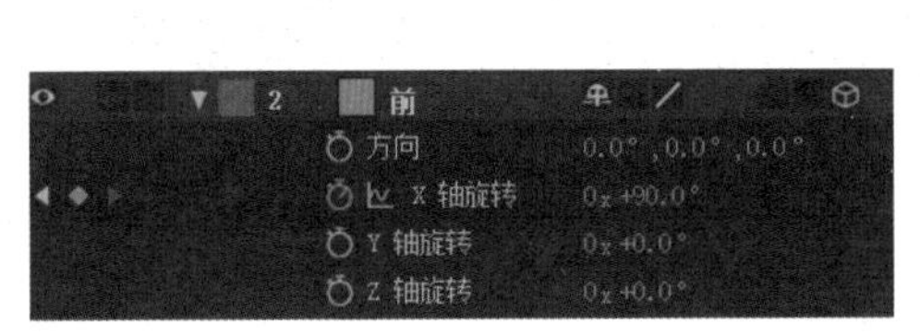

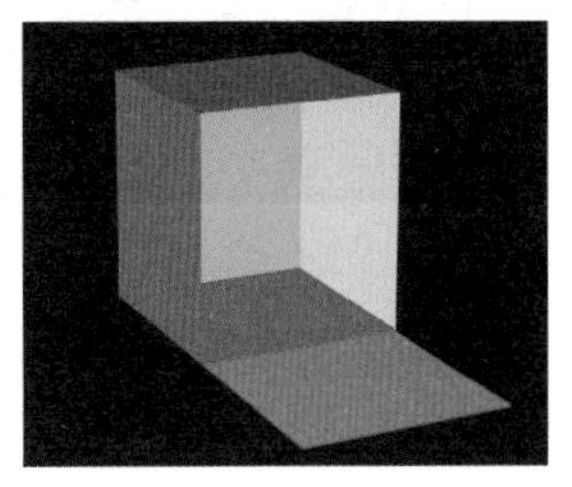

图6-32 “前”图层打开

2. 设置“左”图层的翻转

选择“左”图层，打开旋转属性，在0秒时设置关键帧，此时不调整旋转属性的数值。在2秒钟处，将【方向】属性中Z轴设置为-90°或者270°，“左”图层的设置和翻转效果如图6-33所示。

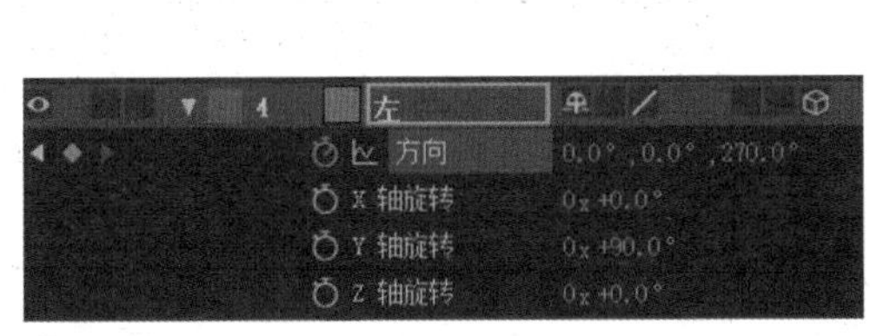

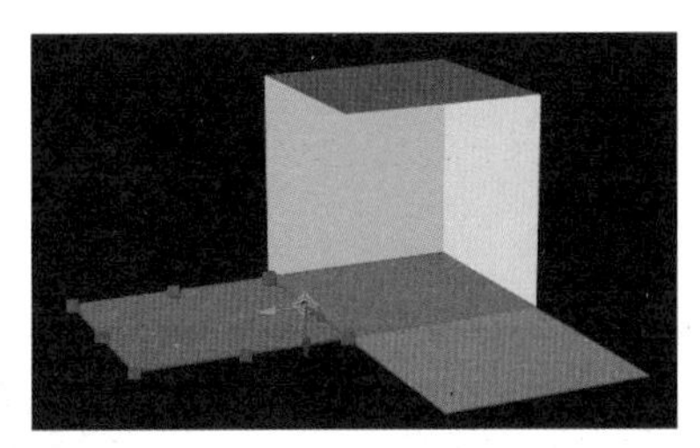

图6-33 “左”图层打开

3. 设置“右”图层的翻转

选择“右”图层，打开旋转属性，在0秒时设置关键帧，此时不调整旋转属性的数值。在2秒钟处，将【方向】属性中Z轴设置为90°，“右”图层的设置和翻转效果如图6-34所示。

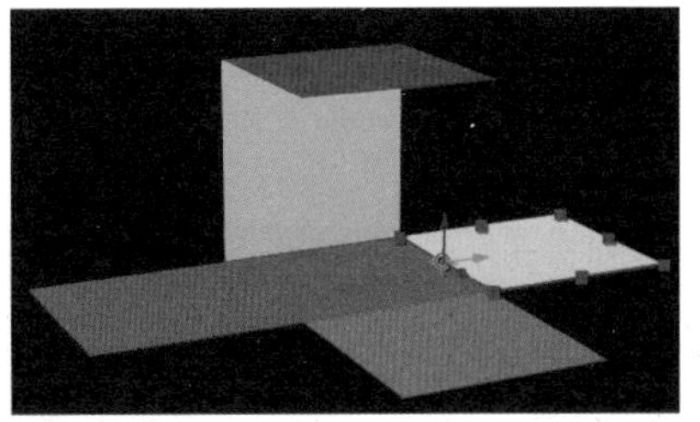

图6-34 “右”图层打开

4. 设置“后”图层的翻转

“后”图层的翻转与其他图层稍有不同，因为“上”图层的翻转要依托于“后”图层的翻转效果。在设置动画之前，先要将“上”图层的“父图层”指定为“后”图层，如图6-35所示。

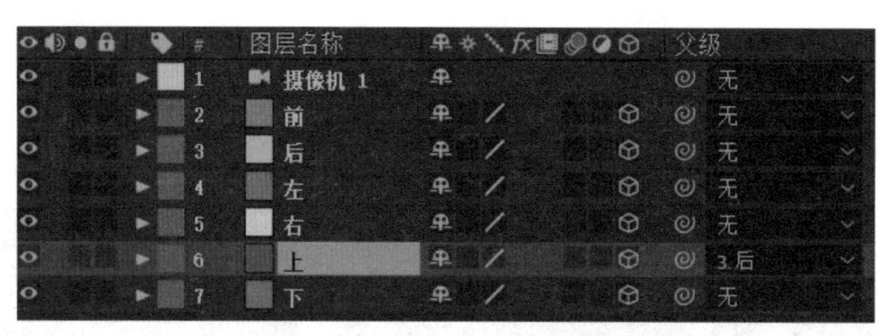

图 6-35 “上”图层与“后”图层的继承关系

提示：图层之间可以指定父图层，这样子图层就可以继承父图层的位置、缩放等性质。父图层进行动画设置时，子图层也会随之进行变化。

选择“后”图层，打开旋转属性，在 0 秒时设置关键帧，此时不调整旋转属性的数值。在 2 秒钟处，将【方向】属性的 X 轴设置为 -90° 或者 270° ，“后”图层的设置和翻转效果如图 6-36 所示。

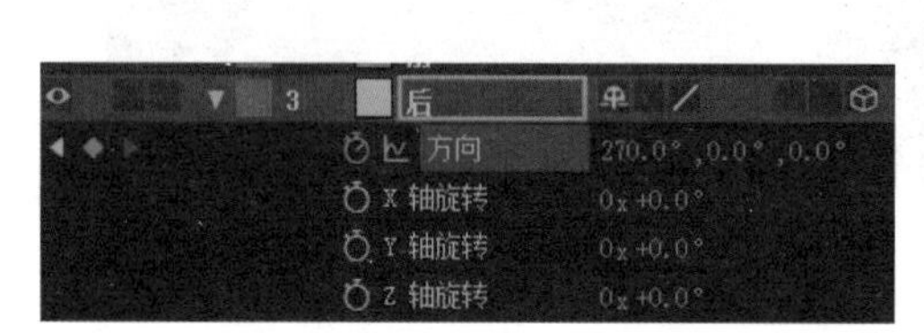

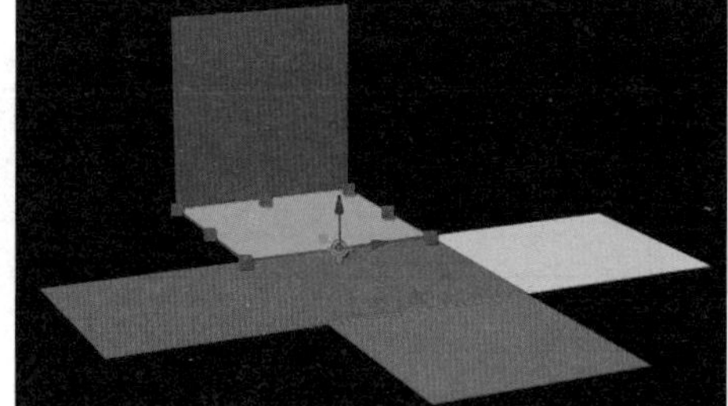
图 6-36 “后”图层打开

5. 设置“上”图层的翻转

选择“上”图层，打开旋转属性，在 0 秒时设置关键帧，此时不调整旋转属性的数值。在 2 秒钟处，将【方向】属性中 X 轴设置为 0° ，“上”图层的设置和翻转效果如图 6-37 所示。

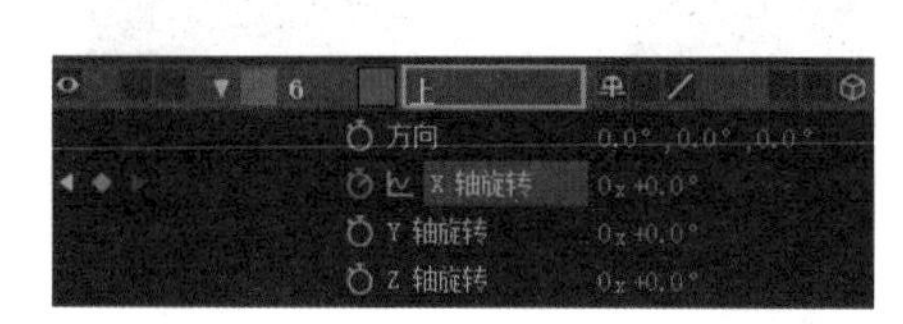

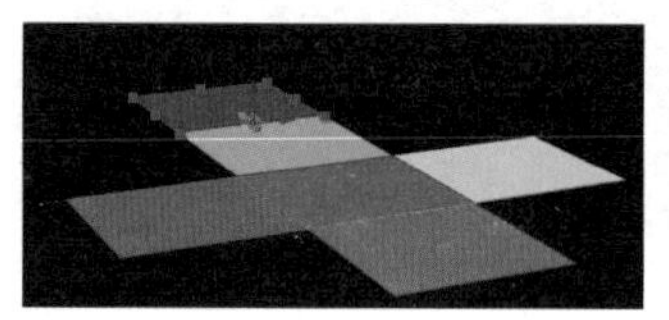
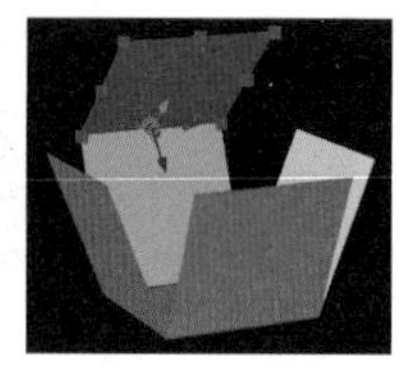
图 6-37 “上”图层打开

认真观察可以发现，“上”图层的翻转不仅随着其父图层“后”图层的翻转在旋转，而且自身也在进行翻转。

6.2.3 赋予材质

为了操作时方便选取，我们将六个图层设置成了六种不同的颜色。为了表现“绿色山庄”这一主题，我们导入素材中提供的六个视频到【项目】面板中，如图 6-38 所示。

1. 赋予“前”图层

选中“前”图层，按住 Alt 键，将“大树 .mp4”素材从【项目】面板中拖入到“前”图层上，则“前”图层被视频素材所代替，如图 6-39 所示。

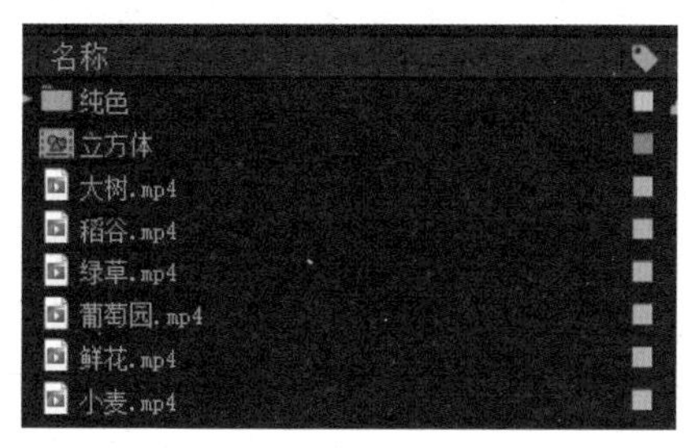

图 6-38　导入六个视频素材

图 6-39　将“前”图层替换为视频素材

2. 赋予其他图层

使用同样的方法，替换其他五个图层，替换完成的效果如图 6-40 所示。

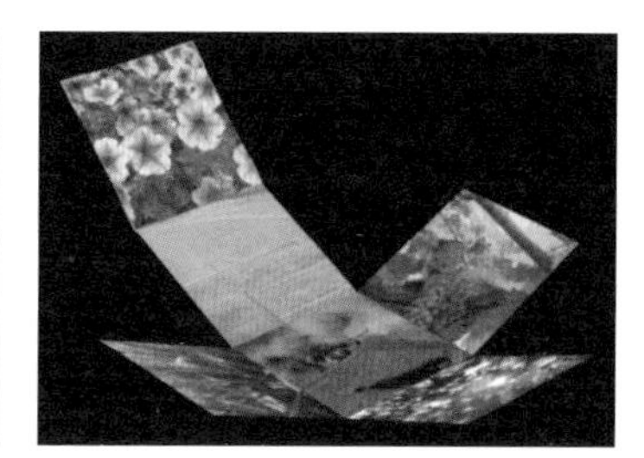

图 6-40　将所有图层替换为视频素材

如果素材视频的时间长度不到 10 秒钟，那么可以通过右击图层在弹出的快捷菜单中选择【时间】|【时间伸缩】命令，在弹出的对话框中调整素材所在图层的长度，如图 6-41 所示。

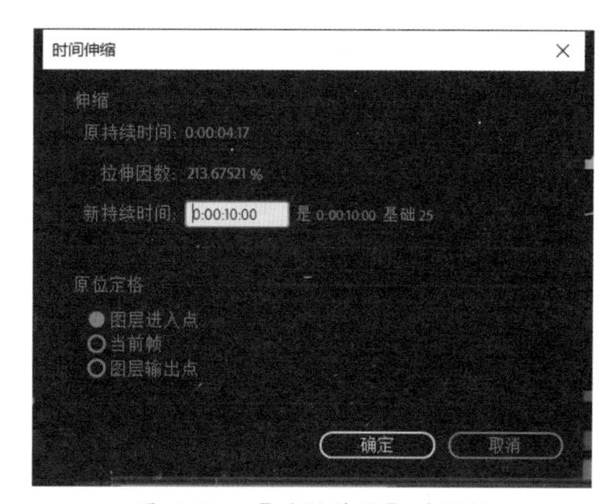

图 6-41　【时间伸缩】对话框

> **提示：**在准备视频素材时，其高度和宽度要与每个纯色图层面的高度和宽度相符，这样后期的制作会相对容易些。如果两者大小不一致，则可以使用图形工具将视频素材处理成与纯色图层大小一致的尺寸，然后直接将设置好的纯色图层当作素材处理。

6.3　建立墙体和地面

6.3.1　建立墙体

1. 新建纯色图层

在【时间轴】面板空白处右击，新建纯色图层，纯色图层的参数设置如图 6-42 所示。

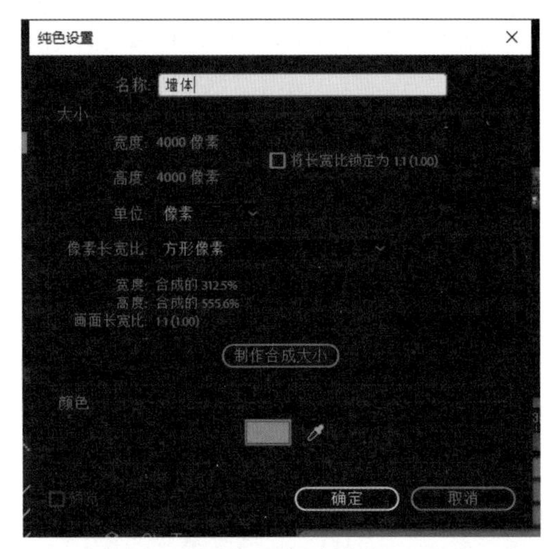

图 6-42　新建墙体

2. 设置旋转

将墙体设置为 3D 图层，在【位置】属性中调整 Z 轴的坐标，使立方体盒子位于墙体前方。

6.3.2　建立地面

1. 复制墙体

将“墙体”图层进行复制，并改名为“地面”。

2. 调整地面

将 X 轴方向旋转 90°，使其和墙体垂直，如图 6-43 所示。

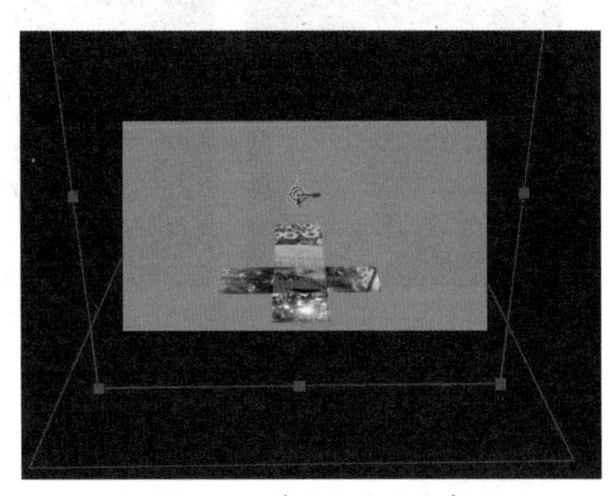

图 6-43　墙体和地面垂直

3. 设置标题文字

在盒子正上方输入标题文字“绿色山庄”，设置字体为【黑体】，大小为 189 像素，颜色为墨绿色，使标题和素材颜色一致。设置其为 3D 图层，如图 6-44 所示。

在 1 秒 14 帧处，为文字添加动画。打开【效果和预设】面板，选择 Presets 预设文件夹下的 Text，打开【3D 文字】|【3D 基本位置 Z 层叠特效】，并对文字进行应用，效果如图 6-45 所示。

图 6-44　标题文字的设置

图 6-45　设置文字效果

6.4 设置灯光

建立完三维模型，但是整个画面中没有光影的效果，三维的质感没有充分体现。我们需要在场景中建立灯光。

6.4.1 建立灯光

在【时间轴】面板空白处右击，在弹出的快捷菜单中选择【新建】|【灯光】命令，弹出【灯光设置】对话框，设置【名称】为【点光 1】，【灯光类型】为【点】，【颜色】为白色，其他默认，如图 6-46 所示。

> **提示：** After Effects 软件中的灯光可以照亮三维图层并投影，分为以下几种类型：聚光灯，从受锥形约束的光源发出的光线，有方向、可以投影，光照范围可以调节；点光，从一个点发出的无约束的全向光，无方向、可以投影；平行光，从无限远的光源发出的无约束的定向光，类似于来自太阳等光源的光线，有方向、可投影；环境光，没有光源显示，但可以提升场景的整体亮度，无投影。

单击【确定】按钮，添加完灯光的效果如图 6-47 所示。

图 6-46 新建点光

6-47 点光效果

有些图层位于灯光的背面，所以显示出黑色。可添加一盏灯光，将暗处照亮，如图 6-48 所示。

图 6-48 添加灯光

6.4.2 设置灯光及照射对象属性

观察整个场景，需要解决以下三个问题。

①场景中的对象只需要保持自身的亮度即可，不需要光照。

②场景中的对象没有投影，质感体现不出来。

③如果每个面都有投影，六个面之间的投影效果会很乱。

针对这三个问题，进行如下设置。

1. 设置点光

将“点光 1”的【灯光选项】打开，将【投影】设置为【开】，【阴影深度】设置为 60%，【阴影扩散】设置为 20 像素，如图 6-49 所示。点光 2 的设置与点光 1 相似，不同的是将【投影】设置为【关】。否则盒子的投影太多，整个画面主体位置不清晰。

提示： 阴影深度是指控制阴影的浓淡程度，阴影扩散是指阴影虚化的程度。

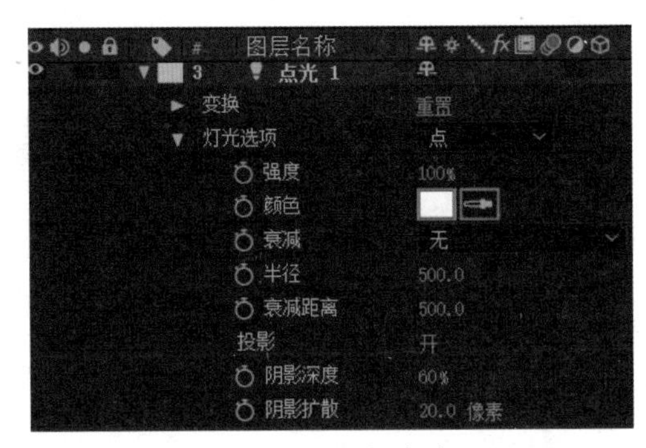

图 6-49 设置灯光选项

2. 设置图层

将各图层的【材质选项】打开，将【投影】打开，不接受阴影，不接受灯光，如图 6-50 所示。

继续调整两个灯光、墙体和地面的位置，使效果最佳，如图 6-51 所示。

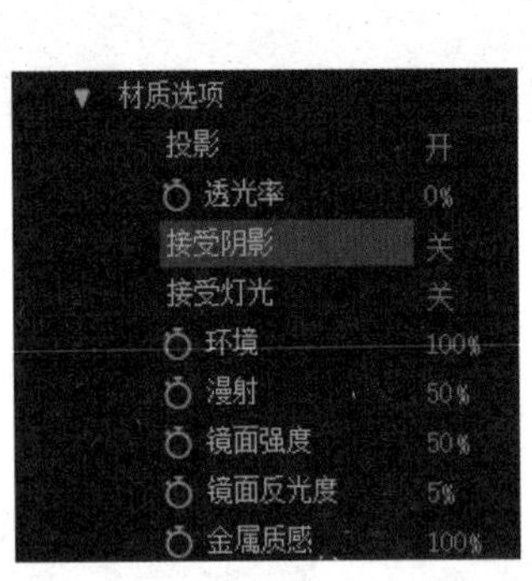

图 6-50 设置对象的材质选项

图 6-51 盒子打开效果

6.5　设置摄像机动画

设置摄像机动画，充分展示盒子打开的魅力，突出“绿色山庄”这一标题。

1. 设置摄像机初始位置

在0秒钟时，为摄像机的【位置】和【目标点】属性记录动画。使用【轨道摄像机工具】将摄像机旋转一个角度，如图6-52所示。

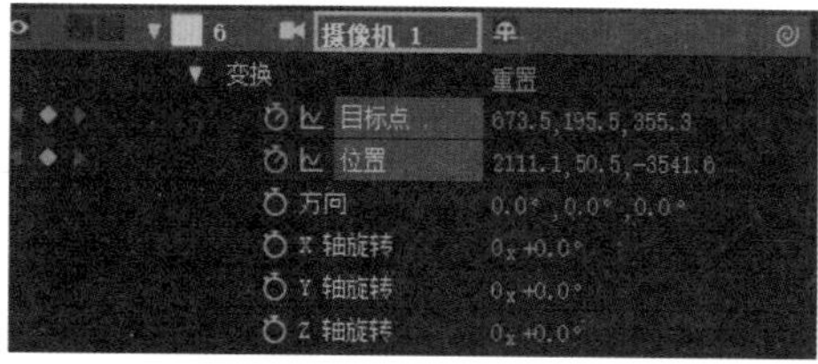

图6-52　摄像机初始位置

2. 摄像机角度调节

在2秒11帧处，使用【轨道摄像机工具】调节摄像机的角度，使标题文字定格，如图6-53所示。

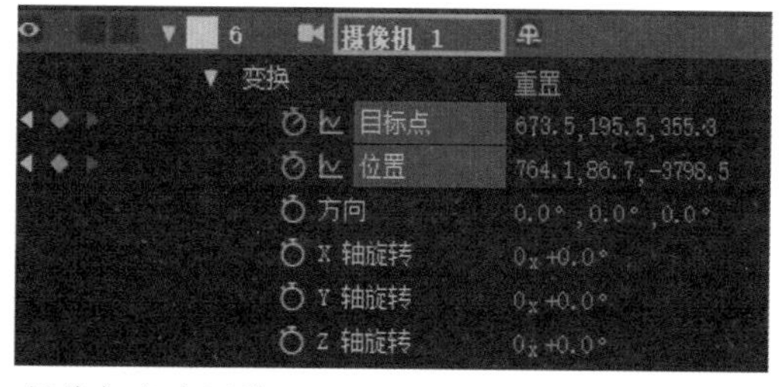

图6-53　摄像机角度调节

3. 设置景深

在3秒11帧位置，使用【跟踪Z摄像机工具】将镜头逼近文字，如图6-54所示。

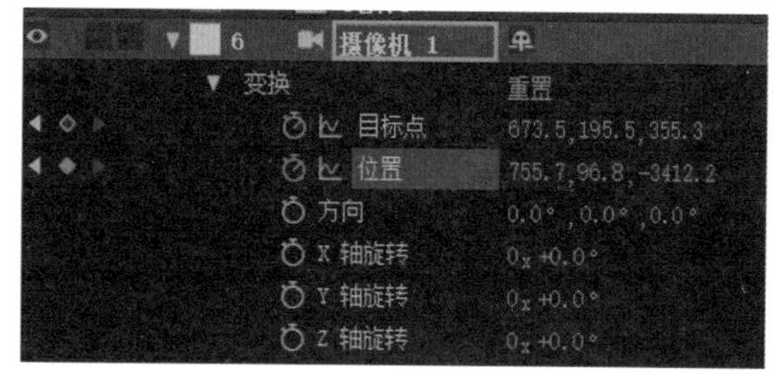

图6-54　摄像机定格

4. 渲染输出

选择【合成】|【添加到渲染队列】命令，或者按Ctrl+M组合键打开【渲染队列】对话框，单击【渲染】按钮，输出视频。

项目任务单

6.1 三维模型的建立

本项目三维模型的建立，参照的是立方体的结构，每个立方体，由 6 个正方形组成，包括 12 条棱，下面的操作将与它们有关。

1. 新建合成组

新建项目，保存为“绿色山庄”。

新建合成组，设置【预设】为 HDV/HDTV 720 25，【像素长宽比】为【方形像素】，【持续时间】为 10 秒。

2. 新建固态层

新建固态层，大小为 400px×400px，复制 5 层，选择菜单栏中的【图层】|【纯色设置】命令，将纯色图层修改成不同的颜色，并将 6 个纯色图层按照“前”“后”“左”“右”“上”“下”的顺序进行命名。

3. 建立立方体模型

单击每一个纯色图层的图标，将其设置成三维图层。

以纯色图层“前”为参照，对其他图层进行设置，把 6 个纯色图层组成立方体。

为了方便查看各个视角中图层的位置，在【时间轴】面板空白处右击，在弹出的快捷菜单中选择【新建】|【摄像机】命令。

4. 设置“后”纯色图层

“后”纯色图层，其实是在 Z 轴上增加 400px 的距离。将图层的【位置】属性打开，将 Z 轴坐标设置成 400，则“后”纯色图层向后移动 400 个像素的位置。使用【轨道摄像机工具】调整合成的视角，则可以很清晰地看出来。

5. 设置“左”纯色图层

“左”纯色图层的调整需要进行“旋转”和两次“移动”操作。

将“左”图层在 Y 轴方向上旋转 90°。

若要使“左”图层与“后”图层衔接，则需要将“左”图层在 Z 轴上平移边长的一半即 200px。

若要使“左”图层与“前”“后”图层的边长衔接，则需要将“左”图层在 X 轴上平移边长的一半即 200px。

继续使用【轨道摄像机工具】，则可以看到“前”“左”“后”三个纯色图层进行了无缝衔接。

6. 设置“右”纯色图层

“右”纯色图层的设置与“左”纯色图层的设置类似。

“右”纯色图层的调整同样需要进行“旋转”和两次“移动”操作。

将“右”图层在 Y 轴方向上旋转 90°。

若要使“右”图层与“后”图层衔接，则需要将“右”图层在Z轴上平移边长的一半即200px。

若要使“右”图层与“前”“后”图层的边长衔接，则需要将“右”图层在X轴上平移边长的一半即200px。

继续使用【轨道摄像机工具】，则可以看到“前”“左”“后”“右”四个纯色图层进行了无缝衔接。

7. 设置“上”纯色图层

“上”纯色图层的设置与前几个纯色图层的设置类似，只是在旋转的方向和平移的方向上有一些不同。

“上”纯色图层的调整同样需要进行“旋转”和两次“移动”操作。

将“上”图层在X轴方向上旋转90°。

若要使“上”图层与“后”图层衔接，则需要将“上”图层在Z轴上平移边长的一半即200px。

若要使“上”图层与其他四个图层的边长衔接，则需要将“上”图层在Y轴上平移边长的一半即200px。

继续使用【轨道摄像机工具】，则可以看到“前”“左”“后”“右”“上”五个纯色图层进行了无缝衔接。

8. 设置“下”纯色图层

“下”纯色图层的设置与“上”纯色图层的设置类似。

“下”纯色图层的调整同样需要进行“旋转”和两次“移动”操作。

将“下”图层在X轴方向上旋转90°。

若要使“下”图层与“后”图层衔接，则需要将“下”图层在Z轴上平移边长的一半即200px。

若要使“下”图层与其他四个图层的边长衔接，则需要将“下”图层在Y轴上平移边长的一半即200px。

继续使用【轨道摄像机工具】，则可以看到“前”“左”“后”“右”“上”“下”六个纯色图层组合成了一个立方体。

项目记录：

6.2 立方体打开动画

在本任务中，需要制作立方体打开动画。

制作动画之前，首先需要了解一下立方体 6 个面的打开方式，一般有 11 种情况。自己尝试画出 11 种面打开后的平面图。

我们按照人们最熟悉的打开方式来制作打开效果。

1. 设置 6 个图层的排列位置

将“下”图层排列在中央，四周四个面逆时针排列为“后”“右”“前”“左”，“上”图层与“后”图层相衔接。

2. 设置“前”图层的轴心

“前”图层的轴心，在该图层和“下”图层重合的边上。

选中“前”图层，单击工具栏上的向后平移（锚点）工具，当锚点工具贴近三个坐标轴时，锚点工具会变成相应的坐标轴字母标识，此时锚点仅在该坐标轴移动。

将锚点工具贴近 Y 轴，沿着 Y 轴调整轴心位置，直到轴心点位于“前”图层和“下”图层的重合边。

此时仅在前视图中，我们能够看到轴心点的位置已经调整好了，但是在其他视图的情况用户是不知道的。我们将【合成】面板下方的视图窗口设置为【4 个视图 - 左侧】。

合成组的画面由“顶视图”“右视图”“正视图”和“摄像机视图”组成，用户可以从多个角度进行对象的观察。将左侧三个视图放大，则可以看到轴心点已经调整至每个面的边上。

将各个图层的轴心均调整到面的边沿，尤其要注意上图层的轴心点。

3. 设置“左”图层的轴心

选中“左”图层，使用锚点工具调整其轴心，参照三个视图进行微调。

4. 设置“右”图层的轴心

选中“右”图层，使用锚点工具调整其轴心，参照三个视图进行微调。

5. 设置“后”图层的轴心

选中“后”图层，使用锚点工具调整其轴心，参照三个视图进行微调。

6. 设置“上”图层的轴心

“上”图层的轴心位置与其他图层不同，在本项目中，我们让“上”图层沿着“后”图层的运动轨迹进行翻转，翻转后再沿着自己的轴心进行翻转，所以“上”图层的轴心在其与“后”图层的衔接处。

“前”“后”“左”“右”图层的翻转比较简单，只设置一次翻转即可。

7. 设置“前”图层的翻转

选择“前”图层，打开旋转属性，在 0 秒时设置关键帧，此时不调整旋转属性的数值。在 2 秒钟处，将【X 轴旋转】设置为 90°。

8. 设置“左”图层的翻转

选择“左”图层，打开旋转属性，在0秒时设置关键帧，此时不调整旋转属性的数值。在2秒钟处，将【方向】属性中Z轴设置为-90°或者270°。

9. 设置“右”图层的翻转

选择“右”图层，打开旋转属性，在0秒时设置关键帧，此时不调整旋转属性的数值。在2秒钟处，将【方向】属性中Z轴设置为90°。

10. 设置“后”图层的翻转

“后”图层的翻转与其他图层稍有不同，因为“上”图层的翻转要依托于“后”图层的翻转效果。在设置动画之前，先要将“上”图层的“父图层”指定为“后”图层。

选择“后”图层，打开旋转属性，在0秒时设置关键帧，此时不调整旋转属性的数值。在2秒钟处，将【方向】属性的X轴设置为-90°或者270°。

11. 设置“上”图层的翻转

选择“上”图层，打开旋转属性，在0秒时设置关键帧，此时不调整旋转属性的数值。在2秒钟处，将【方向】属性中X轴设置为0°。

认真观察可以发现，“上”图层的翻转不仅随着其父图层“后”图层的翻转在旋转，而且自身也在进行翻转。

为了操作时方便选取，我们将六个图层设置成了六种不同的颜色。为了表现“绿色山庄”这一主题，我们导入素材中提供的六个视频到【项目】面板中。

12. 赋予“前”图层

选中“前”图层，按住Alt键，将“大树.mp4”素材从【项目】面板中拖入到“前”图层上，则“前”图层被视频素材所代替。

13. 赋予其他图层

使用同样的方法，替换其他五个图层。

如果素材视频的时间长度不到10秒钟，那么可以通过右击图层在弹出的快捷菜单中选择【时间】|【时间伸缩】命令，在弹出的对话框中调整素材所在图层的长度。

项目记录：

6.3 建立墙体和地面

1. 新建纯色图层

在【时间轴】面板空白处右击，新建纯色图层，将【宽度】和【高度】均设置为4000像素，【像素长宽比】设置为【方形像素】，【颜色】设置为灰色。

2. 设置旋转

将墙体设置为3D图层，在【位置】属性中调整Z轴的坐标，使立方体盒子位于墙体前方。

3. 复制墙体

将“墙体”图层进行复制，并改名为“地面”。

4. 调整地面

将X轴方向旋转90°，使其和墙体垂直。

5. 设置标题文字

在盒子正上方输入标题文字“绿色山庄”，设置字体为【黑体】，大小为189像素，颜色为墨绿色，使标题和素材颜色一致。设置其为3D图层。

在1秒14帧处，为文字添加动画。打开【效果和预设】面板，选择Presets预设文件夹下的Text，打开【3D文字】|【3D基本位置Z层叠特效】，并对文字进行应用。

项目记录：

____

____

____

____

____

____

6.4 设置灯光

建立完三维模型，但是整个画面中没有光影的效果，三维的质感没有充分体现。我们需要在场景中建立灯光。

(1) 在【时间轴】面板空白处右击，在弹出的快捷菜单中选择【新建】|【灯光】命令，弹出【灯光设置】对话框，设置【名称】为【点光1】，【灯光类型】为【点】，【颜色】为白色，其他默认。

(2) 有些图层位于灯光的背面，所以显示出黑色。可添加一盏灯光，将暗处照亮。

观察整个场景，需要解决以下三个问题。

①场景中的对象只需要保持自身的亮度即可，不需要光照。

②场景中的对象没有投影，质感体现不出来。

③如果每个面都有投影，六个面之间的投影效果会很乱。

针对这三个问题，进行如下设置。

①设置点光。将“点光 1”的【灯光选项】打开，将【投影】设置为【开】，【阴影深度】设置为 60%，【阴影扩散】设置为 20 像素。点光 2 的设置与点光 1 相似，不同的是将【投影】设置为【关】。否则盒子的投影太多，整个画面不清晰。

②设置图层。将各图层的【材质选项】打开，将【投影】打开，不接受阴影，不接受灯光。

继续调整两个灯光、墙体和地面的位置，使效果最佳。

项目记录：

____

____

____

____

____

____

6.5 设置摄像机动画

设置摄像机动画，充分展示盒子打开的魅力，突出“绿色山庄”这一标题。

1. 设置摄像机初始位置

在 0 秒钟时，为摄像机的【位置】和【目标点】属性记录动画。使用【轨道摄像机工具】将摄像机旋转一个角度。

2. 摄像机角度调节

在 2 秒 11 帧处，使用【轨道摄像机工具】调节摄像机的角度，使标题文字定格。

3. 设置景深

在 3 秒 11 帧位置，使用【跟踪 Z 摄像机工具】将镜头逼近文字。

4. 渲染输出

选择【合成】|【添加到渲染队列】命令，或者按 Ctrl+M 组合键打开【渲染队列】对话框，单击【渲染】按钮，输出视频。

项目记录：

____

____

____

____

____

____

课后习题

一、单项选择题

1. 在 After Effects 软件中，默认的灯光类型为（　　）。

A. 聚光灯、平行光、泛光和天光　　B. 聚光灯、平行光、点光和环境光

C. 日光灯、平行光、点光和环境光　　D. 聚光灯、平行光、泛光和环境光

2. 在 After Effects 软件中，替换合成中的素材所使用的快捷键是（　　）。

A. Alt　　B. Ctrl　　C. Shift　　D. Enter

3. 下列关于父子层级的说法错误的是（　　）。

A. 子图层可以继承父级中的位置、旋转等属性

B. 如果使用关联器来设置父子图层关系，那么子图层的相关属性是不能被更改的

C. 文本不可以被设置为父级

D. 不可以通过关联器设置父子层级

4. 在 After Effects 软件中，摄像机分为（　　）。

A. 统一摄像机工具、轨道摄像机工具、跟踪 XY 摄像机工具、跟踪 Z 摄像机工具

B. 目标摄像机、自由摄像机

C. 统一摄像机工具、自由摄像机、轨道摄像机工具

D. 跟踪 XY 摄像机工具、跟踪 Z 摄像机工具

5. 以下关于点光的说法正确的是（　　）。

A. 在添加点光后，被照射的对象都会有投影，没有投影的对象在 After Effects 软件中是不存在的

B. 点光的颜色就是默认的白色，不可以更改为其他颜色

C. 合成中只能加两盏点光

D. 添加完多个点光后，各个对象之间的投影会互相影响，此时可以关闭多余灯光的投影效果

二、实际操作题

如果我们使用的素材不是视频，而是一系列静态的家庭成员照片，动画盒子不是一个，而是多个动画盒子的嵌套，播放动画时层叠着打开，辅以镜头的切换效果，将是一套效果很好的电子相册。如何进行操作呢？试着将你的想法付诸行动吧。

知识链接：使用Photoshop软件批处理图片

1. 选择素材图片并建立文件夹

选择 36 张横版或竖版的图片，在 E 盘建立素材文件夹“源素材”。再建立一个目标文件夹并命名为 400，准备放置处理好的图片，如图 6-55 所示。

图 6-55 建立文件夹

2. 录制动作

打开 Photoshop 软件，选择菜单栏中的【窗口】|【动作】命令，新建动作，并命名为“三维盒子”。单击【确定】按钮，开始录制，如图 6-56 所示。

图 6-56 录制动作

打开一张图片，选择【图像】|【图像大小】命令，将【高度】（或【宽度】）设置为 400 像素，比例保持不变，单击【确定】按钮，如图 6-57 所示。

图 6-57 设置图像大小

提示：若36幅图片均为横版图片，则将【高度】设置为400像素即可；若36幅图片均为竖版图片，则将【宽度】设置为400像素。

选择【矩形选框工具】，将【样式】设置为【固定大小】，将【宽度】和【高度】均设置为400像素，截取图像，如图6-58所示。

图6-58 截图图像

将截取完的图像复制，新建文件，粘贴，保存为jpg文件。

3. 批处理

停止录制，选择菜单栏中的【文件】|【自动】|【批处理】命令，按照下面的对话框进行设置，如图6-59所示。

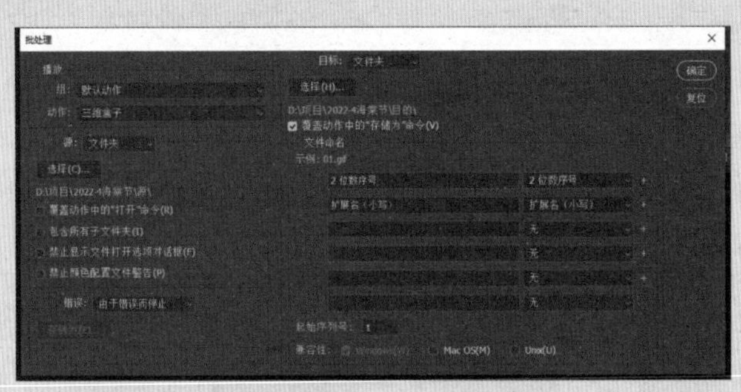

图6-59 批处理图片

参考答案：1.B 2.A 3.C 4.A 5.D

项目7 粒子与木偶工具——炫舞空间

项目导读：

无论是河南卫视的《春宫夜宴》，还是《洛神水赋》等节目，都运用了 3D 和 VR 技术，表现了我国传统文化的深厚底蕴，惊艳了全国人民。

在本项目中，我们也小试牛刀，用 After Effects 软件特效制作在粒子飞扬背景下人物翩翩起舞的动画效果。本项目将带领大家进行粒子效果的学习，人物的舞蹈使用的是 After Effects 软件中的木偶工具。

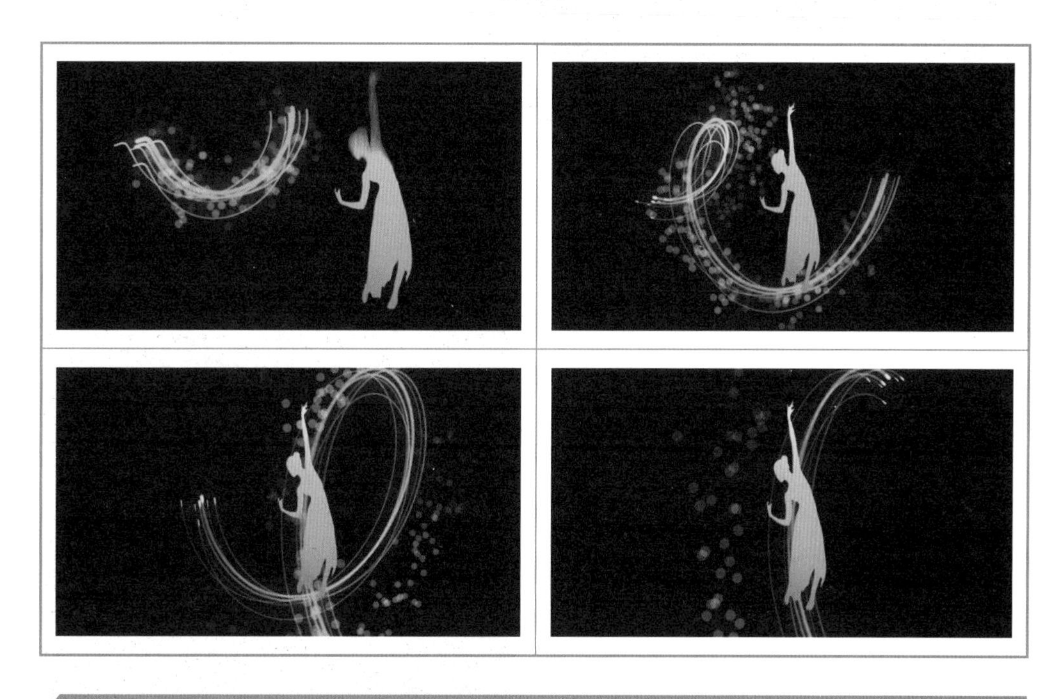

7.1 人物渐显动画

首先利用项目中的素材，制作出人物逐渐显示出来的动画效果。

7.1.1 新建项目，导入素材

新建项目，保存为“炫舞世界”，新建合成，名称为“舞者”。合成的设置如图 7-1 所示。

导入素材，将素材拖入至合成中。由于素材是纯黑色的，合成的背景是黑色的，所以整个【合成】面板显示是黑色的。单击【切换透明网格】按钮，将图片缩放为 50%，如图 7-2 所示。

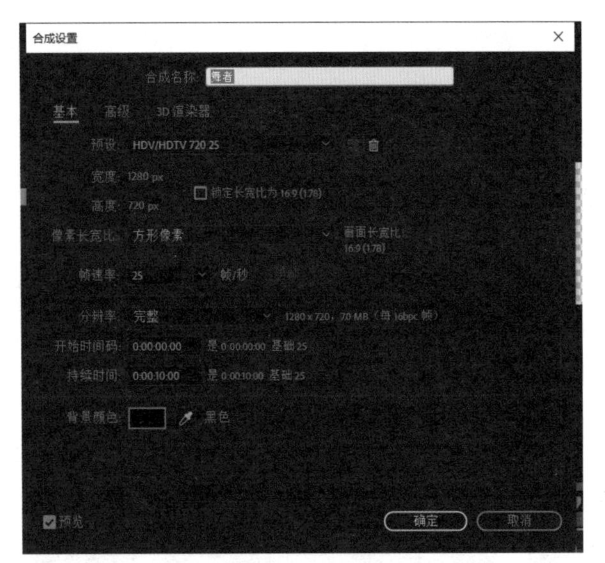

图 7-1　新建“舞者”合成

图 7-2　导入并设置“舞者”素材

7.1.2　制作“分形杂色”图层

1. 建立“分形杂色”图层

新建纯色图层，颜色为 #000000，其他设置如图 7-3 所示。

选中纯色图层“分形杂色”，选择【效果】|【杂色和颗粒】|【分形杂色】命令，添加效果。

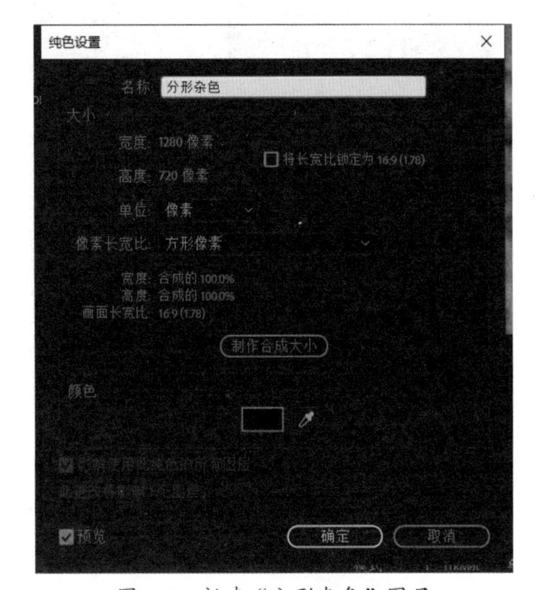

图 7-3　新建“分形杂色”图层

2. 设置动画

为“演化”记录动画，0 秒时为 0 圈，10 秒时为 3 圈，如图 7-4 所示。

选中图层，绘制矩形蒙版，为蒙版路径记录动画，让“分形杂色”图层从下到上飘过“舞者”图层，按 F 键设置蒙版羽化值为 50，效果如图 7-5、图 7-6、图 7-7 所示。

图 7-4　设置“演化”动画

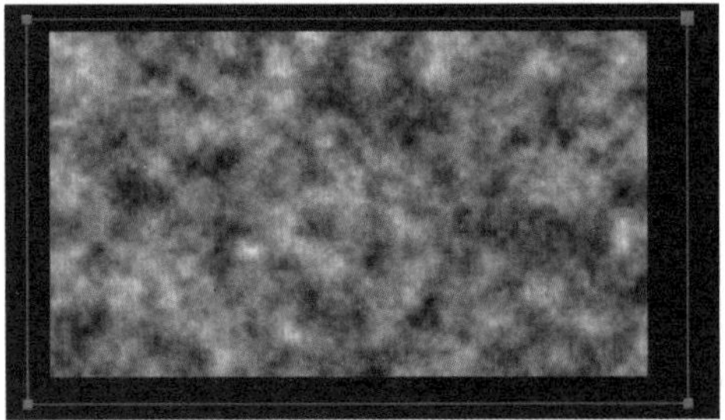

图 7-5　0s 时蒙版路径设置

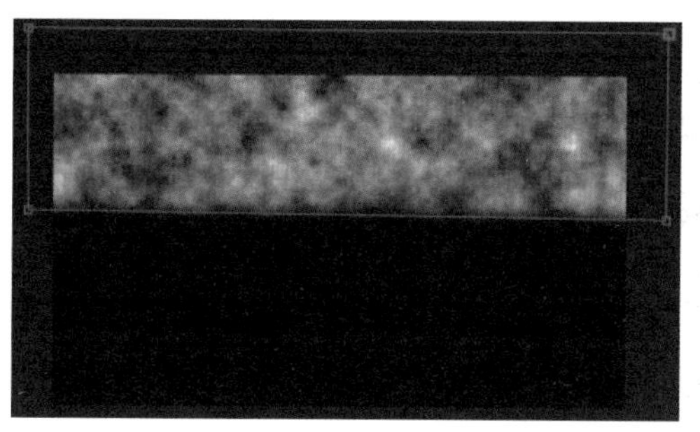

图 7-6　2s 时蒙版路径设置

图 7-7　4s 时蒙版路径设置

7.1.3　制作人物渐显动画

使用蒙版的分形杂色效果，为人物制作渐显动画。

(1) 将“分形杂色”图层选中，按组合键 Ctrl+Shift+C 将其合成。关闭图层前的 按钮，将其关闭显示。

(2) 为“舞者”图层添加【复合模糊】特效，右击并在弹出的快捷菜单中选择【效果】|【模糊与锐化】|【复合模糊】命令，将【模糊图层】设置为【分形杂色】，将【最大模糊】设置为 50，如图 7-8 所示。效果如图 7-9 所示。

图 7-8　设置复合模糊特效

图 7-9　1s11f 时“舞者”图层的复合模糊效果

(3) 填充颜色。

将“舞者”图层与“分形杂色”图层选中，按组合键 Ctrl+Shift+C 合并图层，设置如图 7-10 所示。合并后，为其填充颜色，右击并在弹出的快捷菜单中选择【效果】|【生成】|【四色渐变】命令，效果如图 7-11 所示。

将四种颜色进行调整，设置成较为靓丽的橙色和黄色，如图 7-12 所示。

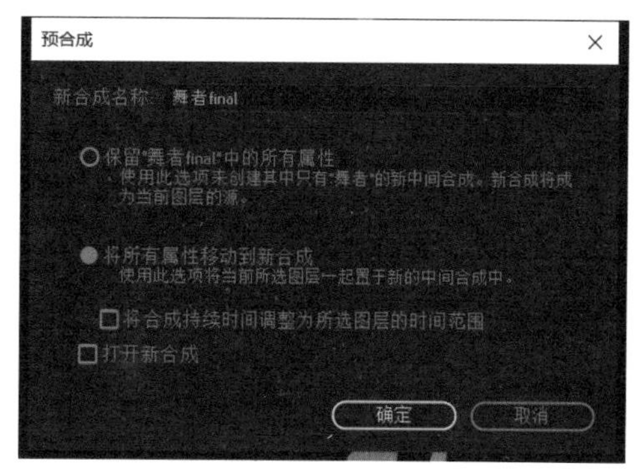

图 7-10　合并舞者图层

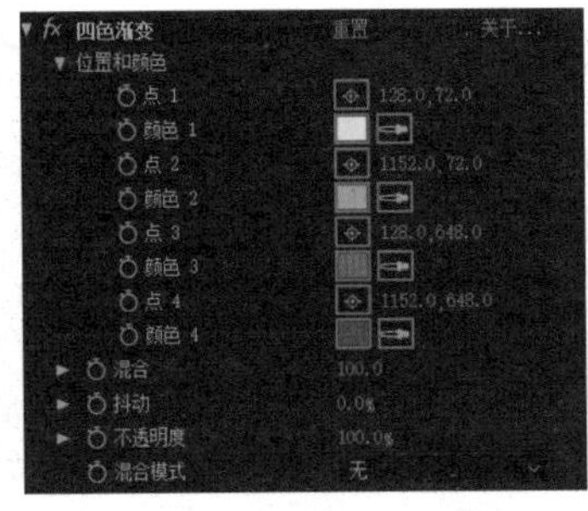

图 7-11　应用四色渐变

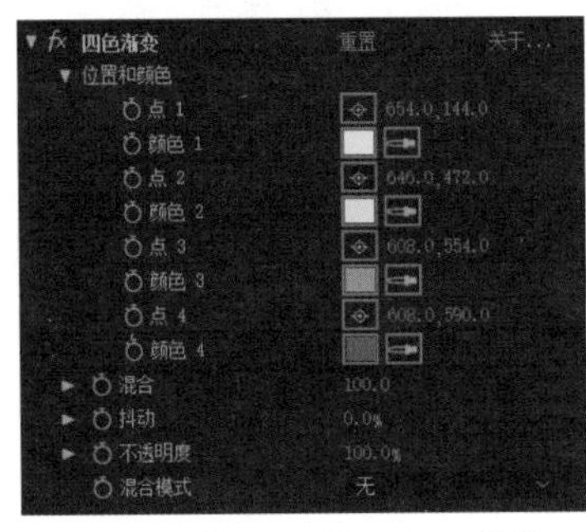

图 7-12　调整四个点的颜色和位置

7.2　木偶工具

题目中的素材是静止的，在视频中需要做出舞者的动作视频。

1. 设置操纵点

根据生活中的常识，当为木偶只设定一个操纵点时，移动操纵点的位置，则整个木偶都会随之移动；当设置多个操纵点时，操纵点之间会相互牵制，所以需要认真设置木偶的每一个节点。

舞者正面对着观众，舞蹈动作在设计时，高抬的左手向上打开，低处的右手向身体内部回转。使用操纵点工具，为舞者身体部位设置操纵点，如图 7-13 所示。

图 7-13　设置操纵点

2. 设置动画

选中高举的手处的操纵点，将时间指示器设置在 4s 处，按住 Ctrl 键，将手臂轻轻抬起，在 7s 时手臂抬到最高，如图 7-14 所示。

选中低处右手的操纵点，将时间指示器设置在 4s 处，按住 Ctrl 键，在 4s ～ 7s 的时间段中，将手向右边移动一小段距离；选中低处手臂的肘关节操纵点，向右移动一小段距离。两个操纵点设置完成后，体现的是低处右手臂向身体方向回收的动作。

三个操纵点设置完毕后，在 7s 时舞者的画面如图 7-15 所示，按 U 键查看“舞者”图层的关键帧，如图 7-16 所示。

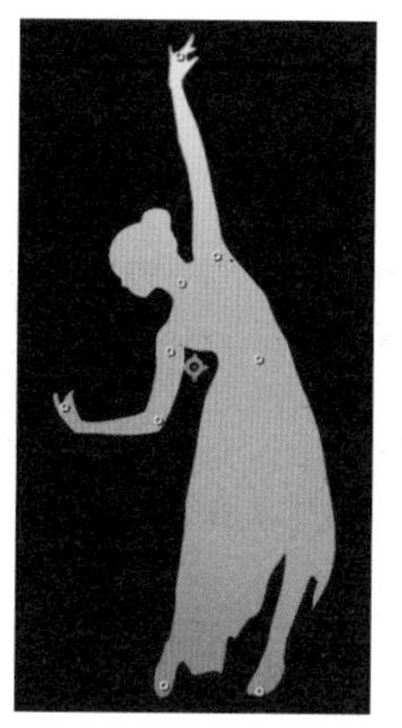

图 7-14 设置操纵点动画

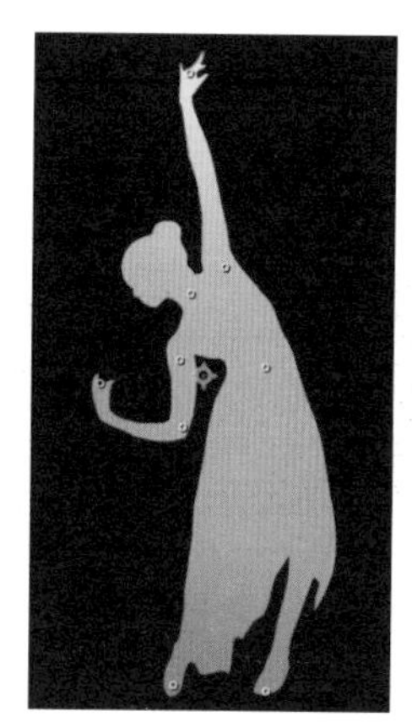

图 7-15 舞者 7s 时动作画面

提示：在设置手臂的动作时，只需要设置一个小的角度即可，抬起时动作要缓慢且流畅。

木偶工具具有丰富的功能，使用它也能制作出精细的动画来，比如使对象某个部分打弯而不会使部位附近的图像变形等，有时仅根据一张静止的图片就能制作出流畅的动作来。

图 7-16 操纵点的关键帧

将在透明背景处的☑选中，这样图像就不会显示黑色的边缘。最后将舞者图层合并。

7.3 光带

(1) 新建合成组，命名为“光带”；新建点光，命名为 light1。新建空对象，如图 7-17 所示。

提示：空对象是一个虚拟对象，在【合成】面板中占有一个图层，主要用于为一个图层制作父级图层，可以对它进行一切操作，但是在面板中看不到该图层。在为多个图层设置相同的属性，或者在进行跟踪等动作设置时经常使用。

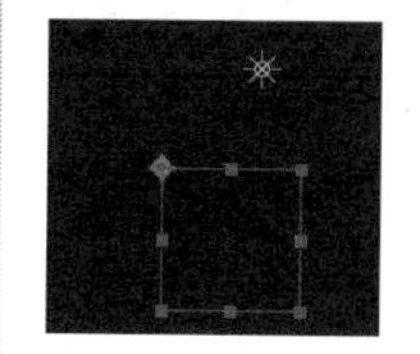

图 7-17 点光与空对象

(2) 设置父级图层。设置父级图层有两种方法，可以将 light1 图层的连接杆◎直接拖入到空对象图层上，也可以选中 light1 中父级的下拉菜单，选择空对象图层，如图 7-18 所示。

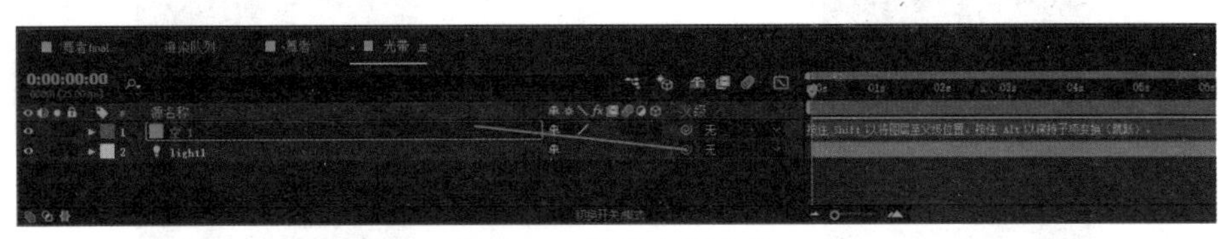

图 7-18　设置父级图层

(3) 设置灯光的初始位置。选中 light1，按 P 键，打开【位置】属性，将坐标设置为（0, 0, 0），即让灯光位于空对象的左上方，如图 7-19 所示。

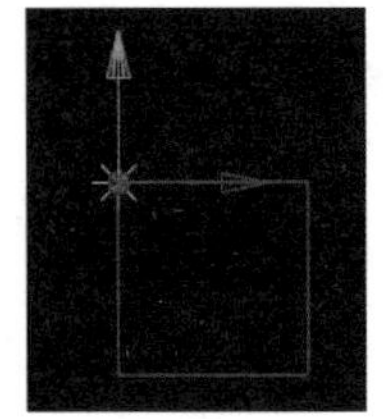

图 7-19　设置 light1 坐标

此时，当空对象移动时，灯光也随之移动。

(4) 设置空对象的位置动画。将空对象的 3D 图层打开，为 X 轴设置动画：0s 时，X 轴坐标为 -110，7s 时为 1335，如图 7-20 所示。

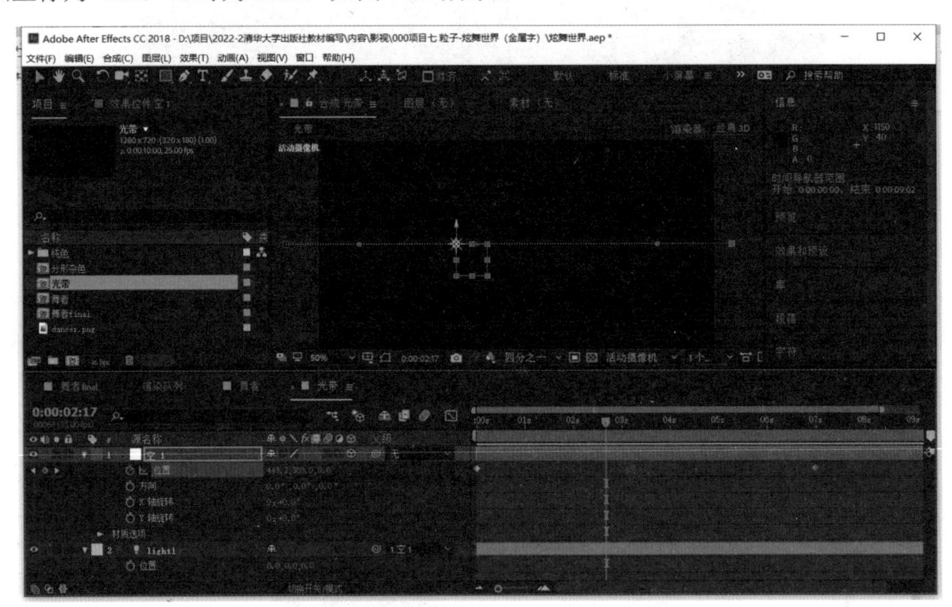

图 7-20　为空对象设置位置动画

(5) 设置旋转动画。为空对象的【X 轴旋转】设置动画：0s 时为 0 圈，7s 时为 3 圈。为 light1 位置的 Y 轴设置动画：0s 时为 0，7s 时为 -500。

此时，空对象在以 X 轴旋转三周的同时，light1 也在 Y 轴上向外做扩散运动，如图 7-21、图 7-22 所示。

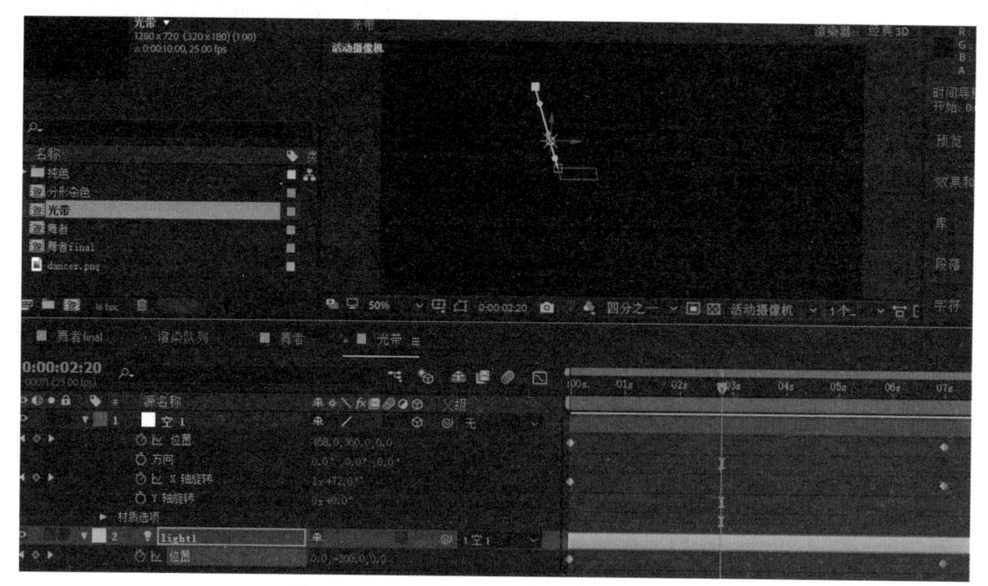

图 7-21　2s20 帧时空对象和 light1 的画面

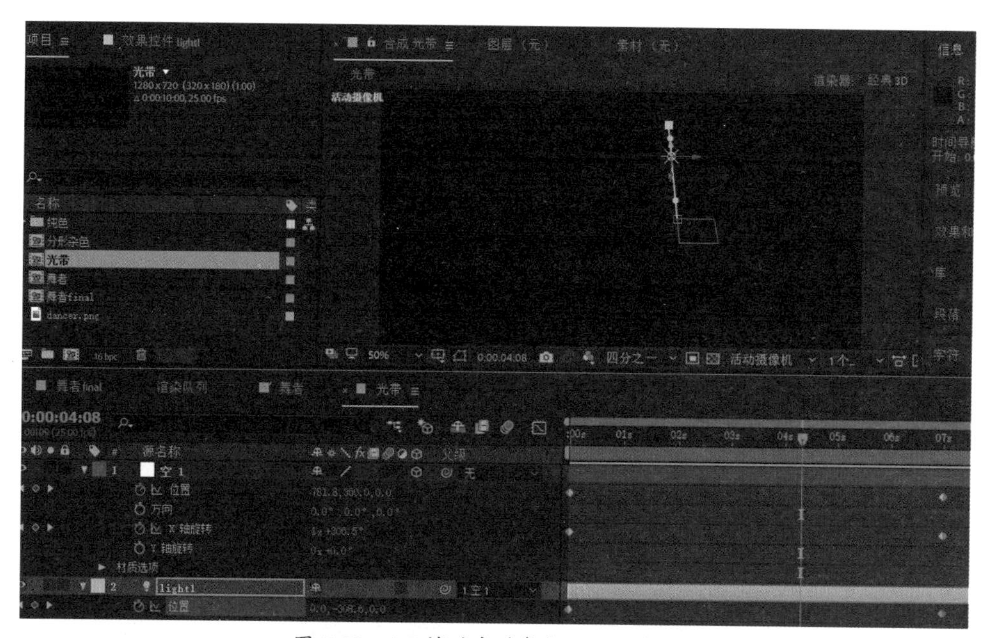

图 7-22　4s8 帧时空对象与 light1 的画面

(6) 新建粒子。新建纯色图层，命名为“粒子”。添加 Particular（粒子）特效。将【发射器类型】设置为【灯光】，如图 7-23 所示。

图 7-23 设置粒子发射器

将灯光名称设置为 light1，如图 7-24 所示。

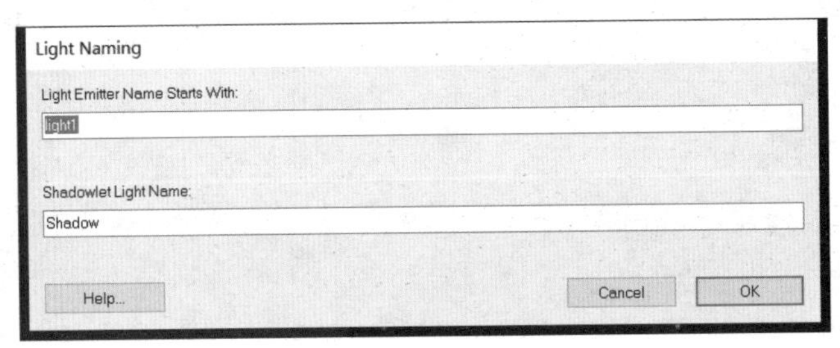

图 7-24 设置灯光名称

这时可以看到粒子在随着灯光的运动轨迹在运动，如图 7-25 所示。

图 7-25 在 2s、3s、5s 时粒子的运动

(7) 设置粒子的形状。打开【粒子】下的【粒子类型】，选择【条纹】选项。

将所有关于速度的值均设置为 0，将发射器大小也设置为 0，使粒子在一条线上，粒子的设置如图 7-26 所示，粒子的形态如图 7-27 所示。

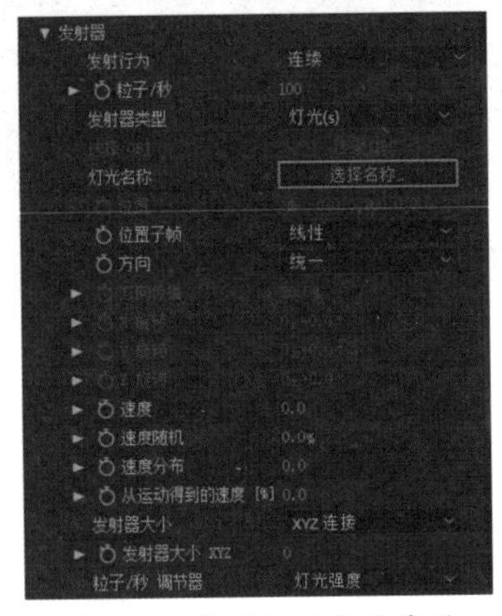

图 7-26 设置粒子的速度值

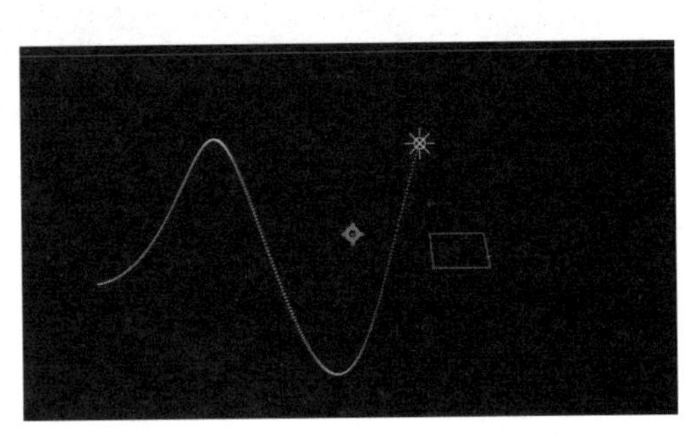

图 7-27 设置速度后粒子的形态

将每秒钟发射的粒子数增加，使粒子成为一条实线而不是虚线，如图 7-28 所示。

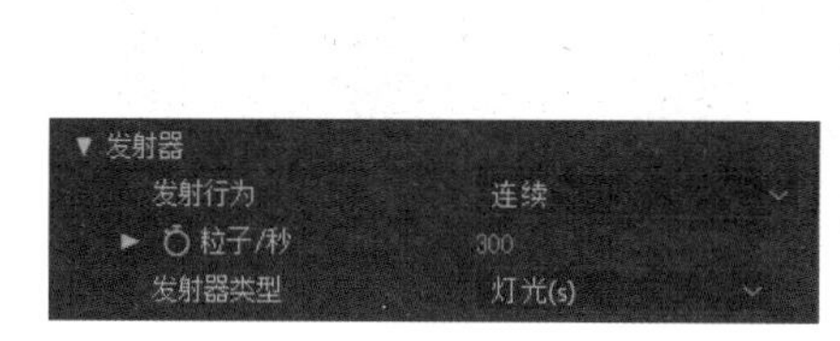

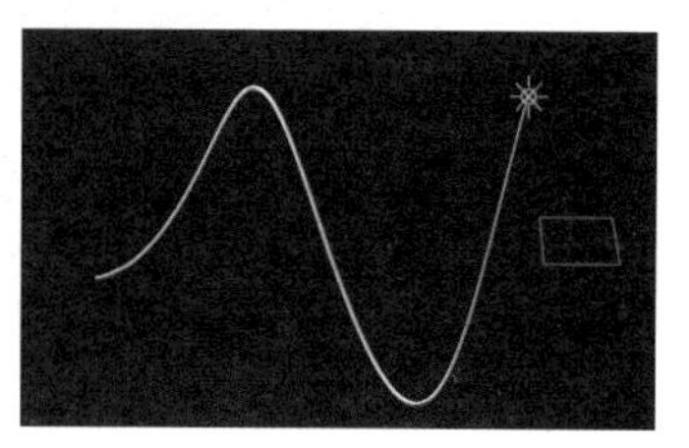

图 7-28　设置数量后粒子的形态

回到【粒子】折叠菜单，将【大小】设置为65，即粒子横截面的大小，如图 7-29 所示。

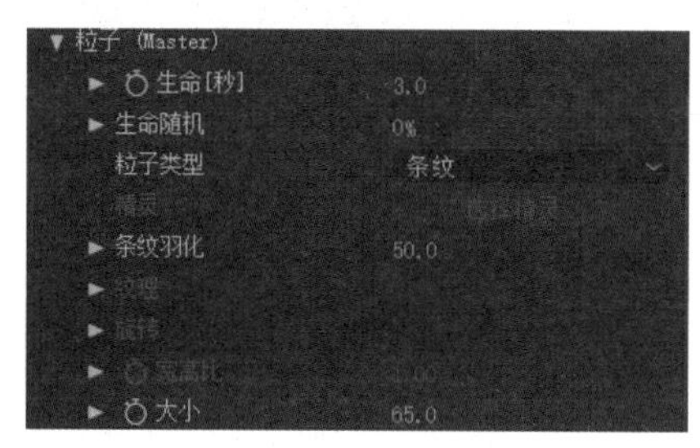

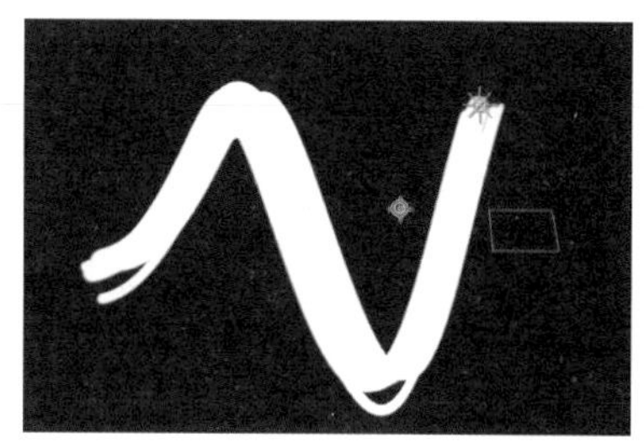

图 7-29　设置粒子横截面大小

设置粒子的【条纹】选项：将【条纹数量】降低，【条纹大小】降低，【随机种子】设置为 0，如图 7-30 所示。

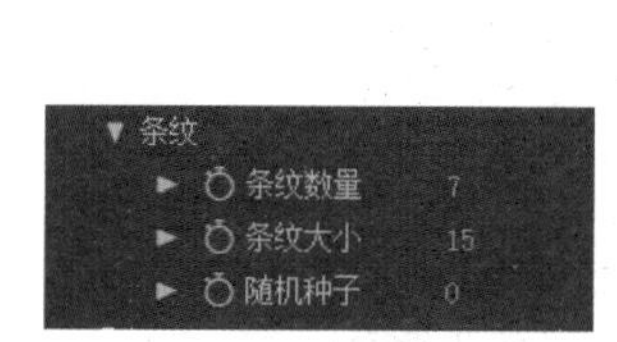

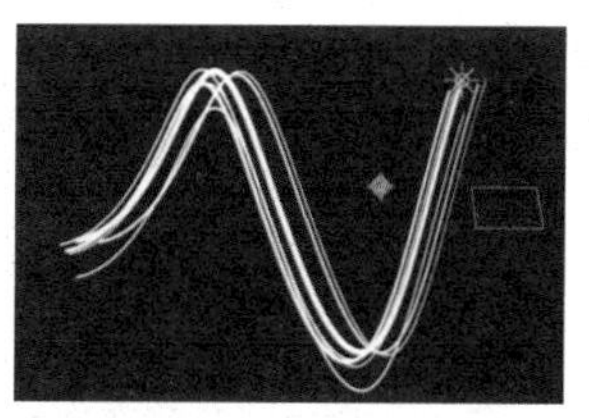

图 7-30　设置条纹属性

(8) 设置粒子的颜色。将【设置颜色】设置为【生命期】，设置生命期颜色为黄色和蓝色，如图 7-31 所示。

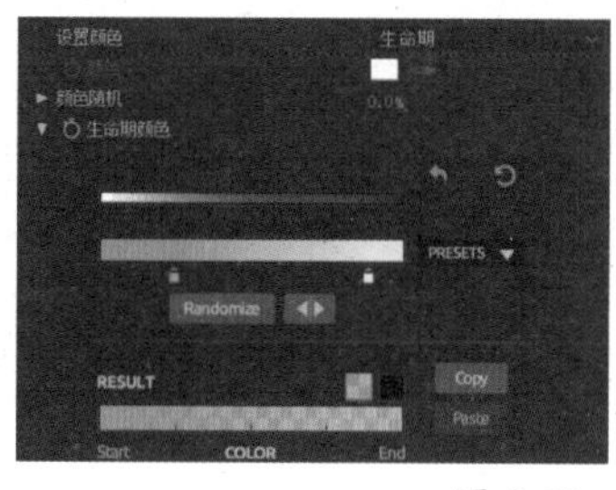

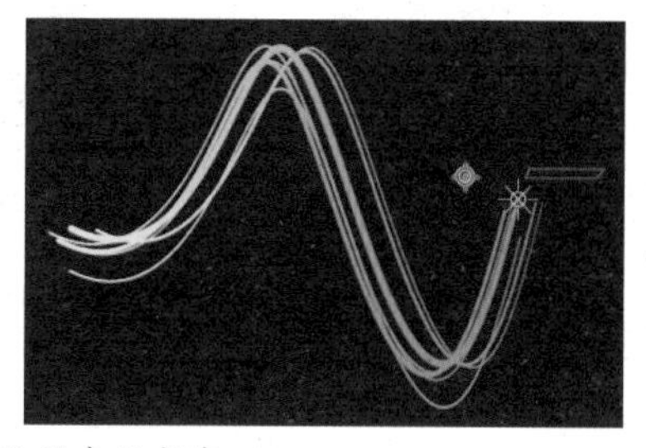

图 7-31　设置条纹颜色

(9) 设置粒子的透明度。设置粒子整体的透明度为 60，为了让粒子的层次更加鲜明，将生命期不透明度进行设置，则粒子有了层次感，如图 7-32 所示。

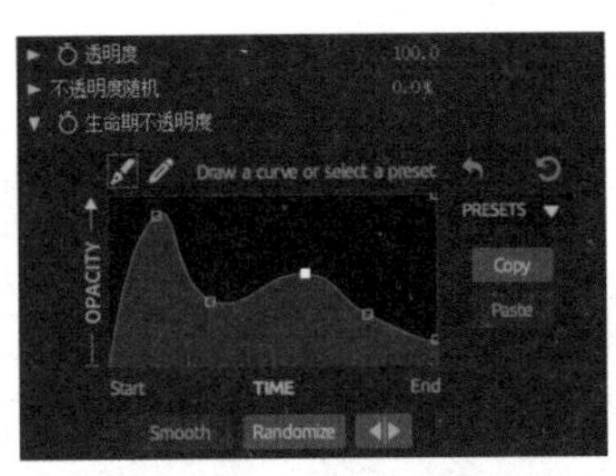

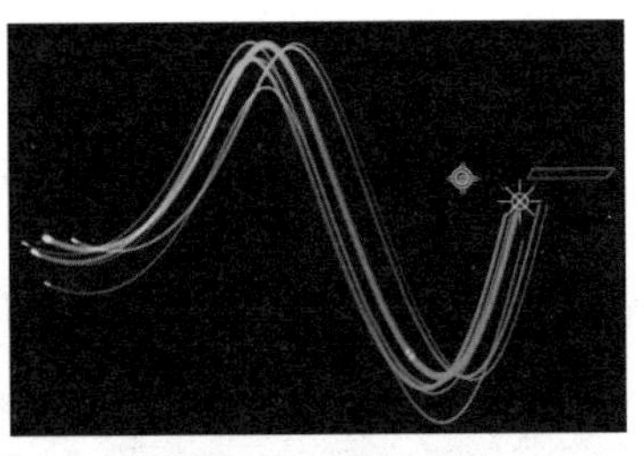

图 7-32　设置条纹透明度

(10) 此时可以拖动时间指示器，观察粒子的运动轨迹，如果粒子存在的时间太短，可以调整粒子的生命值，如图 7-33 所示。

图 7-33　设置粒子生命值

(11) 新建光斑。新建纯色图层，命名为“光斑”，添加 Particular 特效。单击 Designer 按钮，如图 7-34 所示，打开粒子预设面板，如图 7-35 所示。

图 7-34　打开粒子预设面板

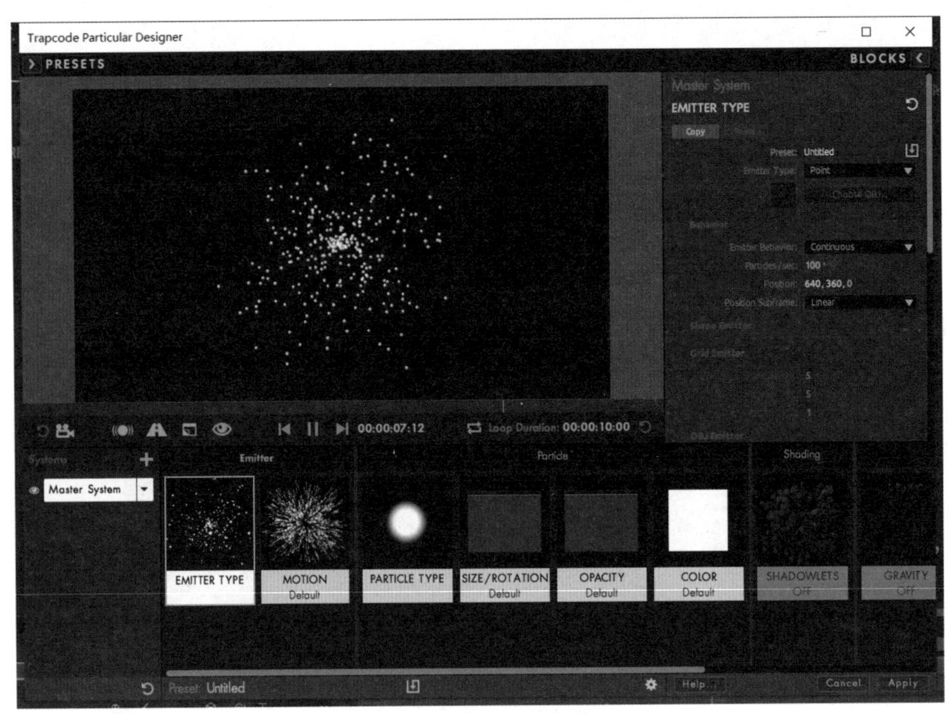

图 7-35　粒子预设面板

单击按钮，展开预置特效中的 Single System Presets（单个系统预设），找到 Basics 下的 Pastel Dots 特效，并在右侧的颜色设置面板中将其颜色进行修改，如图 7-36 所示，单击 Apply 按钮对粒子进行特效的应用。

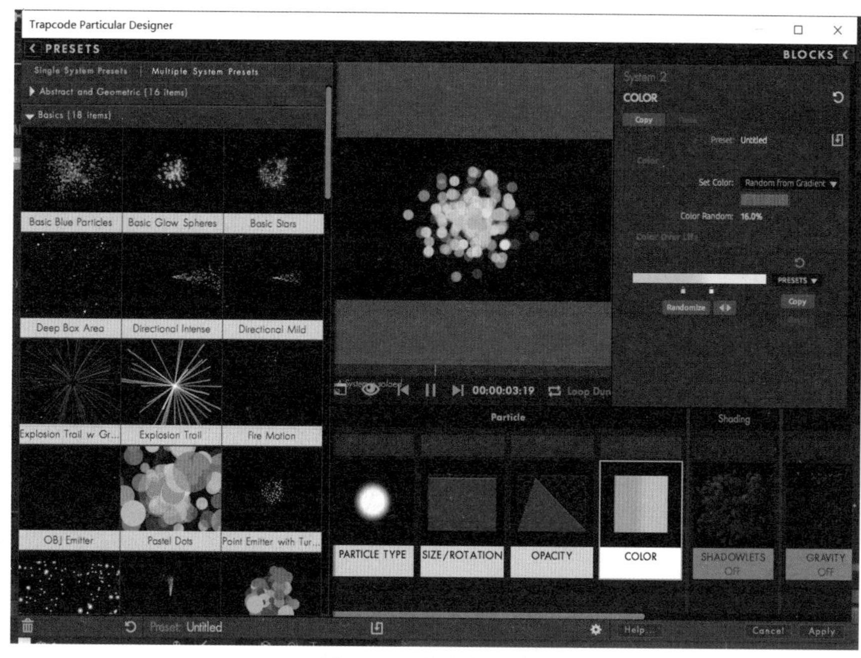

图 7-36 设置光斑属性

应用后的效果如图 7-37 所示。

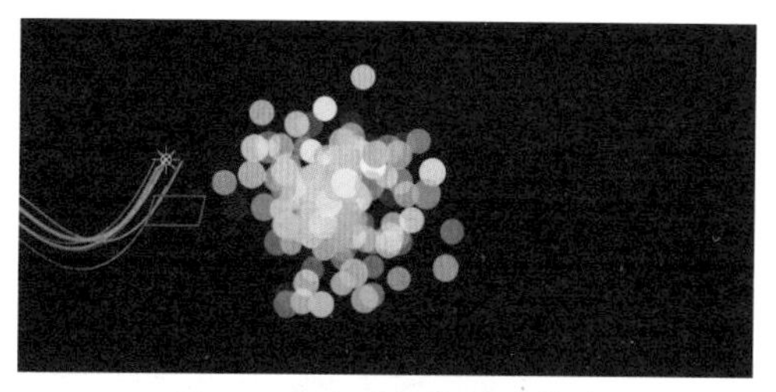

图 7-37 应用粒子预设特效

(12) 设置光斑。同样对光斑的类型进行设置。

设置【发射器类型】为【灯光】，设置【灯光名称】为 light1，如图 7-38 所示。

图 7-38 设置发射器类型和灯光名称

调整粒子的属性值：将【发射器大小】设置为 100，【粒子大小】设置为 10。

设置整体透明度为 60，单击 Randomize 按钮，让每个粒子有闪烁的效果，设置生命期不透明度，如图 7-39 所示。

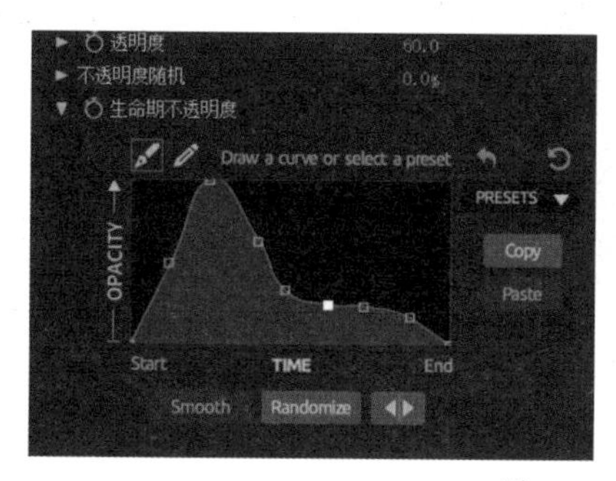

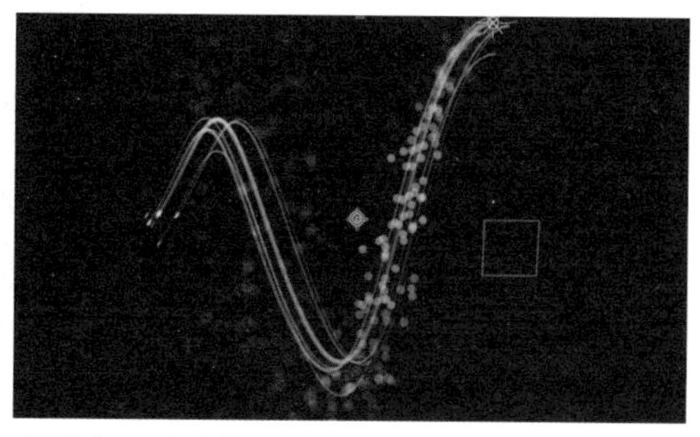

图 7-39 设置光斑透明度

将速度及发射器大小进行设置，如图 7-40 所示。

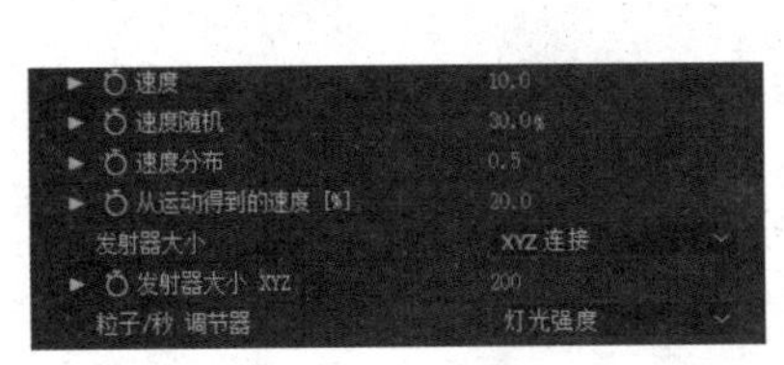

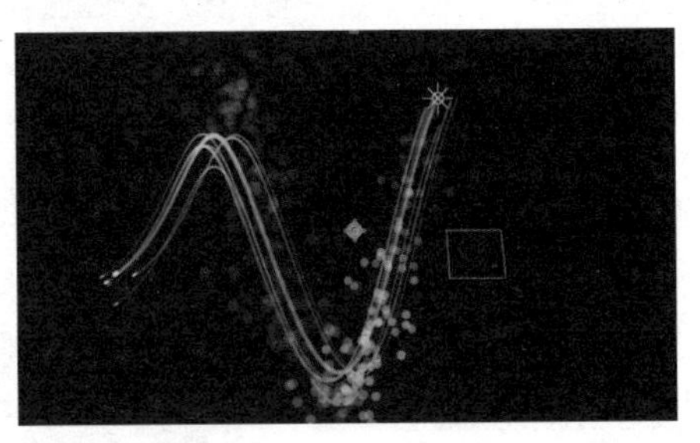

图 7-40　设置速度及发射器大小

(13) 优化粒子。将发射器中的【位置子帧】属性设置为 10x 线性，这样粒子的运动轨迹会变得平滑，不会出现折线的效果。

光带现在的颜色比较暗淡，为光带添加【风格化】|【发光】效果，如图 7-41 所示。

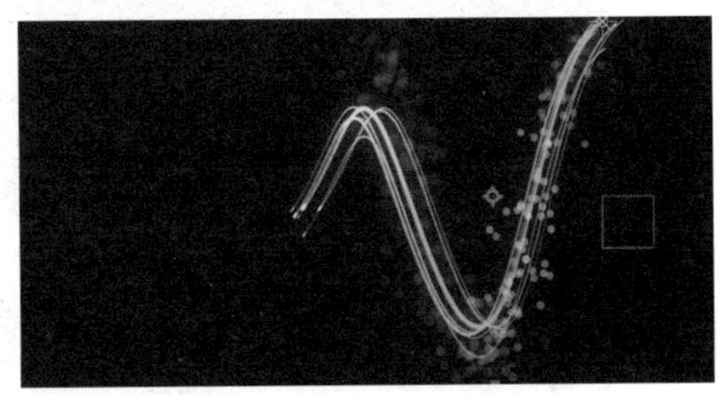

图 7-41　设置发光效果

7.4　合成

(1) 将“舞者 final”合成拖入至“光带”合成内，设置为 3D 图层，如图 7-42 所示。

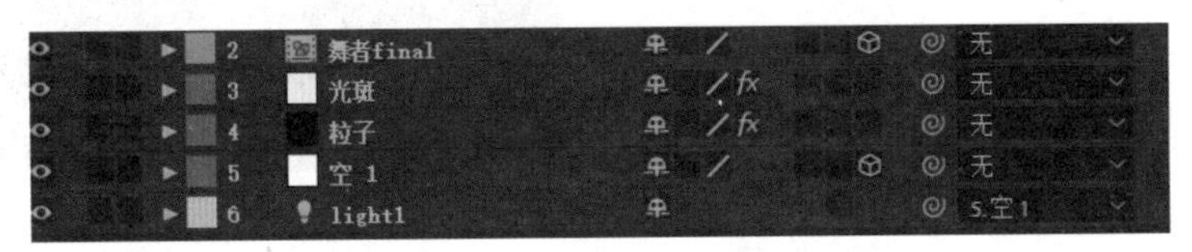

图 7-42　合成舞者和光带

(2) 添加摄像机，将摄像机调整到合适的角度，如图 7-43 所示。

(3) 设置灯光。拖动时间指示器，发现在不同的时间舞者是随着灯光的照射发生明暗的变化的，需要对灯光及照射对象进行设置。

选中舞者，打开材质选项，将其中的【接受照明】设置为【关】，则舞者不会受到灯光的影响，随着光带进入画面，舞者从模糊到清晰，翩翩起舞，如图 7-44 所示。

图 7-43　调整摄像机的角度

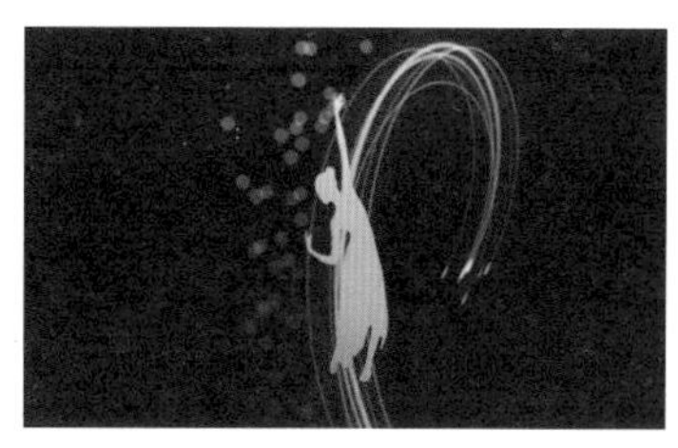

图 7-44 调整摄像机的角度

(4) 渲染合成。将合成“光带”进行渲染导出，如图 7-45 所示。

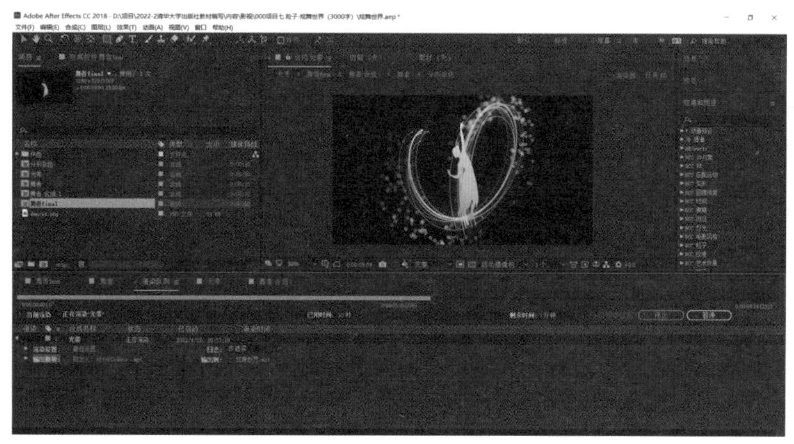

图 7-45 渲染合成

项目任务单

7.1 人物渐显动画

首先利用项目中的素材，制作出人物逐渐显示出来的动画效果。

1. 新建项目，导入素材

新建项目，保存为“炫舞世界”，新建合成，名称为“舞者”。

导入素材，将素材拖入至合成中。由于素材是纯黑色的，合成的背景是黑色的，所以整个【合成】面板显示是黑色的。单击【切换透明网格】按钮，将图片缩放为 50%。

2. 建立分形杂色图层

新建纯色图层，颜色为 #000000。

选中纯色图层“分形杂色”，选择【效果】|【杂色和颗粒】|【分形杂色】命令，添加效果。

3. 设置动画

为“演化”记录动画，0s 时为 0 圈，10s 时为 3 圈。

选中图层，绘制矩形蒙版，为蒙版路径记录动画，让“分形杂色”图层从下到上飘过“舞者”图层，按 F 键设置蒙版羽化值为 50。

4. 制作人物的渐显动画

使用蒙版的分形杂色效果，为人物制作渐显动画。

将“分形杂色”图层选中，按组合键 Ctrl+Shift+C 将其合成。关闭图层前的按钮，将其关闭显示。

为“舞者”图层添加【复合模糊】特效，右击并在弹出的快捷菜单中选择【效果】|【模糊与锐化】|【复合模糊】命令，将【模糊图层】设置为【分形杂色】，将【最大模糊】设置为 50。

5. 填充颜色

将“舞者”图层与“分形杂色”图层选中，按组合键 Ctrl+Shift+C 合并图层。合并后，为其填充颜色，右击并在弹出的快捷菜单中选择【效果】|【生成】|【四色渐变】命令。

将四种颜色进行调整，设置成较为靓丽的橙色和黄色。

项目记录：

____

____

____

____

____

____

7.2 木偶工具

题目中的素材是静止的，在视频中需要做出舞者的动作视频。

1. 设置操纵点

根据生活中的常识，当为木偶只设定一个操纵点时，移动操纵点的位置，则整个木偶都会随之移动；当设置多个操纵点时，操纵点之间会相互牵制，所以需要认真设置木偶的每一个节点。

舞者正面对着观众，舞蹈动作在设计时，高抬的左手向上打开，低处的右手向身体内部回转。使用操纵点工具，为舞者身体部位设置操纵点。

2. 设置动画

选中高举的手处的操纵点，将时间指示器设置在 4s 处，按住 Ctrl 键，将手臂轻轻抬起，在 7s 时手臂抬到最高。

选中低处右手的操纵点，将时间指示器设置在 4s 处，按住 Ctrl 键，在 4s ～ 7s 的时间段中，将手向右边移动一小段距离；选中低处手臂的肘关节操纵点，向右移动一小段距离。两个操纵点设置完成后，体现的是低处右手臂向身体方向回收的动作。

三个操纵点设置完毕后，按U键查看舞者图层的关键帧。

将在透明背景处的☑选中，这样图像将不会显示黑色的边缘。最后将舞者图层合并。

项目记录：

____

____

____

____

____

____

7.3 光带

(1) 新建合成组，命名为“光带”，新建点光，命名为light1。新建空对象。

(2) 设置父级图层。设置父级图层有两种方法，可以将light1图层的连接杆◎直接拖入到空对象图层上，也可以选中light1中父级的下拉菜单，选择空对象图层。

(3) 设置灯光的初始位置。选中light1，按P键，打开【位置】属性，将坐标设置为（0, 0, 0），即让灯光位于空对象的左上方。

此时，当空对象移动时，灯光也随之移动。

(4) 设置空对象的位置动画。将空对象的3D图层打开，为X轴设置动画：0s时，X轴坐标为-110，7s时为1335。

(5) 设置旋转动画。为空对象的【X轴旋转】设置动画：0s时为0圈，7s时为3圈。为light1位置的Y轴设置动画：0s时为0，7s时为-500。

此时，空对象在以X轴旋转三周的同时，light1也在Y轴上向外做扩散运动。

(6) 新建粒子。新建纯色图层，命名为“粒子”。添加Particular（粒子）特效。

将【发射器类型】设置为“灯光”。将灯光名称设置为light1。

这时可以看到粒子在随着灯光的运动轨迹在运动。

(7) 设置粒子的形状。打开【粒子】下的【粒子类型】，选择【条纹】选项。

将所有关于速度的值均设置为0，将发射器大小也设置为0，使粒子在一条线上。

将每秒钟发射的粒子数增加，使粒子成为一条实线而不是虚线。

回到【粒子】折叠菜单，将【大小】设置为65，即粒子横截面的大小。设置粒子的【条纹】选项：将【条纹数量】降低，【条纹大小】降低，【随机种子】设置为0。

(8) 设置粒子的颜色。将【设置颜色】设置为【生命期】，设置生命期颜色为黄色和蓝色。

(9) 设置粒子的透明度。设置粒子整体的透明度为60，为了让粒子的层次更加鲜明，将生命期不透明度进行设置，则粒子有了层次感。

(10) 此时可以拖动时间指示器，观察粒子的运动轨迹，如果粒子存在的时间太短，可以调整粒子的生命值。

(11) 新建光斑。新建纯色图层，命名为“光斑”，添加 Particular 特效。单击 Designer 按钮，打开粒子预设面板。

单击按钮，展开预置特效中的 Single System Presets（单个系统预设），找到 Basics 下的 Pastel Dots 特效，并在右侧的颜色设置面板中将其颜色进行修改，单击 Apply 按钮对粒子进行特效的应用。

(12) 设置光斑。同样对光斑的类型进行设置。

设置【发射器类型】为【灯光】，设置【灯光名称】为 light1。

调整粒子的属性值：将【发射器大小】设置为 100，【粒子大小】设置为 10。

设置整体透明度为 60，单击 Randomize 按钮，让每个粒子有闪烁的效果，设置生命期不透明度。

将速度及发射器大小进行设置。

(13) 优化粒子。将发射器中的【位置子帧】属性设置为 10x 线性，这样粒子的运动轨迹会变得平滑，不会出现折线的效果。

光带现在的颜色比较暗淡，为光带添加【风格化】|【发光】效果。

项目记录：

7.4 合成

(1) 将“舞者 final”合成拖入至“光带”合成内，设置为 3D 图层。

(2) 添加摄像机，将摄像机调整到合适的角度。

(3) 设置灯光。拖动时间指示器，发现在不同的时间舞者是随着灯光的照射发生明暗的变化的，需要对灯光及照射对象进行设置。

选中舞者，打开材质选项，将其中的【接受照明】设置为【关】，则舞者不会受到灯光的影响，随着光带进入画面，舞者从模糊到清晰，翩翩起舞。

(4) 渲染合成。将合成“光带”进行渲染导出。

项目记录：

____

____

____

____

____

____

课后习题

一、单项选择题

1. 如图 7-46 所示，使对象按照从下到上的顺序，从模糊到逐渐清晰显示的操作步骤，可以使用以下哪种方法？（　　）

A. 新建纯色图层→添加模糊特效→设置蒙版→为蒙版路径制作从下到上逐渐消失的动画→合并模糊图层→为人物添加复合模糊特效→设置模糊图层

B. 新建纯色图层→添加模糊特效→设置蒙版→为蒙版路径制作从下到上逐渐消失的动画→为人物添加复合模糊特效→设置模糊图层

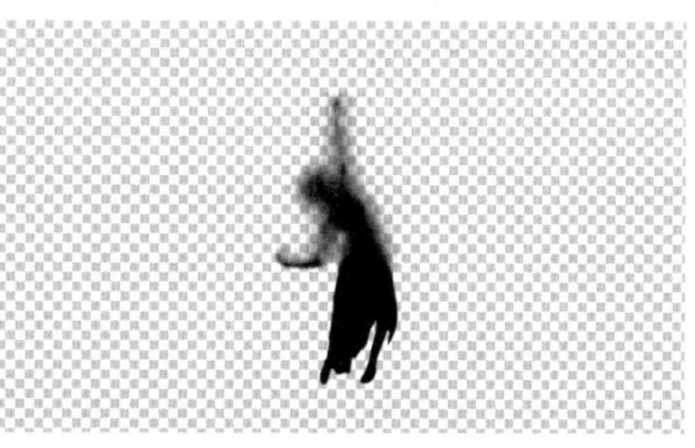

图 7-46　蒙版效果

C. 新建纯色图层→添加模糊特效→设置蒙版→为蒙版路径制作从上到下逐渐消失的动画→合并模糊图层→为人物添加复合模糊特效→设置模糊图层

D. 新建纯色图层→添加模糊特效→设置蒙版→为蒙版路径制作从上到下逐渐显示的动画→合并模糊图层→为人物添加复合模糊特效→设置模糊图层

2. 以下关于木偶工具说法正确的是（　　）。

A. 为对象应用木偶工具时，对象背景应该是透明的（图片带 Alpha 通道）

B. 木偶工具可以使对象的动作发生变化，但是不可以制作动画

C. 在为人物应用木偶工具时，如果让人物的整条手臂抬起，只需要制定人物的肩膀处和手处两个操纵点即可

D. 木偶工具在使用时，容易发生部位的变形，所以木偶工具有很多缺陷

3. 在木偶工具中，为某个操纵点制作动画时，需要选中该操纵点按（　　）键进行制作。

A. Alt　　B. Shift　　C. Ctrl　　D. Esc

4. 以下关于粒子的说法中，错误的是（　　）。

A. 粒子在运动中不是一成不变的，可以在其生命期调整透明度、大小、颜色等

B. 在设置粒子的发射器时，发射器类型可以是点、盒子、球体等，不可以是灯光，灯光只是起到一个照明的作用

C. 粒子在运动中可以调整闪烁的效果

D. 粒子存在的时间也是可以调整的

5. 设置 Particular 的正确说法为（　　）。

A. 选择任意一个图层，添加 Particular 特效即可

B. 新建纯色图层，添加 Particular 特效

C. 为做好的合成应用 Particular 特效

D. 设置 Particular 特效后，只能在时间轴中看到粒子从出生开始的运动轨迹，而不能从某个特定的时间开始

二、实际操作题

本项目中的粒子特效和木偶工具可以做出神奇的效果。在很多大型的演出中，需要电子屏幕中的视频做背景，虽然是背景，但是在很多特定的节目中会产生点缀甚至升华舞台节目的作用。后期特效中的粒子效果在很多时候充当着这样的角色；木偶工具的使用，可以使原本静止的含 Alpha 通道的图片动起来，做成动画视频，而木偶工具的使用还能让动画惟妙惟肖。

尝试使用粒子特效或者木偶工具制作出某所中学开学典礼上的视频片头，要求符合中学生的心理特点，有粒子的开场效果。

参考答案：1.A　2.A　3.C　4.B　5.B

项目8 跟踪与稳定

项目导读：

DaVinci Resolve 是一款功能强大的视频编辑软件，是一款在同一个软件工具中，将剪辑、调色、视觉特效、动态图形和音频后期制作融于一身的解决方案。它采用美观新颖的界面设计，易学易用，能让新手用户快速上手操作，还能提供专业人士需要的强大性能。有了 DaVinci Resolve，用户不需要在多款软件之间切换来完成不同的任务，从而以更快的速度制作出更优质的作品。这意味着在制作全程都可以使用摄影机原始画质影像。

8.1 DaVinci Resolve软件概述

DaVinci Resolve，其中文名称为达芬奇，由多个不同的“页面”组成，每个页面分别针对特定的任务提供专门的工作区和工具集。剪辑工作可以在快编和剪辑页面完成，视觉特效和动态图形可以在 Fusion 页面完成，调色处理可以在调色页面完成，而音频处理则可以在 Fairlight 页面完成，最后交付页面负责所有媒体管理和输出。只要轻轻一点，就能在多种任务之间迅速切换，如图 8-1 所示。

完全内置的 Fusion 视觉特效和动态图形，拥有强大的全新 Fairlight 音频工具。Fusion 页面含有完整的 3D 工作区，以及 250 多种用于合成、矢量绘图、抠像、动态遮罩、文字动画、跟踪、稳定、粒子等专业工具。拥有最新的 Apple Metal 和 CUDA GPU 处理技术，Fusion 页面运行速度大幅提升。

Fairlight 音频得到了很大更新，包括全新自动对白替换工具、音频正常化、3D 声像移位器、视音频滚动条、音响素材数据库，以及混响、嗡嗡声移除、人声通道和齿音消除等内置跨平台插件。共有数十种剪辑师和调色师期待已久的新功能和性能提升，其中包括新设的 LUT 浏览器、共享调色、多个播放头、Super Scale HD 到 8K 分辨率提升、堆放多个时间线、屏幕注释、字幕与隐藏式字幕工具、更好的键盘自定义、新增标题模板等功能。

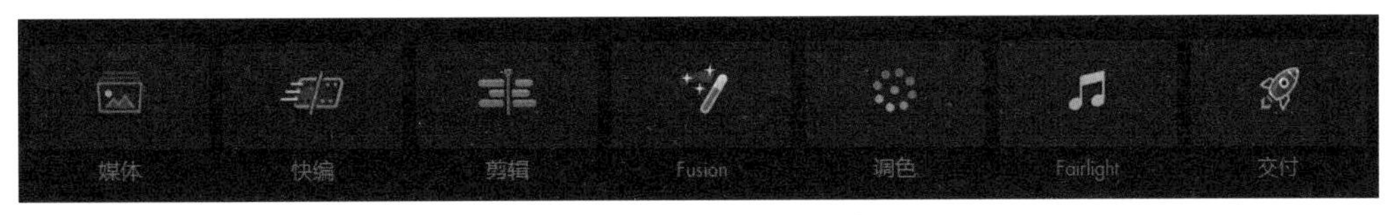

图 8-1　DaVinci Resolve 软件界面

1. 快编——让剪辑师快速交付成品

快编页面非常适合用于制作交付日期紧张的项目。同时，它也是制作纪录片类题材的理想之选。快编页面采用简洁界面设计，以提高效率为设计重点，便于新用户快速上手使用。该页面拥有源磁带、双时间线、快速审片、智能剪辑工具等功能，能帮助用户在更短的时间内完成工作。同步媒体夹和源媒体覆盖工具是多机位项目剪辑的好帮手，能让用户快速创建精准同步的切出画面。快编页面上的一切设计都具备实际功能，每一次单击都能执行一项任务，节省大量用于寻找各项命令的时间，让用户专注于剪辑和创作本身。该界面采用可缩放设计，因此还是便携式剪辑的理想方案。

2. 剪辑——快速先进的专业非编软件

软件包含专业剪辑师剪辑电影大片、电视节目和广告所需的所有工具，是离线剪辑和精编的理想选择。高性能回放引擎让剪辑和修剪工作效率倍增，甚至对处理器要求极高的 H.264 和 RAW 格式也不在话下。

1）创意剪辑

熟悉的多轨道时间线、数十种剪辑风格、精准修剪、自定义键盘、可堆放时间线等。

2）高级修剪

可根据光标位置自动切换模式的快速修剪工具、不对称修剪、动态修剪，可在回放时实时进行。

3）多机位剪辑

专业的多机位剪辑，设有实时 2、4、9、16 机位回放视图，回放同时快速进行画面剪辑。

4）速度特效

快速创建等速或变速更改，设有变速斜坡和可编辑速度曲线功能。

5）时间线曲线编辑器

使用检查器或集成时间线曲线编辑器设置各类参数或插件的动画并添加关键帧。

6）转场和特效

使用内置素材库快速添加转场和滤镜，使用 2D 或 3D 标题模板或添加第三方插件。

7）强大的组织工具

创建基于元数据的智能媒体夹，通过全新屏幕注释功能自动填写、添加标记等。

3. Fusion 特效——打造电影般的视觉特效和动态图形

Fusion 是一款专为视觉特效师和动态图形动画师设计的高级合成软件，如今在 DaVinci Resolve 内即可使用。用户无须切换软件应用程序就可以制作电影级视觉特效和精彩的广播级动态图形动画。

1）矢量绘图

独立分辨率绘图工具包括灵活的画笔风格、混合模式和笔画，用于删除或绘画新元素。

2）动态遮罩

使用贝塞尔曲线和 B 样条曲线工具在场景中将物体与其他元素隔离，从而快速绘制自定义形状并进行动画处理。

3）3D 粒子系统

创建 3D 旋涡、闪耀等精彩特效，以及重力、回避和反弹等物理和行为特效。

4）强大的抠像技术

利用全新 Delta 键控、极致键控、色度键控、亮度键控以及差值键控完成各种抠像操作，创造出最佳合成画面。

5）逼真的 3D 合成

通过强大的 3D 工作区将实景画面与 3D 模型、摄影机画面、灯光等元素进行合成，制作出令人叹为观止的逼真特效。

6）跟踪和稳定

使用 3D 和平面跟踪器来跟踪、匹配动作和稳定任何元素，将摄影机运动与摄影机跟踪器匹配。

7）2D 和 3D 标题

创建带凸出、反光和阴影等效果的精彩动画 2D 和 3D 标题。使用跟踪工具为每个字符完成动画效果。

8）样条线动画制作

使用线性、贝塞尔曲线和 B 样条曲线创作关键帧动画，获得循环、拉伸或挤压等效果。

4. 调色——备受好莱坞推崇的调色工具

DaVinci Resolve 在同类产品中脱颖而出，被广泛用于各类电影长片和电视节目的制作中。它拥有业界最为强大的一级和二级调色工具，先进的曲线编辑器，跟踪和稳定功能，降噪和颗粒工具，以及 ResolveFX 等。

1）传奇品质

荣获专利的 YRGB 色彩科学加上 32 位浮点图像处理技术，能为观众呈现独一无二的画面效果。

2）一级校色

传统的一级色轮配以 12 个先进的一级校色控制工具，能快速调整色温、色调、中间调等细节内容。

3）曲线编辑器

曲线可沿图像的亮部和暗部区域快速加工对比度，并为每个通道分设曲线和柔化裁切功能。

4）二级调色

使用 HSL 限定器、键控和基本或自定义动态遮罩形状来分离图像的不同部分并进行跟踪，从而有针对性地进行调整。

5）高动态范围（HDR）

兼容高动态范围和广泛的色彩空间格式，包括 Dolby Vision、HDR10+、Hybrid Log Gamma 等。

6）广泛的格式支持

DaVinci Resolve 能兼容几乎所有主流后期制作的文件类型和格式，甚至还支持来自其他软件的文件。

5. Fairlight 音频——为音频后期制作所设计的专业工具

内置 Fairlight 音频是一套完整的数字音频工作站，包含专业调音台、自动化工具、技术监看、监听、精确到采样级别的编辑、新增 ADR 自动对白替换工具、音响素材数据库、原生音频插件等。用户甚至可以完成混音并制作多格式母版，包括 5.1、7.1 甚至 22.2 声道 3D 立体声格式。

1）混音

专业级混音器，配备输入选择、特效、插入、均衡器和动态图文、输出选择、辅助、声像、主混音和子混音等。

2）均衡和动态处理

每条轨道均可获得实时 6 频段均衡功能，以及扩展器 / 门控、压缩器和限制器的动态处理。

3）编辑和自动化

编辑 192kHz 的 24bit 片段，使用自动化功能调整淡入淡出、电平等元素，精度直达单独音频采样级别。

4）插件特效

使用全新原生跨平台插件、VST 插件或 Mac OS X Audio Units，每个轨道能实时处理多达 6 个插件。

5）母版制作

能完成从单声道到立体声、5.1、7.1 甚至 22.2 声道在内的内容交付，获得全方位 3D 立体声声像调节。

6. 媒体与交付——广泛的格式支持，精编和母版制作

有了软件，文件导入、同步和素材管理更加快速。不论您的内容是用于网络发布、磁带灌录还是院线发行，DaVinci Resolve 都能提供您需要的一切功能，以任何格式完成项目交付。它能实现更高效的工作流程，快速输出文件，让用户始终按时完成任务。

1）导入素材

使用媒体页面导入素材，进行音频同步并为剪辑环节做好准备。只要简单地拖放操作，就可以将文件从存储盘移动到媒体夹，甚至是时间线上。

2）整理片段

创建普通智能媒体夹或者带有元数据的智能媒体夹来管理片段。用户可以自定义列表视图，获得多个媒体夹窗口等。

3）元数据

使用内嵌的元数据，或者自行添加元数据来管理和同步各个片段，获得更改显示名称、检测多机位角度的起止位置等功能。

4）交付选项

输出到网络，在其他软件之间交互回批项目，甚至创建数字电影数据包用于影院发行。

5）渲染队列

快速将多个作业添加到渲染队列进行批量处理，甚至还可以将项目输出到其他工作站。

6）广泛的格式支持

DaVinci Resolve 能原生兼容几乎所有主流后期制作的文件类型和格式，甚至还支持来自其他软件的文件。

DaVinci Resolve 彻底颠覆了后期制作工作流程。当助理剪辑师帮助整理素材时，剪辑师可以进行画面剪辑，调色师可以为镜头调色，特效师可以处理视觉特效，声音剪辑师可以进行混音和音频精修，同一个项目的各个环节均可同时进行。这意味着剪辑师、视觉特效师、调色师和声音剪辑师的工作可以平行展开，从而将更多的时间留给作品创意。

DaVinci Resolve 是从事影视节目制作高端专业人士的得力助手，它的出色品质和创意工具有口皆碑，它的强大性能也是业界有目共睹的。有了 DaVinci Resolve，用户就能拥有专业调色师、剪辑师、视效师、音响师所使用的同款制作工具，为用户喜爱的电影和网络视频或电视节目提升制作水准。

8.2 云跟踪

谈到 DaVinci Resolve 的跟踪与稳定功能，软件提供了多种跟踪模式，其中包括云跟踪、点跟踪和 Fusion 里面的 Tracker 跟踪等。该软件的跟踪效果非常好，运算速度也非常快，稳定功能的操作更是简单快捷且有效。

1. 新建时间线

首先打开软件，在媒体夹位置右击，在弹出的快捷菜单中选择【时间线】|【新建时间线】命令，如图 8-2 所示。在弹出的对话框中单击【使用自定义设置】按钮，如图 8-3 所示。设置相应的分辨率、帧速率等参数，单击【创建】按钮，如图 8-4 所示。

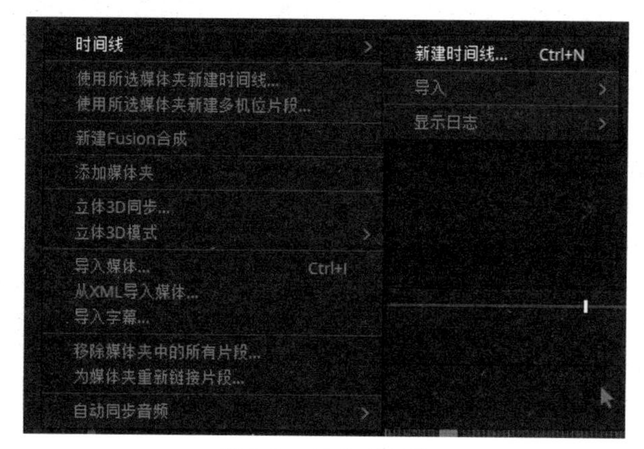

图 8-2 新建时间线

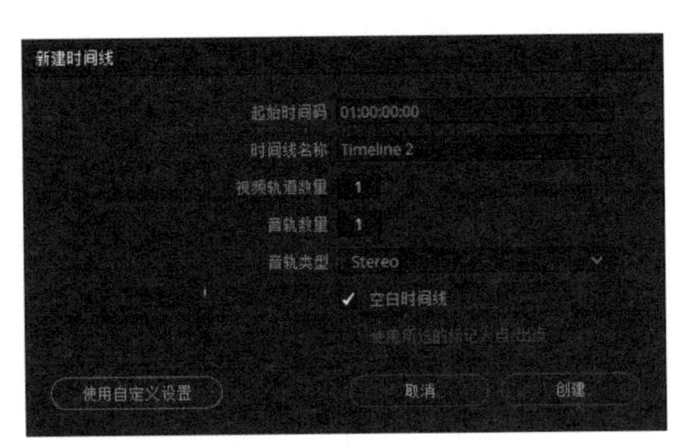

图 8-3　使用自定义设置

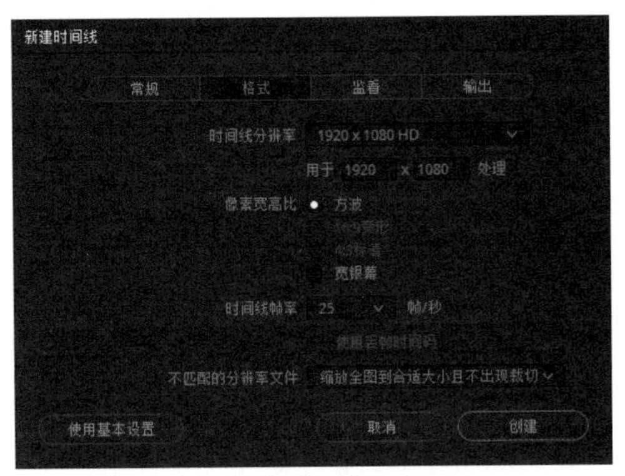

图 8-4　设置分辨率和帧速率

2. 导入媒体文件

在媒体夹右击，在弹出的快捷菜单中选择【导入媒体】命令，如图 8-5 所示，弹出【导入媒体】对话框，选择要导入的影片素材，单击【打开】按钮就可以将需要剪辑的影片素材导入到软件中了，如图 8-6 所示。或者使用拖曳的方式从文件夹中将影片素材拖入媒体夹位置，那么影片素材就导入到软件的媒体夹里了，如图 8-7 所示。

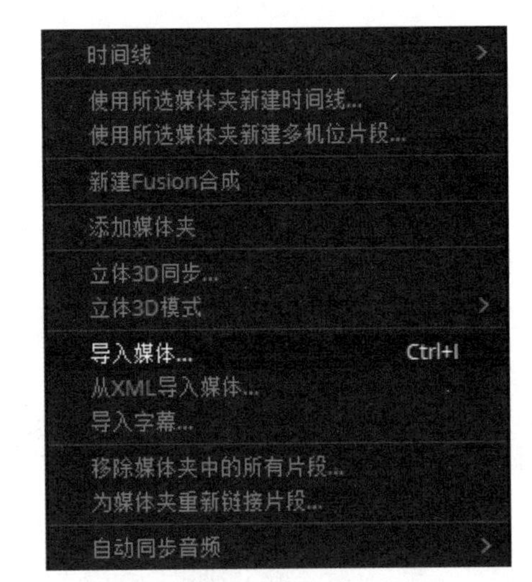

图 8-5　导入媒体

图 8-6　媒体存储所在位置

3. 添加串行节点

选择一段需要做跟踪的视频素材将其拖入到时间线上，如图 8-8 所示，单击【调色】按钮进入调色操作界面，如图 8-9 所示。选中素材节点，如图 8-10 所示，首先对素材进行一些调色的操作，如图 8-11 所示。右击素材节点，在弹出的快捷菜单中选择【添加串行节点】命令，或者使用组合键 Alt+S 添加串行节点，如图 8-12 所示。

图 8-7 媒体夹

图 8-8 素材拖入到时间线上

图 8-9 调色操作界面

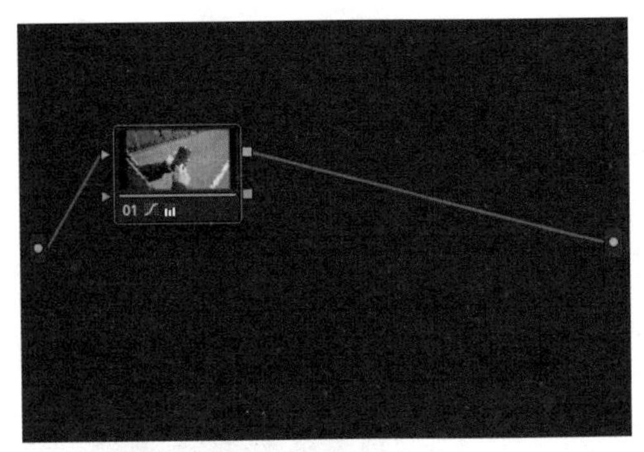

图 8-10　选中调色节点

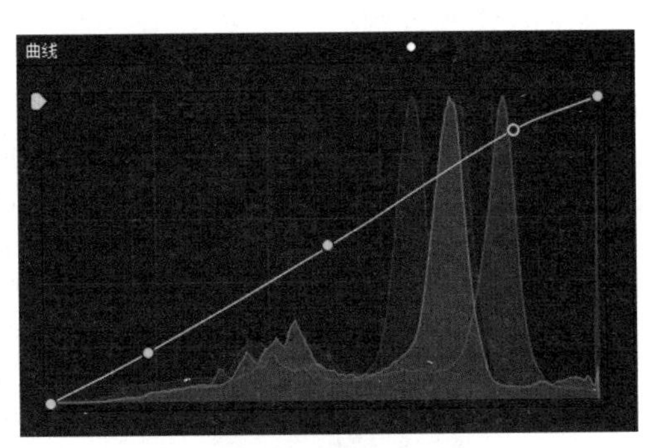

图 8-11　调色操作

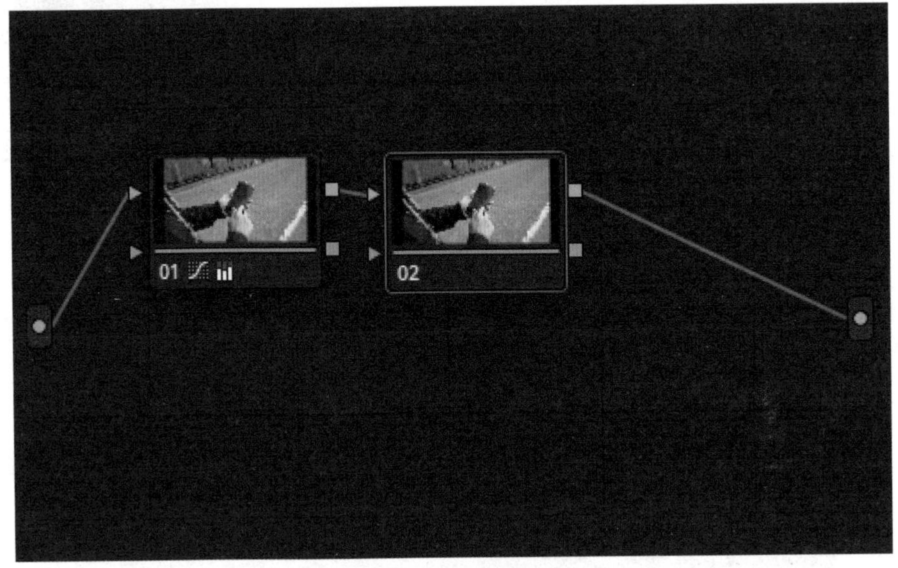

图 8-12　添加串行节点

4. 绘制遮罩

选中新生成的节点后，单击【窗口】按钮进入遮罩面板，如图 8-13 所示。使用圆形遮罩工具绘制遮罩，并调整方向与画面内手机方向一致，如图 8-14~ 图 8-16 所示。

图 8-13　遮罩面板

图 8-14　选择圆形遮罩工具

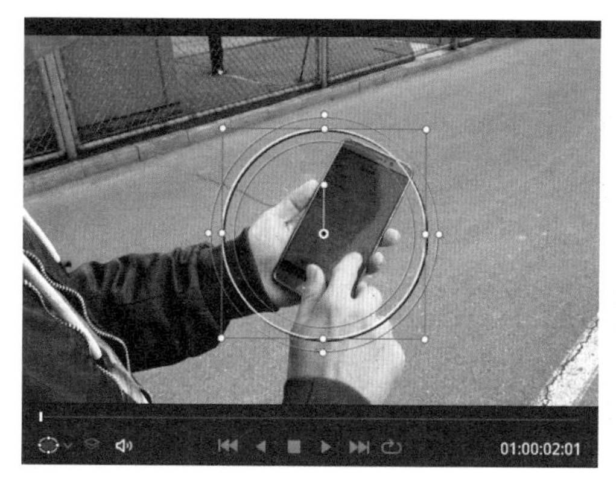

图 8-15 绘制圆形遮罩

图 8-16 调整遮罩与手机方向一致

5. 云跟踪计算

单击【跟踪器】按钮，如图 8-17 所示，单击【正向跟踪】按钮，软件自动完成画面的跟踪，得到的画面如图 8-18~ 图 8-20 所示。遮罩中一堆白色小加号就是特征点，如图 8-21 所示，这些特征点是软件根据画面的特点自己算出来的，像云团一样，所以叫作云跟踪。它的跟踪效果非常好，可以对平移、竖移、缩放、旋转以及 3D 透视这五个属性都进行跟踪处理。

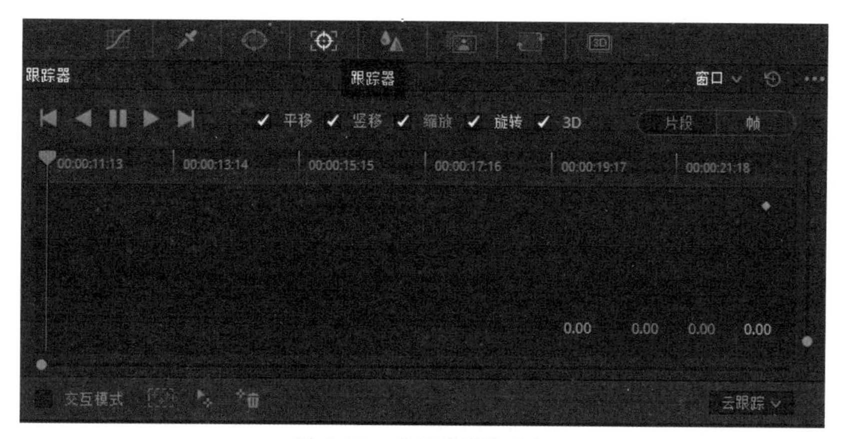

图 8-17 【跟踪器】面板

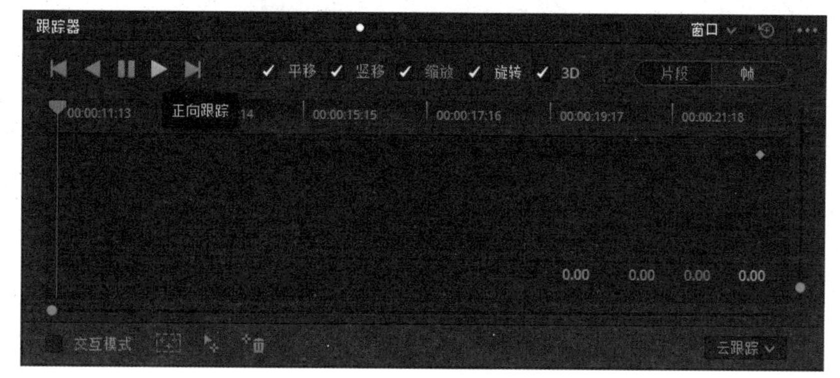

图 8-18 单击【正向跟踪】按钮时的界面

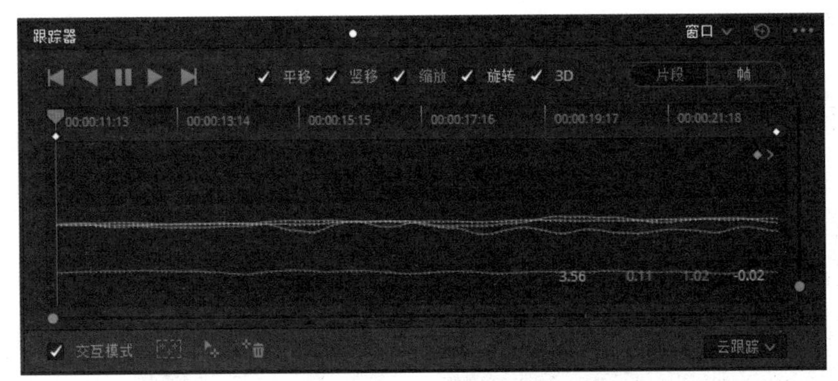

图 8-19　跟踪操作后关键帧

图 8-20　完成跟踪画面

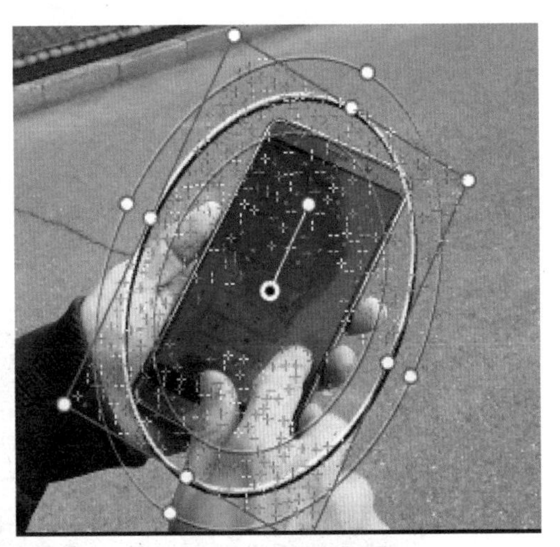

图 8-21　云跟踪特征点

8.3　点跟踪

1. 清除跟踪点

单击【跟踪器】面板右上角返回箭头可以清除所有跟踪点，如图 8-22 所示。

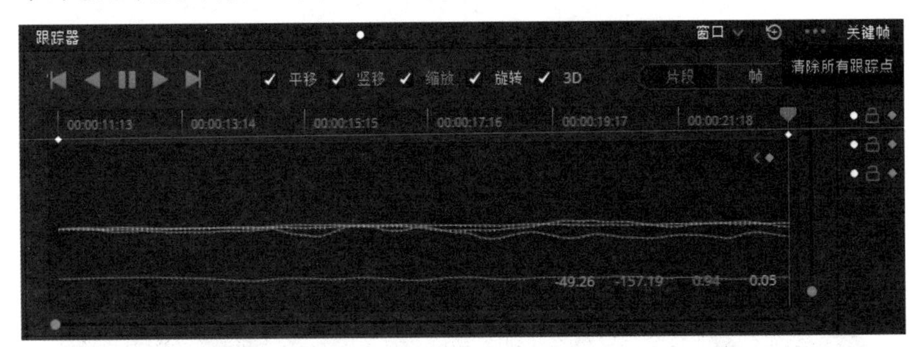

图 8-22　清除跟踪点

2. 添加跟踪点

单击跟踪面板右下角，选择【点跟踪】选项，如图 8-23 所示，再单击【正向跟踪】按钮，软件会提示我们没有可以跟踪的实时特征，如图 8-24 所示，那么也就是说点跟踪需要我们自己设置跟踪点。单击左下角的箭头添加跟踪点，如图 8-25 所示，单击后画面中出现一个蓝色的加号，这就是创建出的特征点，如图 8-26 所示。

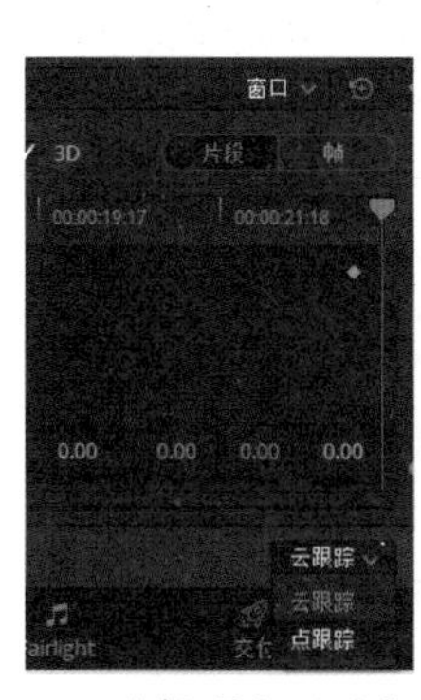

图 8-23 选择【点跟踪】选项

图 8-24 软件提示没有可以跟踪的实时特征

图 8-25 添加跟踪点

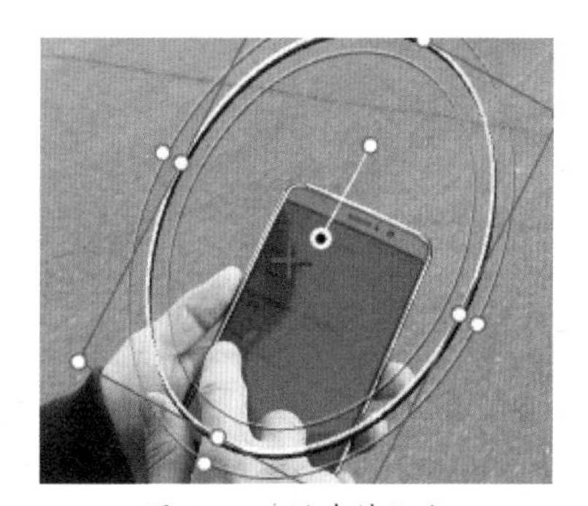

图 8-26 创建特征点

3. 调整跟踪点位置

选中这个特征点，把它移动到画面中手机的前置摄像头位置，如图 8-27 所示，然后开始进行点跟踪，如图 8-28 所示。我们会看到椭圆遮罩已经很好地跟随手机移动了，这时就可以对这个节点进行其他的效果操作，如图 8-29 所示。

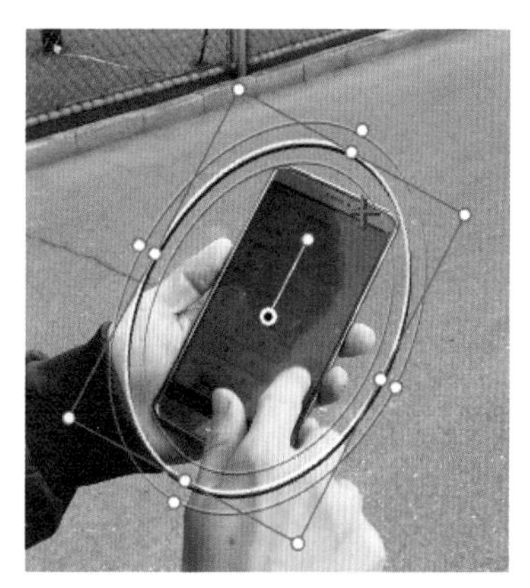

图 8-27 移动跟踪点

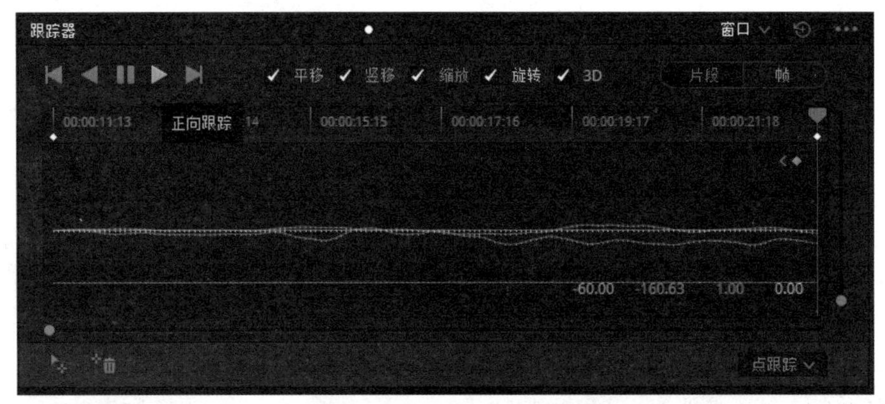

图 8-28　进行正向跟踪

图 8-29　完成点跟踪运算

通过比较我们会发现云跟踪和点跟踪有一定的区别，云跟踪会根据被跟踪画面中物体的特征自动算出特征点，跟踪的遮罩会根据物体的大小、旋转、透视等变化发生相应的改变。而点跟踪只是横向和竖向移动属性的跟踪，并不能对其他属性的变化做出相应的跟踪变化。

同时，我们还可以看出点跟踪和云跟踪比较起来稍微有一些缺陷。第一，点跟踪的过程中不能有物体遮挡被跟踪画面特征点，不然跟踪点会丢失跟错。第二，点跟踪不具备 3D 透视属性的跟踪能力，但是它方便于一些特效的跟踪操作。

8.4 云跟踪与OpenFX结合使用

1. 导入视频素材添加串行节点

打开 DaVinci Resolve 软件，新建时间线，设定好视频的分辨率和帧速率。导入视频素材，将需要做马赛克的视频片段拖曳到时间线上，如图 8-30 所示。单击【调色】按钮进入调色面板并进行基本的调色操作，如图 8-31 所示。在视频节点上右击，在弹出的快捷菜单中选择【添加串行节点】命令或者按组合键 Alt+S 添加串行节点，如图 8-32 所示。

图 8-30 在时间线上添加素材

图 8-31 完成一级色调调色

图 8-32 添加串行节点

2. 在人脸位置添加遮罩

单击【窗口】面板，添加圆形遮罩，如图 8-33 所示。调整圆形遮罩的长、宽，使圆形遮罩成为椭圆形，并做适当地旋转以适应人脸的角度，如图 8-34 所示。

图 8-33 添加圆形遮罩

图 8-34 调整圆形遮罩位置

3. 使用云跟踪运算

单击【跟踪器】面板，使用云跟踪，单击【正向跟踪】按钮，软件开始跟踪计算，如图 8-35 所示。我们能看到随着人物的走动，遮罩的形状、大小、角度等都会随着发生变化，如图 8-36 所示。这就是云跟踪的强大优势。

图 8-35　开始云跟踪计算

图 8-36　完成云跟踪计算

4. 使用 ResolveFX 模糊添加马赛克模糊效果

接下来我们要对做好跟踪的节点添加马赛克模糊效果。找到 OpenFX 面板中的 ResolveFX 模糊，如图 8-37 所示。将【马赛克模糊】拖动到做好跟踪的节点上，如图 8-38 所示。调整模糊面板中的【像素频率】和【平滑强度】参数，得到满意的效果，如图 8-39 所示。单击【播放】按钮，我们能看到视频画面中的人物面部被打上了马赛克模糊效果，如图 8-40 所示。

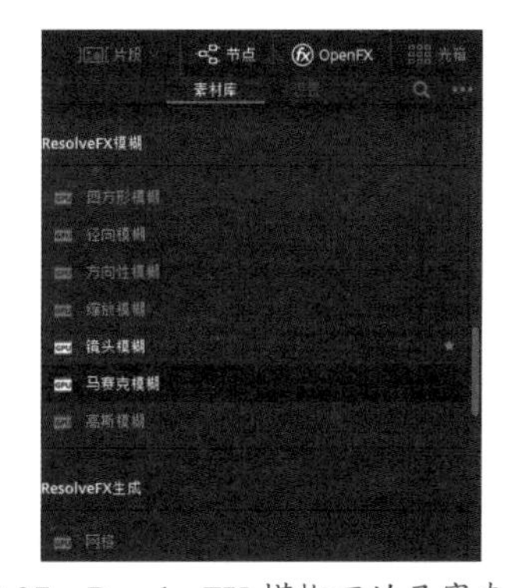

图 8-37　ResolveFX 模糊下的马赛克模糊

图 8-38　将【马赛克模糊】拖到节点上

图 8-39　调整马赛克模糊参数

图 8-40　最终完成马赛克模糊效果

8.5　Fusion界面中的Tracker跟踪

Fusion 界面里的跟踪是一种稍微复杂的跟踪操作，能实现一些画面的跟踪和替换的效果。如 PlanarTracker（面跟踪），可以选择跟踪的方式和运动类型等，使得跟踪计算时间更合理、计算更精准。下面我们通过一个案例来说明。

1. 导入素材

首先打开 DaVinci Resolve 软件，完成创建项目和创建时间线的操作，将素材文件拖入时间线，如图 8-41 所示。

图 8-41　将视频素材导入到时间线上

2. 进入 Fusion 界面

单击 Fusion 按钮进入 Fusion 界面，如图 8-42 所示，我们会看到 Fusion 界面下的操作完全是节点式的，这个 Medialn1 就是我们刚才导入的素材文件，我们需要对画面中的樱桃进行跟踪操作，并添加一个标注性质的图片。

图 8-42　进入 Fusion 界面

3. 添加 PlanarTracker 节点

在 Fusion 面板中按 Ctrl+ 空格键或者鼠标右击，在弹出的快捷菜单中选择 AddTool（添加工具）命令，如图 8-43 所示。如果按 Ctrl+ 空格键，会弹出对话框，输入 Pla 就会找到 PlanarTracker 工具，如图 8-44 所示。如果使用右键选择 AddTool（添加工具）命令，会看到 Tracking 项目下有 PlanarTracker 按钮，这两种方式的结果是一样的。单击该按钮后会出现一个 PlanarTracker 节点，如图 8-45 所示。

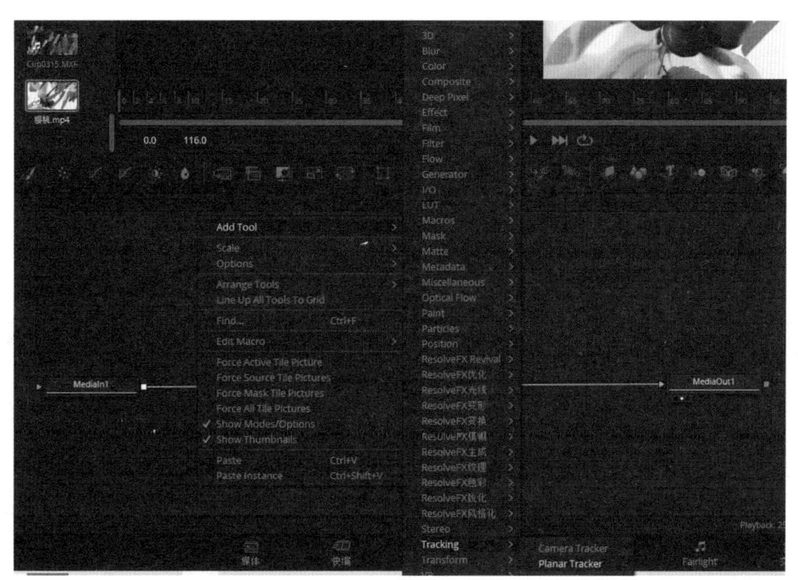

图 8-43　右击选择添加工具

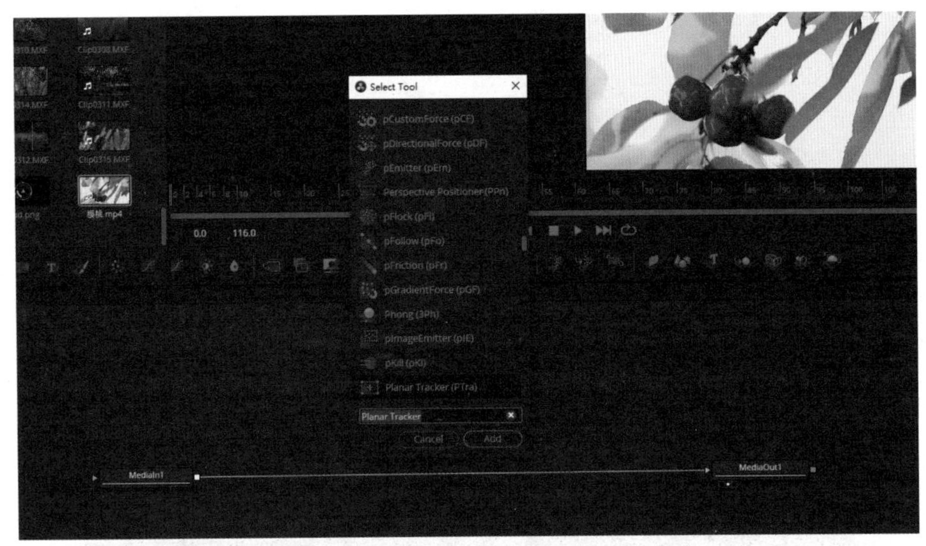

图 8-44　按 Ctrl+ 空格键添加工具

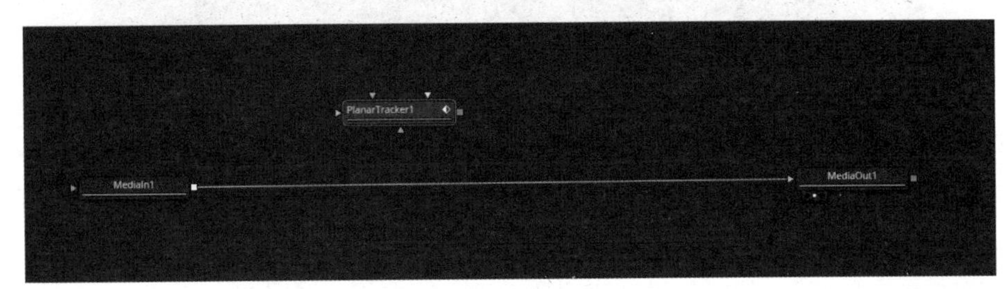

图 8-45　添加 PlanarTracker 节点

4. 进行跟踪操作

连接 Medialn1 和 PlanarTracker 1 节点，如图 8-46 所示，在右侧的 Tracker 面板里选择 Point（点跟踪）方式，或者是 Hybrid Point/Area（区域内像素跟踪）方式，如图 8-47 所示。Motion Type（运动类型）中包含 Translation（平移）、Translation，Rotation（平移，旋转）、Translation，Rotation，Scale（平移，旋转，缩放）、Affine（TRS+shear）（扭曲变换）、Perspective（透视）5 种类型，如图 8-48 所示。根据视频素材和我们想要的效果，跟踪方式选择 Hybrid Point/Area（区域内像素跟踪），Motion Type（运动类型）选择 Translation（平移）就可以，如图 8-49 所示。

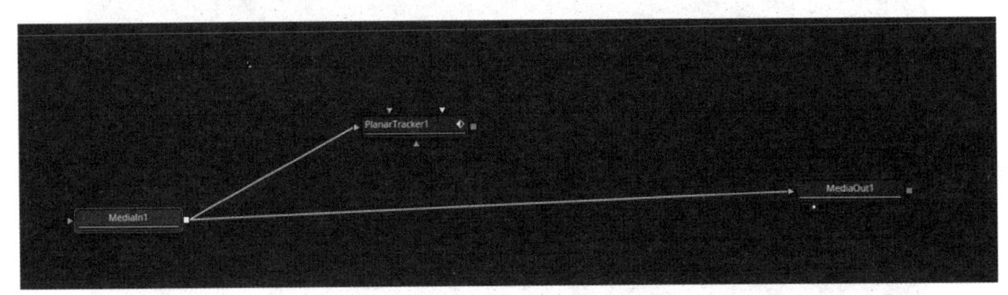

图 8-46　连接 Medialn1 和 PlanarTracker 1 节点

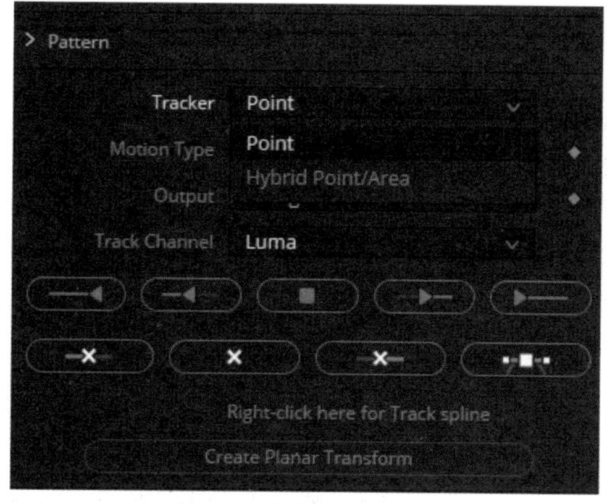

图 8-47 选择跟踪方式

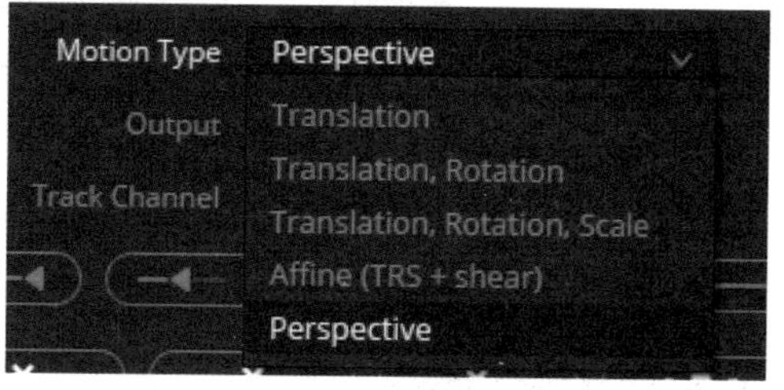

图 8-48 选择运动类型

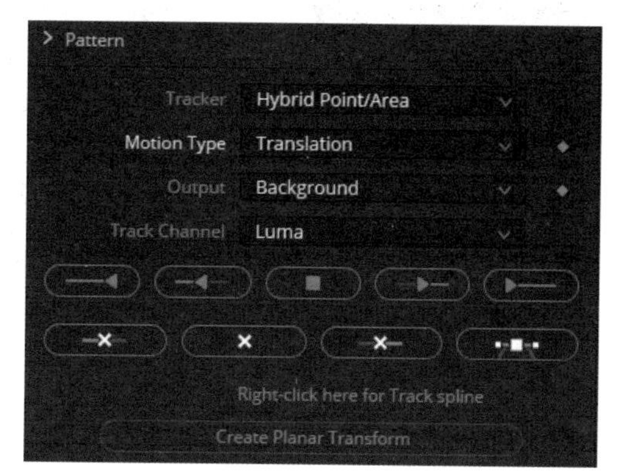

图 8-49 设置相应的参数

鼠标移动到画面中，单击选中跟踪区域，如图 8-50 所示。然后单击右侧的 Set 按钮，如图 8-51 所示，Set 按钮的作用是设置参考帧，意思是将当前帧作为参考帧可以向前或向后进行跟踪运算，比如我们可以先单击下面的按钮，进行向后的跟踪运算，再单击 Go 按钮回到刚才设置的参考帧，单击按钮进行向前的跟踪运算。进行完跟踪运算我们会看到时间线上多了很多关键帧，如图 8-52 所示。跟踪区域中绿色的线就是软件自动计算出特征点的运动轨迹，如图 8-53 所示。

图 8-50 选中跟踪区域

图 8-51　设置参考帧

图 8-52　进行跟踪运算

图 8-53　软件自动算出的运动轨迹

5. 添加图片素材绑定跟踪效果

接下来我们要将媒体池中的 HUD 素材图片拖进 Fusion 操作面板，Medialn2 就是我们刚才拖进来的图片素材文件，如图 8-54 所示。单击按钮添加 Merge1 节点，如图 8-55 所示。按住 Shift 键移动 Merge1 节点到连线上，如图 8-56 所示，再将 Medialn2 节点和 Merge1 节点连接上，如图 8-57 所示。这时候画面中就能看到添加进来的图片文件了，如图 8-58 所示。

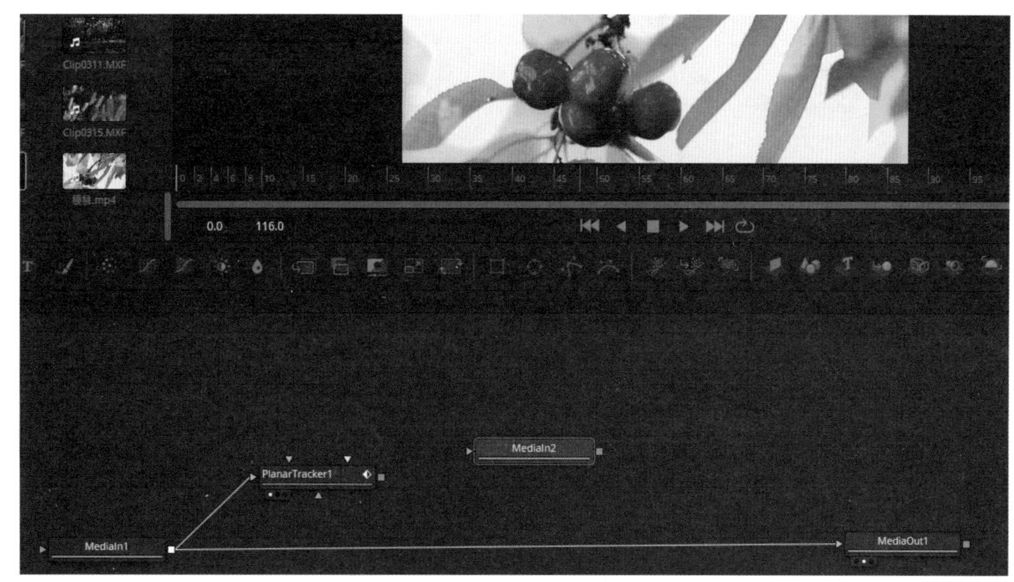

图 8-54 拖入图片素材文件

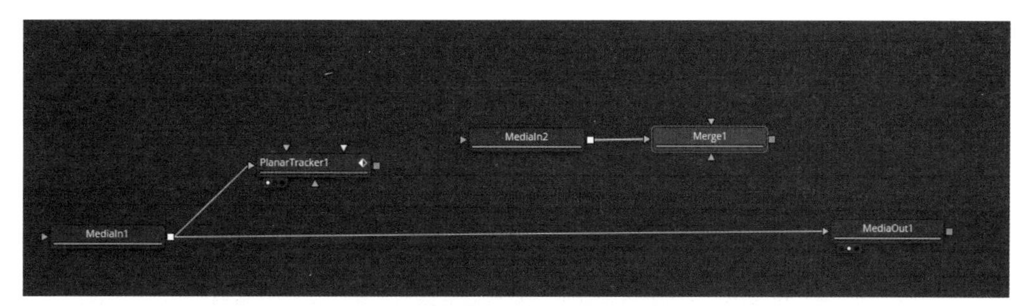

图 8-55 添加 Merge1 节点

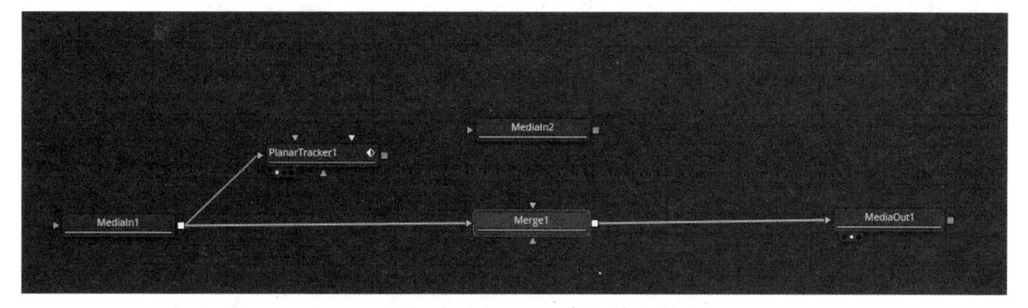

图 8-56 移动 Merge1 节点到连线上

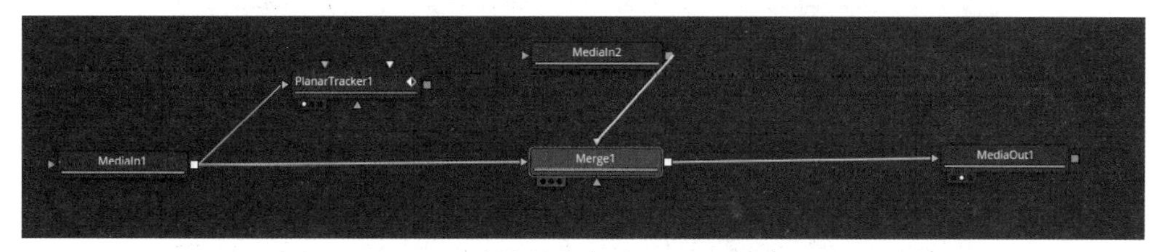

图 8-57 连接图片素材和 Merge1 节点

图 8-58　画面中看到的图片素材

选择 Medialn2 节点，单击▣按钮添加 Transform 节点，如图 8-59 所示。通过 Transform 节点可以调整 Medialn2 节点素材的位置、大小、旋转角度、宽高比例等参数，如图 8-60 所示。我们将图片大小调整合适后移动到其中一个樱桃上，如图 8-61 所示。回到之前的 PlanarTracker 节点，单击 Create Planar Transform 按钮，如图 8-62 所示，会生成一个 Planar Transform 节点，如图 8-63 所示，这个节点会带有刚才跟踪运算的信息，将 Planar Transform 节点添加到 Transform 节点和 Merge 节点之间，如图 8-64 所示，再单击【播放】按钮会看到 HUD 图片和樱桃的运动绑定了，随着樱桃的晃动跟着晃动，如图 8-65 所示。

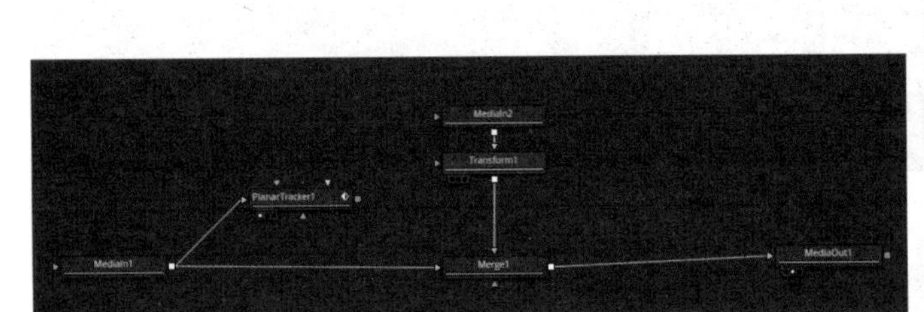

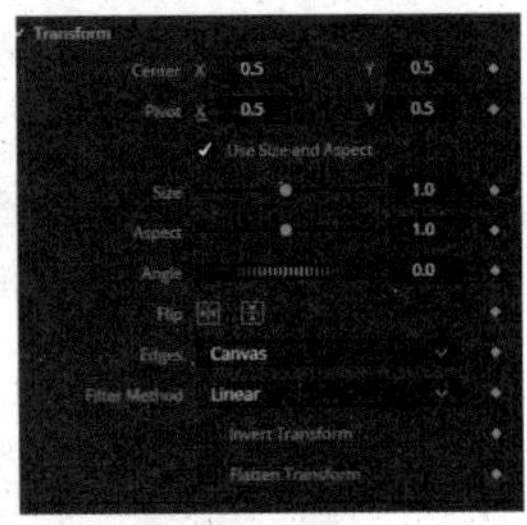

图 8-59　添加 Transform 节点　　　　图 8-60　Transform 节点下调整参数

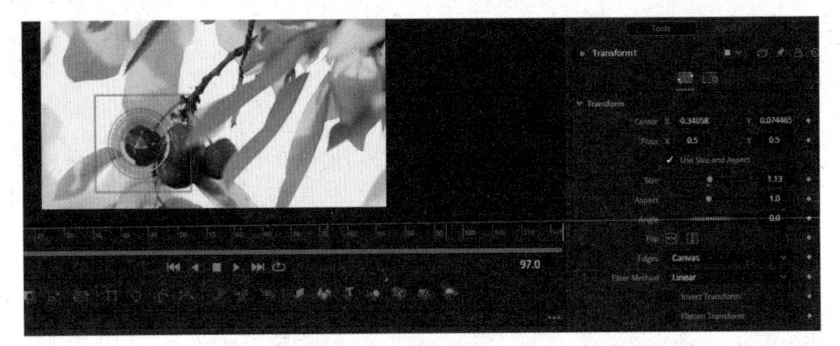

图 8-61　调整图片素材到画面中的位置

图 8-62　　单击 Create Planar Transform 按钮

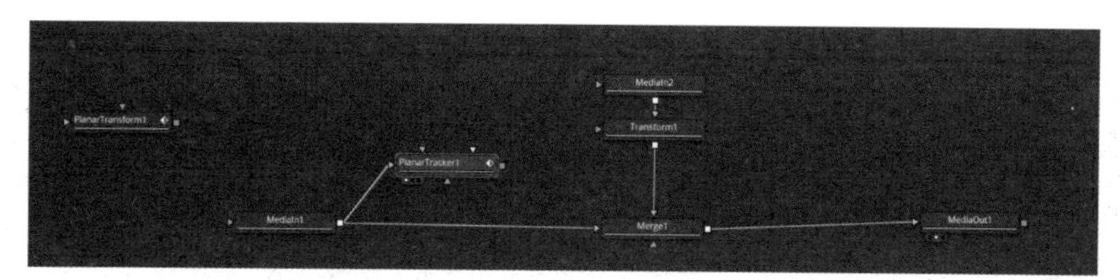

图 8-63 生成 Planar Transform 节点

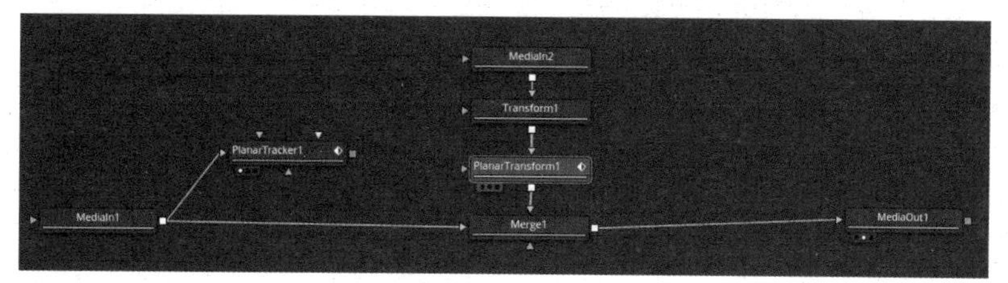

图 8-64 连接 Planar Transform 节点

图 8-65 图片素材跟随运动

8.6 稳定器的使用

1. 导入需要稳定操作的素材

DaVinci Resolve 软件的稳定功能操作非常简单而且运算速度非常快。稳定的作用是为了弥补我们在拍摄时由于没有使用三脚架导致所拍摄到的视频画面晃动等问题，我们先将素材文件导入到时间线上，如图 8-66 所示。进入【调色】面板进行简单的一级调色，如图 8-67 所示。

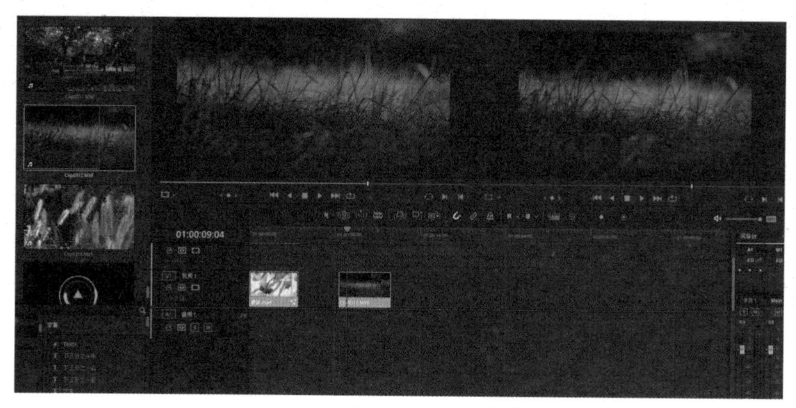

图 8-66 导入素材到时间线上

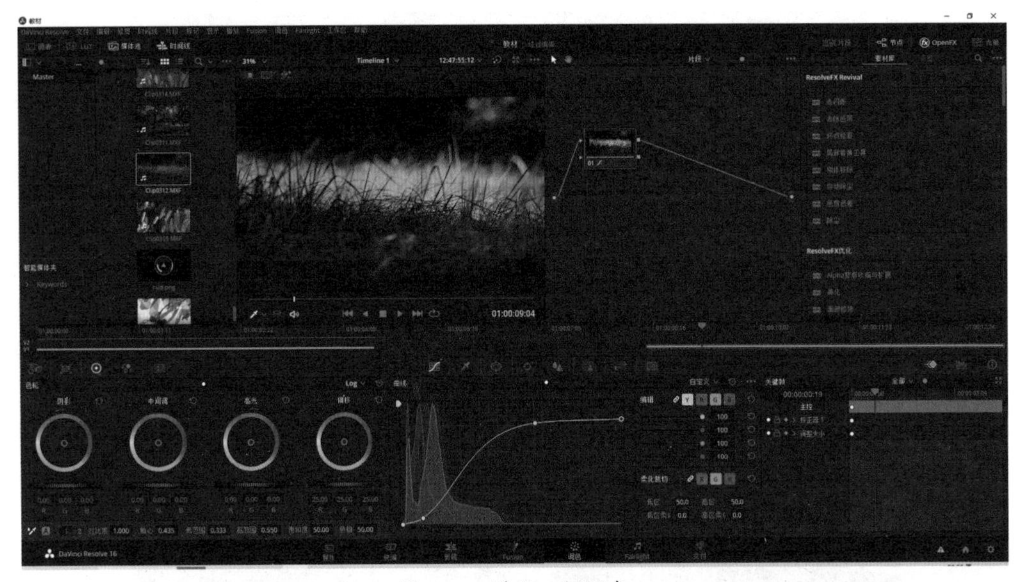

图 8-67　进行一级调色

2. 找到稳定器

这时候我们发现由于拍摄时使用的是长焦镜头，且没有使用稳固的三脚架，导致画面出现晃动，需要对画面进行稳定操作。首先单击【跟踪器】按钮，如图 8-68 所示，在【窗口】按钮下拉列表中选择【稳定器】选项，如图 8-69 所示。

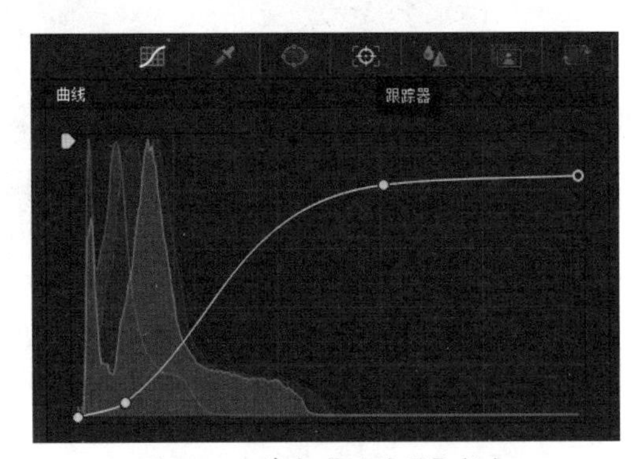

图 8-68　单击【跟踪器】按钮

图 8-69　选择【稳定器】选项

3. 添加串行节点进行稳定运算

在视频节点上按组合键 Alt+S 添加串行节点，如图 8-70 所示，并在这个节点上进行稳定操作。我们先来分析这个画面是摄像机位固定不动的镜头画面，由于摄像机的轻微晃动引起了画面的晃动，所以我们在稳定栏的下面选中【摄像机锁定】复选框，如图 8-71 所示。

图 8-70　添加串行节点

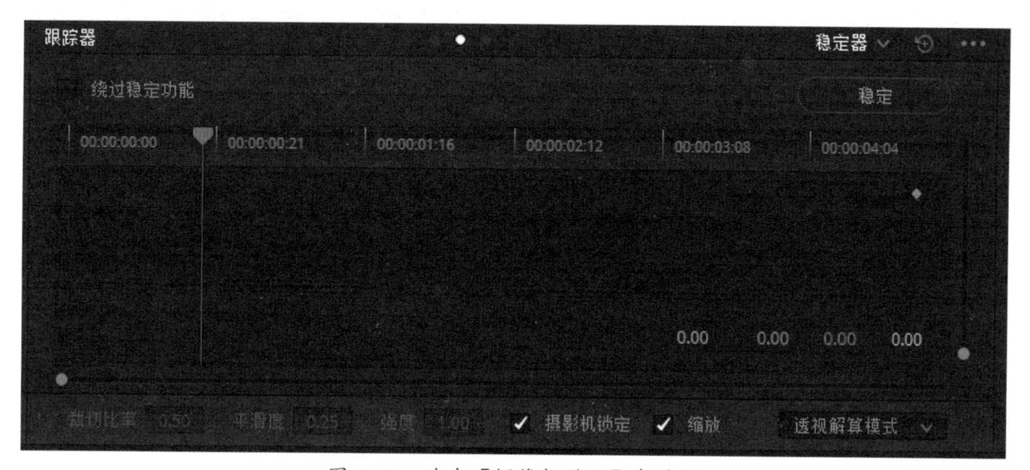

图 8-71　选中【摄像机锁定】复选框

解算模式选项下有三种解算模式可供选择：透视解算模式、相似度解算模式、平移解算模式。通过尝试，我们可以看到对于这个视频素材文件来说，平移解算模式效果最差，相似度解算模式效果最好。当单击【稳定】按钮，如图 8-72 所示，计算机进行稳定画面的运算后会发现画面被放大了，那么也就是说软件是通过放大画面裁切边缘达到稳定画面的效果，如图 8-73 所示。

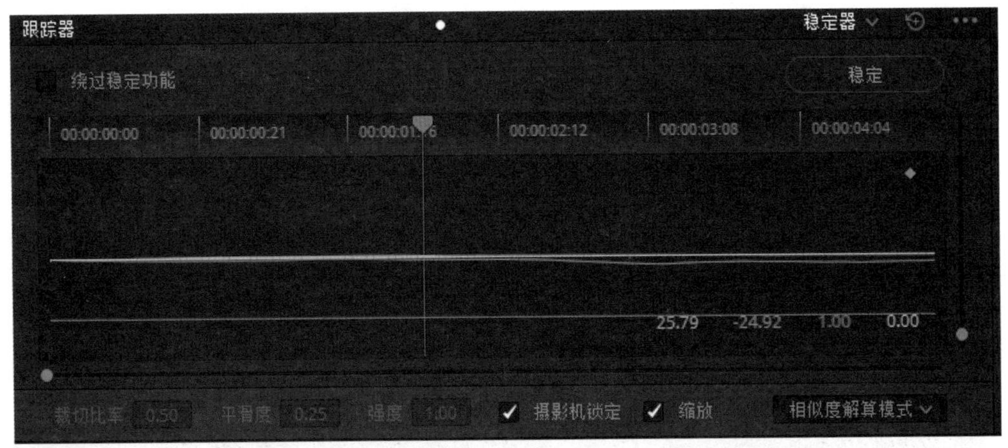

图 8-72　稳定运算

图 8-73　稳定运算的结果

4. 运动镜头的稳定操作

我们再通过一个视频来学习摄像机游走的画面如何合理地做稳定操作。首先，导入一段视频画面，我们看到这是一段肩扛摄像机跟随拍摄的视频画面，如图 8-74 所示。由于拍摄现场环境的限制不能采用滑轨等大型设备，只能是摄影师采用肩扛的方式跟随拍摄，随着摄影师的脚步，画面会产生相应的抖动，所以后期制作的时候必须要进行稳定操作。

导入视频文件后，我们先进行简单的一级调色操作，如图 8-75 所示，按组合键 Alt+S 添加串行节点用于稳定操作。

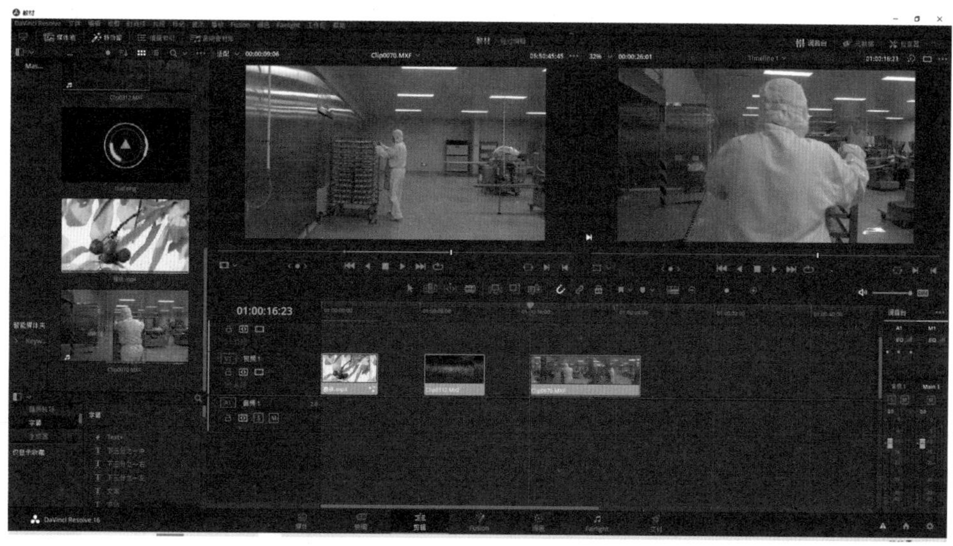

图 8-74　导入运动镜头视频素材

图 8-75　进行一级调色

5. 稳定器面板参数调整

单击【跟踪器】按钮，打开【跟踪器】面板，选择稳定器，我们将要对裁切比率、平滑度、强度、解算模式等进行调整操作，如图 8-76 所示。

裁切比率：数值范围为 0.25~1，数值越小裁切掉的画面越多，数值越大裁切掉的画面越少。

平滑度：数值范围为 0.25~1，数值越大进行稳定操作后的画面越流畅。

强度：数值范围为 -1~1，数值越大稳定效果越好。

图 8-76　【稳定器】面板参数

综合以上情况考虑，最终对视频画面进行的稳定操作参数设置如下：设置【裁切比率】为0.25，【平滑度】为1，【强度】为1，解算模式使用【透视解算模式】，如图8-77所示，以牺牲画面边缘的代价换取最高的画面稳定效果，得到了比较稳定流畅的视频画面，如图8-78所示。

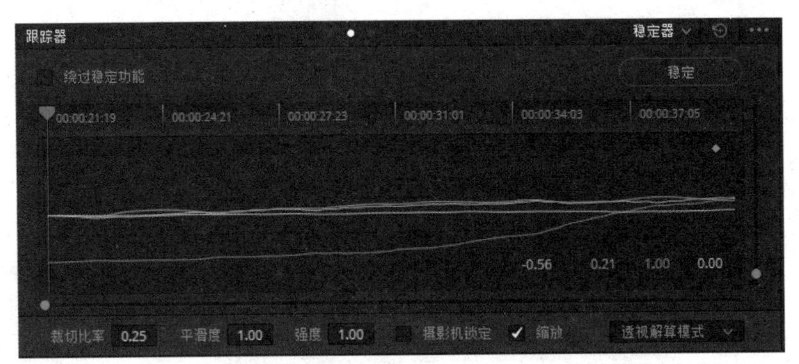

图8-77　对当前素材画面的稳定器参数进行调整

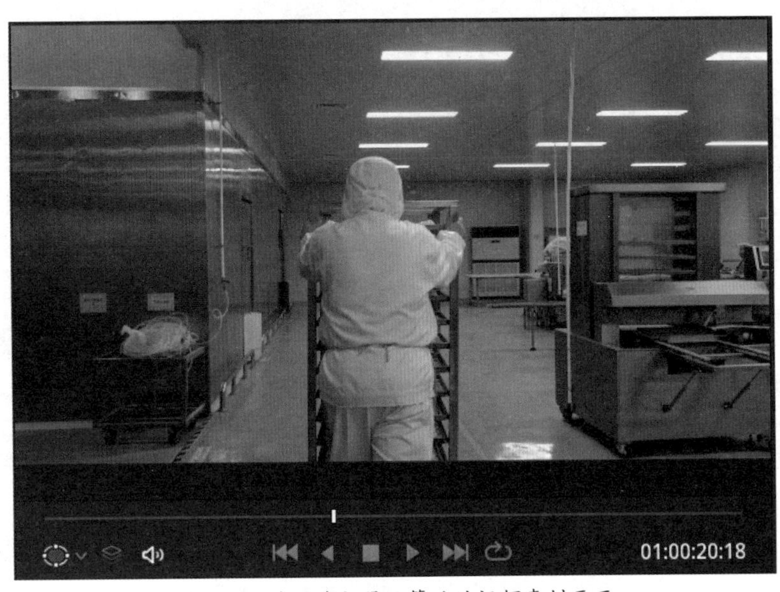

图8-78　使用稳定器运算后的视频素材画面

最后我们总结一下给视频画面做稳定的思路，以摄像机是否运动为前提条件划分为两种镜头，一种是摄像机位置固定的，另一种是摄像机位置移动的。如果摄像机位置固定，那么在做稳定的时候选中【摄像机锁定】复选框，效果会好很多。如果摄像机位置是需要移动的，那么就需要取消选中【摄像机锁定】复选框。如果画面晃动不是非常厉害，【裁切比率】可以设置到0.5~0.75；如果画面晃动很厉害，需要得到比较平滑顺畅的稳定画面，那么【裁切比率】就要设置到0.25，【强度】设置到1，解算模式使用【透视解算模式】就可以了。总体来说，DaVinci Resolve软件对于跟踪和稳定的操作比较简单，运算速度比较快，实际使用效果比较好。

项目任务单

8.1 DaVinci Resolve软件概述

DaVinci Resolve 由多个不同的“页面”组成，每个页面分别针对特定的任务提供专门的工作区和工具集。剪辑工作可以在快编和剪辑页面完成，视觉特效和动态图形可以在 Fusion 页面完成，调色处理可以在调色页面完成，而音频处理则可以在 Fairlight 页面完成，最后交付页面负责所有媒体管理和输出。只要轻轻一点，就能在多种任务之间迅速切换。

完全内置的 Fusion 视觉特效和动态图形，拥有强大的全新 Fairlight 音频工具。Fusion 页面含有完整的 3D 工作区，以及 250 多种用于合成、矢量绘图、抠像、动态遮罩、文字动画、跟踪、稳定、粒子等专业工具。拥有最新的 Apple Metal 和 CUDA GPU 处理技术，Fusion 页面运行速度大幅提升。

Fairlight 音频得到了很大更新，包括全新自动对白替换工具、音频正常化、3D 声像移位器、视音频滚动条、音响素材数据库，以及混响、嗡嗡声移除、人声通道和齿音消除等内置跨平台插件。共有数十种剪辑师和调色师期待已久的新功能和性能提升，其中包括新设的 LUT 浏览器、共享调色、多个播放头、Super Scale HD 到 8K 分辨率提升、堆放多个时间线、屏幕注释、字幕与隐藏式字幕工具、更好的键盘自定义、新增标题模板等功能。

1. 快编——让剪辑师快速交付成品

快编页面非常适合用于制作交付日期紧张的项目。同时，它也是制作纪录片类题材的理想之选。快编页面采用简洁界面设计，以提高效率为设计重点，便于新用户快速上手使用。该页面拥有源磁带、双时间线、快速审片、智能剪辑工具等功能，能帮助用户在更短的时间内完成工作。同步媒体夹和源媒体覆盖工具是多机位项目剪辑的好帮手，能让用户快速创建精准同步的切出画面。快编页面上的一切设计都具备实际功能，每一次单击都能执行一项任务，节省大量用于寻找各项命令的时间，让用户专注于剪辑和创作本身。该界面采用可缩放设计，因此还是便携式剪辑的理想方案。

2. 剪辑——快速先进的专业非编软件

软件包含专业剪辑师剪辑电影大片、电视节目和广告所需的所有工具，是离线剪辑和精编的理想选择。高性能回放引擎让剪辑和修剪工作效率倍增，甚至对处理器要求极高的 H.264 和 RAW 格式也不在话下。

1）创意剪辑

熟悉的多轨道时间线、数十种剪辑风格、精准修剪、自定义键盘、可堆放时间线等。

2）高级修剪

可根据光标位置自动切换模式的快速修剪工具、不对称修剪、动态修剪，可在回放时实时进行。

3）多机位剪辑

专业的多机位剪辑，设有实时 2、4、9、16 机位回放视图，回放同时快速进行画面剪辑。

4）速度特效

快速创建等速或变速更改，设有变速斜坡和可编辑速度曲线功能。

5）时间线曲线编辑器

使用检查器或集成时间线曲线编辑器设置各类参数或插件的动画并添加关键帧。

6）转场和特效

使用内置素材库快速添加转场和滤镜，使用 2D 或 3D 标题模板或添加第三方插件。

7）强大的组织工具

创建基于元数据的智能媒体夹，通过全新屏幕注释功能自动填写、添加标记等。

3. Fusion 特效——打造电影般的视觉特效和动态图形

Fusion 是一款专为视觉特效师和动态图形动画师设计的高级合成软件，如今在 DaVinci Resolve 内即可使用。用户无须切换软件应用程序就可以制作电影级视觉特效和精彩的广播级动态图形动画。

1）矢量绘图

独立分辨率绘图工具包括灵活的画笔风格、混合模式和笔画，用于删除或绘画新元素。

2）动态遮罩

使用贝塞尔曲线和 B 样条曲线工具在场景中将物体与其他元素隔离，从而快速绘制自定义形状并进行动画处理。

3）3D 粒子系统

创建 3D 旋涡、闪耀等精彩特效，以及重力、回避和反弹等物理和行为特效。

4）强大的抠像技术

利用全新 Delta 键控、极致键控、色度键控、亮度键控以及差值键控完成各种抠像操作，创造出最佳合成画面。

5）逼真的 3D 合成

通过强大的 3D 工作区将实景画面与 3D 模型、摄影机画面、灯光等元素进行合成，制作出令人叹为观止的逼真特效。

6）跟踪和稳定

使用 3D 和平面跟踪器来跟踪、匹配动作和稳定任何元素。将摄影机运动与摄影机跟踪器匹配。

7）2D 和 3D 标题

创建带凸出、反光和阴影等效果的精彩动画 2D 和 3D 标题。使用跟踪工具为每个字符完成动画效果。

8）样条线动画制作

使用线性、贝塞尔曲线和 B 样条曲线创作关键帧动画，获得循环、拉伸或挤压等效果。

4. 调色——备受好莱坞推崇的调色工具

DaVinci Resolve 在同类产品中脱颖而出，被广泛用于各类电影长片和电视节目的制作中。它拥有业界最为强大的一级和二级调色工具，先进的曲线编辑器，跟踪和稳定功能，降噪和颗粒工具，以及 ResolveFX 等。

1）传奇品质

荣获专利的 YRGB 色彩科学加上 32 位浮点图像处理技术，能为观众呈现独一无二的画面效果。

2）一级校色

传统的一级色轮配以 12 个先进的一级校色控制工具，能快速调整色温、色调、中间调等细节内容。

3）曲线编辑器

曲线可沿图像的亮部和暗部区域快速加工对比度，并为每个通道分设曲线和柔化裁切功能。

4）二级调色

使用 HSL 限定器、键控和基本或自定义动态遮罩形状来分离图像的不同部分并进行跟踪，从而有针对性地进行调整。

5）高动态范围

兼容高动态范围（HDR）和广泛的色彩空间格式，包括 Dolby Vision、HDR10+、Hybrid Log Gamma 等。

6）广泛的格式支持

DaVinci Resolve 能兼容几乎所有主流后期制作的文件类型和格式，甚至还支持来自其他软件的文件。

5. Fairlight 音频——为音频后期制作所设计的专业工具

内置 Fairlight 音频是一套完整的数字音频工作站，包含专业调音台、自动化工具、技术监看、监听、精确到采样级别的编辑、新增 ADR 自动对白替换工具、音响素材数据库、原生音频插件等。用户甚至可以完成混音并制作多格式母版，包括 5.1、7.1 甚至 22.2 声道 3D 立体声格式。

1）混音

专业级混音器，配备输入选择、特效、插入、均衡器和动态图文、输出选择、辅助、声像、主混音和子混音等。

2）均衡和动态处理

每条轨道均可获得实时 6 频段均衡功能，以及扩展器 / 门控、压缩器和限制器的动态处理。

3）编辑和自动化

编辑 192kHz 的 24bit 片段，使用自动化功能调整淡入淡出、电平等元素，精度直达单独音频采样级别。

4）插件特效

使用全新原生跨平台插件、VST 插件或 Mac OS X Audio Units，每个轨道能实时处理多达 6 个插件。

5）母版制作

能完成从单声道到立体声、5.1、7.1 甚至 22.2 声道在内的内容交付，获得全方位 3D 立体声声像调节。

6. 媒体与交付——广泛的格式支持，精编和母版制作

有了软件，文件导入、同步和素材管理更加快速。不论您的内容是用于网络发布、磁带灌录还是院线发行，DaVinci Resolve 都能提供您需要的一切功能，以任何格式完成项目交付。它能实现更高效的工作流程，快速输出文件，让您始终按时完成任务。

1）导入素材

使用媒体页面导入素材，进行音频同步并为剪辑环节做好准备。只要简单地拖放操作，就可以将文件从存储盘移动到媒体夹，甚至是时间线上。

2）整理片段

创建普通智能媒体夹或者带有元数据的智能媒体夹来管理片段。您可以自定义列表视图，获得多个媒体夹窗口等。

3）元数据

使用内嵌的元数据，或者自行添加元数据来管理和同步各个片段，获得更改显示名称，检测多机位角度的起止位置等功能。

4）交付选项

输出到网络，在其他软件之间交互回批项目，甚至创建数字电影数据包用于影院发行。

5）渲染队列

快速将多个作业添加到渲染队列进行批量处理，甚至还可以将项目输出到其他工作站。

6）广泛的格式支持

DaVinci Resolve 能原生兼容几乎所有主流后期制作文件类型和格式，甚至还支持来自其他软件的文件。

DaVinci Resolve 彻底颠覆了后期制作工作流程。当助理剪辑师帮助整理素材时，剪辑师可以进行画面剪辑，调色师可以为镜头调色，特效师可以处理视觉特效，声音剪辑师可以进行混音和音频精修，同一个项目的各个环节均可同时进行。这意味着剪辑师、视觉特效师、调色师和声音剪辑师的工作可以平行展开，从而将更多的时间留给作品创意。

DaVinci Resolve 是从事影视节目制作高端专业人士的得力助手，它的出色品质和创意工具有口皆碑，它的强大性能也是业界有目共睹的。有了 DaVinci Resolve，您就能拥有专业调色师、剪辑师、视效师、音响师所使用的同款制作工具，为您喜爱的电影和网络视频或电视节目提升制作水准。

项目记录：

____

____

____

____

____

____

8.2 云跟踪

谈到 DaVinci Resolve 的跟踪与稳定功能，软件提供了多种跟踪模式，其中包括云跟踪、点跟踪和 Fusion 里面的 Tracker 跟踪等。该软件的跟踪效果非常好，运算速度也非常快，稳定功能的操作更是简单快捷且有效。

1. 新建时间线

首先打开软件，在媒体夹位置右击，在弹出的快捷菜单中选择【时间线】|【新建时间线】命令，在弹出的对话框中单击【使用自定义设置】按钮，设置相应的分辨率、帧速率等参数，单击【创建】按钮。

2. 导入媒体文件

在媒体夹右击，在弹出的快捷菜单中选择【导入媒体】命令，弹出【导入媒体】对话框，选择要导入的影片素材，单击【打开】按钮就可以将需要剪辑的影片素材导入到软件中了。或者使用拖曳的方式从文件夹中将影片素材拖入媒体夹位置，那么影片素材就导入到软件的媒体夹里了。

3. 添加串行节点

选择一段需要做跟踪的视频素材将其拖入到时间线上，单击【调色】按钮进入调色操作界面。选中素材节点，首先对素材进行一些调色的操作，右击素材节点，在弹出的快捷菜单中选择【添加串行节点】命令，或者使用组合键 Alt+S 添加串行节点。

4. 绘制遮罩

选中新生成的节点后，单击【窗口】按钮进入遮罩面板。使用圆形遮罩工具绘制遮罩，并调整方向与画面内手机方向一致。

5. 云跟踪计算

单击【跟踪器】按钮，单击【正向跟踪】按钮，软件自动完成画面的跟踪，得到画面。遮罩中一堆白色小加号就是特征点，这些特征点是软件根据画面的特点自己算出来的，像云团一样，所以叫作云跟踪。它的跟踪效果非常好，可以对平移、竖移、缩放、旋转以及 3D 透视这五个属性都进行跟踪处理。

项目记录：

____

____

____

____

____

____

8.3 点跟踪

1. 清除跟踪点

单击【跟踪器】面板右上角返回箭头可以清除所有跟踪点。

2. 添加跟踪点

单击跟踪面板右下角，选择【点跟踪】选项，再单击【正向跟踪】按钮，软件会提示我们没有可以跟踪的实时特征，那么也就是说点跟踪需要我们自己设置跟踪点。单击左下角的箭头添加跟踪点，单击后画面中出现一个蓝色的加号，这就是创建出的特征点。

3. 调整跟踪点位置

选中这个特征点，把它移动到画面中手机的前置摄像头位置，然后开始进行点跟踪。我们会看到椭圆遮罩已经很好地跟随手机移动了，这时就可以对这个节点进行其他的效果操作。

通过比较我们会发现云跟踪和点跟踪有一定的区别，云跟踪会根据被跟踪画面中物体的特征自动算出特征点，跟踪的遮罩会根据物体的大小、旋转、透视等变化发生相应的改变。而点跟踪只是横向和竖向移动属性的跟踪，并不能对其他属性的变化做出相应的跟踪变化。

同时，我们还可以看出点跟踪和云跟踪比较起来稍微有一些缺陷。第一，点跟踪的过程中不能有物体遮挡被跟踪画面特征点，不然跟踪点会丢失跟错。第二，点跟踪不具备 3D 透视属性的跟踪能力，但是它方便于一些特效的跟踪操作。

项目记录：

8.4 云跟踪与OpenFX结合使用

1. 导入视频素材添加串行节点

打开 DaVinci Resolve 软件，新建时间线，设定好视频的分辨率和帧速率。导入视频素材，将需要做马赛克的视频片段拖曳到时间线上。单击【调色】按钮进入调色面板并进行基本的调色操作，在视频节点上右击，在弹出的快捷菜单中选择【添加串行节点】命令或者按组合键 Alt+S 添加串行节点。

2. 在人脸位置添加遮罩

单击【窗口】面板，添加圆形遮罩。调整圆形遮罩的长、宽，使圆形遮罩成为椭圆形，并做适当地旋转以适应人脸的角度。

3. 使用云跟踪运算

单击【跟踪器】面板，使用云跟踪，单击【正向跟踪】按钮，软件开始跟踪计算。我们能看到随着软件界面中人物的走动，遮罩的形状、大小、角度等都会随着发生变化。这就是云跟踪的强大优势。

4. 使用 ResolveFX 模糊添加马赛克模糊效果

接下来我们要对做好跟踪的节点添加马赛克模糊效果。找到 OpenFX 面板中的 ResolveFX 模糊，将【马赛克模糊】拖动到做好跟踪的节点上，调整模糊面板中的【像素频率】和【平滑强度】参数，得到满意的效果。单击【播放】按钮，我们能看到视频画面中的人物面部被打上了马赛克模糊效果。

项目记录：

8.5 Fusion界面中的Tracker跟踪

Fusion 界面里的跟踪是一种稍微复杂的跟踪操作，能实现一些画面的跟踪和替换的效果。如 PlanarTracker（面跟踪），可以选择跟踪的方式和运动类型等，使得跟踪计算时间更合理、计算更精准。下面我们通过一个案例来说明。

1. 导入素材

首先打开 DaVinci Resolve 软件，完成创建项目和创建时间线的操作，将素材文件拖入时间线。

2. 进入 Fusion 界面

单击 Fusion 按钮进入 Fusion 界面，我们会看到 Fusion 界面下的操作完全是节点式的，这个 Medialn1 就是我们刚才导入的素材文件，我们需要对画面中的樱桃进行跟踪操作，并添加一个标注性质的图片。

3. 添加 PlanarTracker 节点

在 Fusion 面板中按 Ctrl+ 空格键或者鼠标右击，在弹出的快捷菜单中选择 AddTool（添加工具）命令。如果按 Ctrl+ 空格键，会弹出对话框，输入 Pla 就会找到 PlanarTracker 工具。如果使用右键选择 AddTool（添加工具）命令，会看到 Tracking 项目下有 PlanarTracker 按钮，这两种方式的结果是一样的。单击该按钮后会出现一个 PlanarTracker 节点。

4. 进行跟踪操作

连接 Medialn1 和 PlanarTracker1 节点，在右侧的 Tracker 面板里选择 Point（点跟踪）方式，或者是 Hybrid Point/Area（区域内像素跟踪）方式。Motion Type（运动类型）中包含 Translation（平移）、Translation，Rotation（平移，旋转）、Translation，Rotation，Scale（平移，旋转，缩放）、Affine（TRS+shear）（扭曲变换）、Perspective（透视）5 种类型。根据视频素材和我们想要的效果，跟踪方式选择 Hybrid Point/Area（区域内像素跟踪），Motion Type（运动类型）选择 Translation（平移）就可以。

鼠标移动到画面中，单击选中跟踪区域。然后单击右侧的 Set 按钮，Set 按钮的作用是设置参考帧，意思是将当前帧作为参考帧可以向前或向后进行跟踪运算，比如我们可以先单击下面的按钮，进行向后的跟踪运算，再单击 Go 按钮回到刚才设置的参考帧，单击按钮进行向前的跟踪运算。进行完跟踪运算我们会看到时间线上多了很多关键帧。跟踪区域中绿色的线就是软件自动计算出特征点的运动轨迹。

5. 添加图片素材绑定跟踪效果

接下来我们要将媒体池中的HUD素材图片拖进Fusion操作面板，Medialn2就是我们刚才拖进来的图片素材文件。单击按钮添加Merge1节点，按住Shift键移动Merge1节点到连线上，再将Medialn2节点和Merge1节点连接上。这时候画面中就能看到添加进来的图片文件了。

选择Medialn2节点，单击按钮添加Transform节点。通过Transform节点可以调整Medialn2节点素材的位置、大小、旋转角度、宽高比例等参数。我们将图片大小调整合适后移动到其中一个樱桃上。回到之前的PlanarTracker节点，单击Create Planar Transform按钮，会生成一个Planar Transform节点，这个节点会带有刚才跟踪运算的信息，将Planar Transform节点添加到Transform节点和Merge节点之间，再单击【播放】按钮会看到HUD图片和樱桃的运动绑定了，随着樱桃的晃动跟着晃动。

项目记录：

____

____

____

____

____

____

8.6 稳定器的使用

1. 导入需要稳定操作的素材

DaVinci Resolve软件的稳定功能操作非常简单而且运算速度非常快。稳定的作用是为了弥补我们在拍摄时由于没有使用三脚架导致所拍摄到的视频画面晃动等问题，我们先将素材文件导入到时间线上。进入【调色】面板进行简单的一级调色。

2. 找到稳定器

这时候我们发现由于拍摄时使用的是长焦镜头，且没有使用稳固的三脚架，导致画面出现晃动，需要对画面进行稳定操作。首先单击【跟踪器】按钮，在【窗口】按钮下拉列表中选择【稳定器】选项。

3. 添加串行节点进行稳定运算

在视频节点上按组合键Alt+S添加串行节点，并在这个节点上进行稳定操作。我们先来分析这个画面是摄像机位固定不动的镜头画面，由于摄像机的轻微晃动引起了画面的晃动，所以我们在稳定栏的下面选中【摄像机锁定】复选框。

解算模式选项下有三种解算模式可供选择：透视解算模式、相似度解算模式、平移解算模式。通过尝试，我们可以看到对于这个视频素材文件来说，平移解算模式效果最差，相似度解算模式效果最好。当单击【稳定】按钮，计算机进行稳定画面的运算后会发现画面被放大了，那么也就是说软件是通过放大画面裁切边缘达到稳定画面的效果。

4. 运动镜头的稳定操作

我们再通过一个视频来学习摄像机游走的画面如何合理地做稳定操作。首先，导入一段视频画面，我们看到这是一段肩扛摄像机跟随拍摄的视频画面，由于拍摄现场环境的限制不能采用滑轨等大型设备，只能是摄影师采用肩扛的方式跟随拍摄，随着摄影师的脚步，画面会产生相应的抖动，所以后期制作的时候必须要进行稳定操作。

导入视频文件后，我们先进行简单的一级调色操作，按组合键 Alt+S 添加串行节点用于稳定操作。

5. 稳定器面板参数调整

单击【跟踪器】按钮，打开【跟踪器】面板，选择稳定器，我们将要对裁切比率、平滑度、强度、解算模式等进行调整操作。

裁切比率：数值范围为 0.25~1，数值越小裁切掉的画面越多，数值越大裁切掉的画面越少。

平滑度：数值范围为 0.25~1，数值越大进行稳定操作后的画面越流畅。

强度：数值范围为 -1~1，数值越大稳定效果越好。

综合以上情况考虑，最终对视频画面进行的稳定操作参数设置如下：设置【裁切比率】为 0.25，【平滑度】为 1，【强度】为 1，解算模式使用【透视解算模式】，以牺牲画面边缘的代价换取最高的画面稳定效果，得到了比较稳定流畅的视频画面。

最后我们总结一下给视频画面做稳定的思路，以摄像机是否运动为前提条件划分为两种镜头，一种是摄像机位置固定的，另一种是摄像机位置移动的。如果摄像机位置固定，那么在做稳定的时候选中【摄像机锁定】复选框，效果会好很多。如果摄像机位置是需要移动的，那么就需要取消选中【摄像机锁定】复选框。如果画面晃动不是非常厉害，【裁切比率】可以设置到 0.5~0.75；如果画面晃动很厉害，需要得到比较平滑顺畅的稳定画面，那么【裁切比率】就要设置到 0.25，【强度】设置到 1，解算模式使用【透视解算模式】就可以了。总体来说，DaVinci Resolve 软件对于跟踪和稳定的操作比较简单，运算速度比较快，实际使用效果比较好。

项目记录：

课后习题

一、单项选择题

1. 以下软件中不可以运用跟踪与稳定效果的是（　　）。

A. DaVinci Resolve

B. Premier

C. After Effects

D. Flash

2. 云跟踪的操作步骤为（　　）。

A. 建立时间线→导入素材→添加串行节点→绘制遮罩→云跟踪计算

B. 建立时间线→导入素材→绘制遮罩→云跟踪计算→添加串行节点

C. 建立时间线→导入素材→添加串行节点→云跟踪计算→绘制遮罩

D. 建立时间线→导入素材→云跟踪计算→添加串行节点→绘制遮罩

3. 以下关于点跟踪和云跟踪描述错误的是（　　）。

A. 点跟踪有 3D 透视属性

B. 点跟踪不会根据物体的大小、旋转、透视等变化发生相应地变化

C. 点跟踪只是进行横向和竖向移动属性的跟踪

D. 云跟踪会根据被跟踪画面中物体的特征自动计算出特征点

4. 关于 Tracker 跟踪的描述正确的是（　　）。

A. Tracker 跟踪不能实现一些画面的跟踪和替换效果

B. Tracker 跟踪不可以设置的运动类型是缩放

C. Tracker 跟踪与点跟踪类似，只可以跟踪物体横向和竖向地移动

D. 相对于点跟踪，Tracker 能实现更多复杂的跟踪功能

5. 解算模式不包括以下（　　）模式。

A. 透视解算

B. 相似度解算

C. 平移解算

D. 位置解算

二、实际操作题

在影视剧中经常可以看到多个片段会使用跟踪与稳定功能，比如稳定当前的画面，使用电脑特技设计出一些不存在的事物跟随人物的运动等。尝试自己撰写脚本，设置特定的场景，拍摄一个短视频，使用跟踪与稳定功能设计出特定的动作细节。

参考答案：1.D　2.A　3.A　4.D　5.D

项目9 神奇的抠像技术

9.1 初识抠像

在后期特效领域，抠像是一项重要的基本技术，拍摄抠像素材时，必须选择合适的背景颜色。避免拍摄物体含有背景幕布的颜色，是成功的关键。对于常见的人像拍摄来说，因为人的皮肤介于红色和黄色之间，所以，采用红色、橙色、黄色幕布拍摄无法达到自动抠图的作用，一般采用蓝色、绿色和青色幕布，具体根据拍摄对象的颜色来决定，如图 9-1 所示为蓝色幕布的摄影棚。拍摄的道具同样需要有此讲究。如果拍摄对象含有背景颜色，那么抠图出来拍摄对象上就会变得透明、半透明。在本章中，我们分别使用 Adobe Premiere Pro 以及 Adobe After Effects 两款软件，带领大家体验神奇的抠像技术。

图 9-1　蓝色幕布的摄影棚

知识链接：为什么要使用绿幕和蓝幕

在理解蓝幕和绿幕前，我们先了解一下抠像的基本原理。在后期软件（Keylight）中，我们可以选择一个想擦除颜色的范围（Chrome），以及亮度（Luma）范围，然后将这个部分擦除。最后，将数字背景放置于这个图层下方，合成为我们想要的特效。

蓝色和绿色是红色与黄色的对比色，使用蓝绿的主要原因是因为皮肤。事实上，人类皮肤是不包含蓝色和绿色信息的。所以，使用蓝绿色我们就不用担心擦除掉皮肤的颜色。

除了场景中的物体颜色外，在选择蓝幕和绿幕的时候还要考虑到很多技术问题。

(1) 什么时候选择绿幕？

对于现代数码相机，在一个场景中，绿色通常被处理为最清楚和最亮。所以，通常不需要很复杂的灯光设计，在拍摄出的场景中绿色一般都比较清楚，噪点很容易处理。但是，由于绿色这种比较亮的特性，也会造成“渗色”，绿色会反射到物体和演员身上，对于后期抠像来说，要处理掉这样的反射挺麻烦的。针对这个问题，我们通常在拍摄的时候，会要求演员距离绿幕保持一定的距离。

针对这种特性，“绿幕”更适合拍摄白天的场景。绿色比较容易融入到白天的场景中，对于夜间场景绿色就很难融入进去了。

(2) 什么时候选择蓝幕？

蓝色更加适合拍摄夜间场景，试想一下晚上的颜色基本是蓝色和各种各样的人造光源。

除了颜色选择外，拍摄的时候尽量以 RAW 格式拍摄，减少对画面的压缩，在后期的时候就会得到噪点比较少的素材。

同时，除了幕布的选择，拍摄的时候灯光布置和亮度也非常重要。

(3) 如何拍摄？

拍摄前准备，模特衣着简洁、得体、大方，避免穿着牛仔裤等与幕布颜色相同或相近颜色的服饰。将背景幕布绷直，方便后期处理。按照成片要求，选择拍摄景别，绿幕拍摄多使用固定机位。选择一个合适的站位或坐位，不要贴靠绿幕站立。灯光须均匀分布在被拍摄者身上，如图 9-2 所示。

图 9-2　操作界面

9.2 玩具火车抠像练习

使用 Adobe Premiere Pro 软件进行抠像练习，运用【键控】类视频特效中的多种视频特效完成玩具火车的绿屏抠像效果，如图 9-3、图 9-4 所示。

图 9-3 玩具火车绿幕视频

图 9-4 完成效果

9.2.1 案例分析

在本案例中，需要完成以下操作。

熟练掌握导入序列文件的方法。

应用【超级键】可以实现抠像效果，应用【颜色键】也可以实现抠像效果。

9.2.2 项目的新建与保存

启动 After Premiere 软件后，首先需要创建一个新的项目文件，或者打开已经保存的项目文件才能进行后续的后期工作。

(1) 新建项目，新建名为“绿幕抠像”的项目，新建名为“火车抠像练习”序列，选择 DV-PAL 下方的【宽屏 48kHz】模式，如图 9-5、图 9-6 所示。

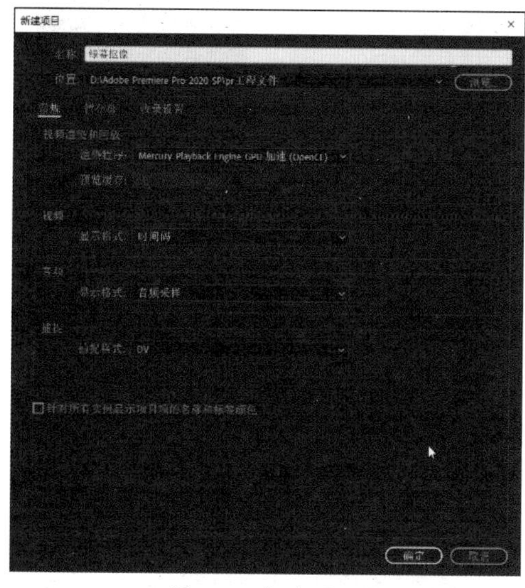

图 9-5 新建项目

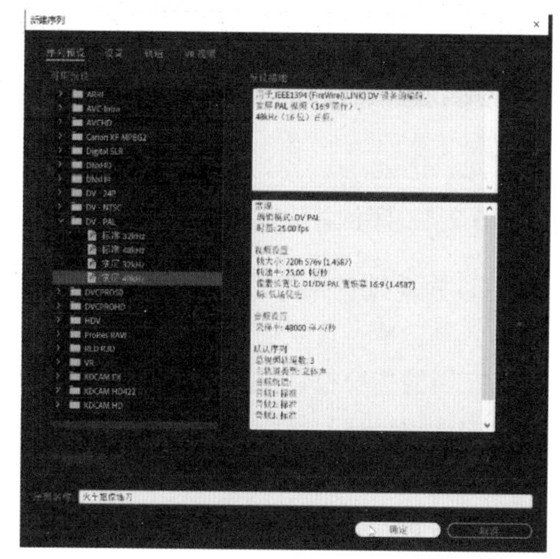

图 9-6 新建序列

(2) 保存项目，选择【文件】|【另存为】命令，命名为“绿幕抠像”，将项目文件保存在相应的文件夹中，或按组合键 Ctrl+S 进行保存。

9.2.3 素材的导入与添加

(1) 素材导入。将素材文件夹中的“火车绿幕 .mp4”和 “社区夜景 .jpg”两个文件导入到【项目】面板中，或按组合键 Ctrl+I。

(2) 素材添加至视频轨道。将素材“社区夜景 .jpg”添加到 V1 轨道上，右击素材，调整适合屏幕大小显示。右击素材，在 弹出的快捷菜单中选择【速度 / 持续时间】命令，弹出【剪辑速度 / 持续时间】对话框，设置播放时间为 7 秒。

(3) 将素材 “火车绿幕 .mp4”添加到 V2 轨道上，并设置两段素材长度相同，适合屏幕大小显示。右击 V2 轨道，在弹出的快捷菜单中选择【取消链接】命令，将音视频拆分，并删除音频，如图 9-7 所示。

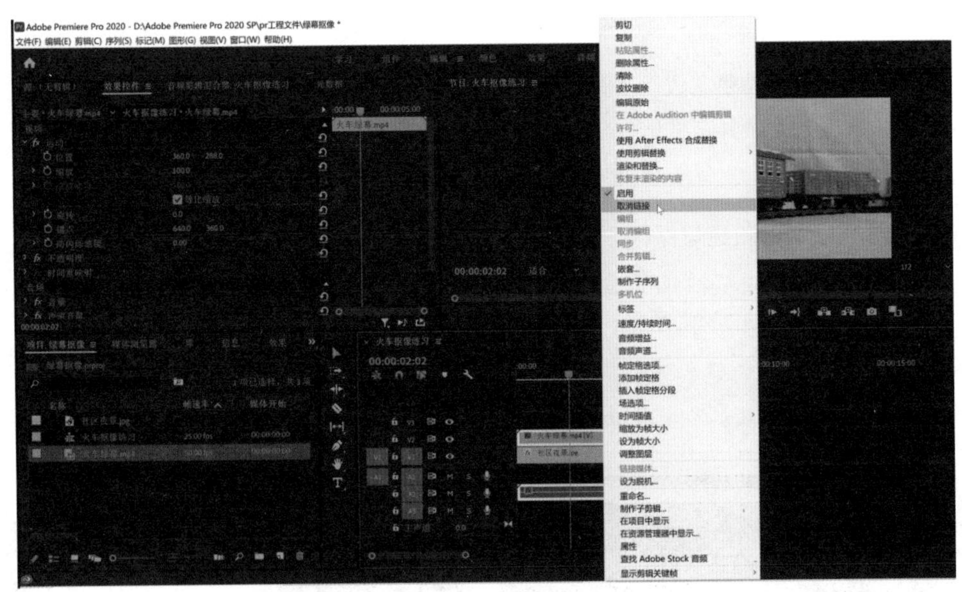

图 9-7 断开音视频链接

9.2.4 添加并设置特效

(1) 为素材“火车绿幕 .mp4”添加【键控】效果。单击【效果】面板上【视频特效】左侧的折叠按钮，选择【键控】类特效中的【超级键】视频特效，或直接搜索【超级键】，拖放到 V2 轨道中的素材“火车绿幕 .mp4”上，如图 9-8 所示。

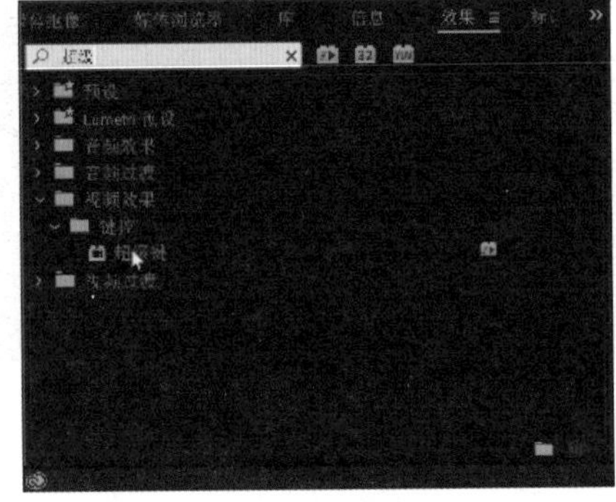

图 9-8 搜索【超级键】效果

(2) 在【效果控件】面板中调整特效超级键参数，在【主要颜色】选项中，使用滴管工具吸取绿色（此时应注意吸取介于深绿与浅绿的中间色），将素材“火车绿幕 .mp4”的绿色背景抠除，如图 9-9 所示。

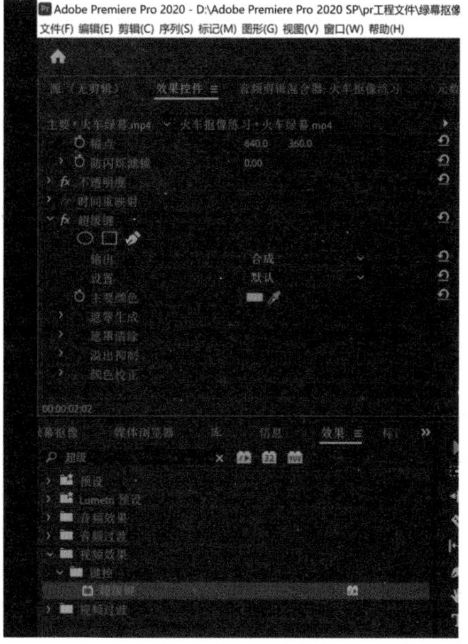

图 9-9 拾取绿幕颜色

提示： 使用【颜色键】视频特效也可以将绿屏抠掉。

(3) 调整 V2 轨道上火车的位置与大小，设置【缩放】为 85%。对“火车绿幕 .mp4”上的【超级键】特效进行编辑，设置【输出】模式为【Alpha 通道】，此时白色部分为抠像后留存在视频轨道上的内容。在【遮罩生成】选项组中，设置【不透明度】为 35，【容差】为 100，【基值】为 100。在【遮罩清除】选项组中，设置【抑制】为 80，【柔化】为 10。设置【输出】模式为【合成】。观察效果，如图 9-10 所示。

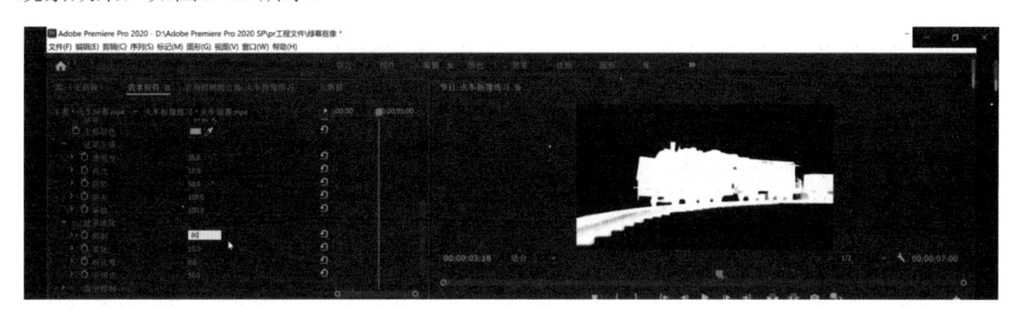

图 9-10 超级键属性设置

(4) 将“火车绿幕 .mp4”设置为倒放，如图 9-11 所示。

图 9-11 设置倒放

9.2.5 创建矩形蒙版，遮挡建筑

(1) 复制 V1 轨道上的图片素材，并将其粘贴到 V3 轨道上，设置 V3 轨道上“社区夜景.jpg”素材的不透明度，在【效果控件】面板中单击【不透明度】属性。选择【矩形工具】绘制矩形，将图片右侧建筑覆盖，如图 9-12 所示。

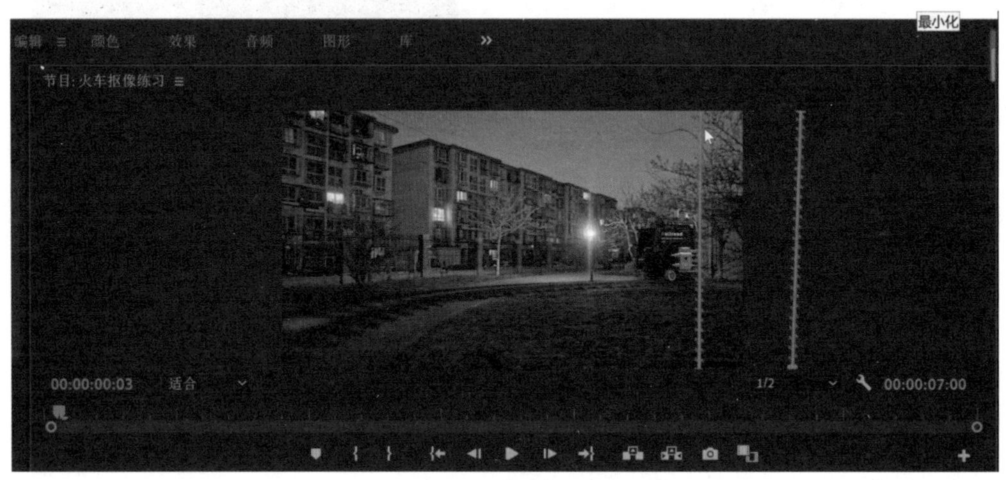

图 9-12　使用矩形将右侧建筑覆盖

(2) 保存项目，选择【文件】|【保存】命令，或按组合键 Ctrl+S。导出媒体，选择【文件】|【导出】命令，或按组合键 Ctrl+M，如图 9-13 所示。

图 9-13　【导出设置】对话框

知识链接：键控类视频特效

键控类视频特效主要用于对素材进行抠像处理，在影视制作中大量应用于将不同的素材合成到一个场景中。在多个素材发生重叠时，隐藏顶层素材画面中的部分内容，从而在相应位置处显现出底层素材的画面，实现拼合素材的目的。

(1)【Alpha 调整】：可以根据上层素材的灰度等级来完成不同的叠加效果。

参数详解：

【不透明度】：设置素材的不透明度。

【忽略 Alpha】：选中该复选框，可以忽略素材的 Alpha 通道。

【反转 Alpha】：选中该复选框，可以反转素材的 Alpha 通道。

【仅蒙版】：选中该复选框，可以只显示 Alpha 通道的蒙版。

(2)【亮度键】：可以将图像中的灰阶部分设置为透明，对明暗对比十分强烈的图像特别有效。

参数详解：

【阈值】：设置抠取素材中明度较暗区域的容差值。

【屏蔽度】：设置素材的屏蔽程度。

(3)【图像遮罩键】：可以使用一幅静态的图像作为蒙版，该蒙版决定素材的透明区域。

参数详解：

【合成使用】：设置素材合成的遮罩方式，包括【Alpha 遮罩】和【亮度遮罩】两个选项。

【反向】：选中该复选框，可以反转遮罩方向。

(4)【差值遮罩】：将指定视频素材与图像相比较，除去视频素材中相匹配的部分。

参数详解：

【视图】：设置视图的预览方式，包括最终输出、仅限源、仅限遮罩三种。

【差值图层】：设置与当前素材产生差值的轨道图层。

【如果图层大小不同】：设置不同大小素材间的混合方式。

【匹配容差】：设置素材间差值的容差百分比。

【匹配柔和度】：设置素材间差值的柔和程度。

【差值前模糊】：设置素材间差值的模糊程度。

(5)【移除遮罩】：可以利用素材的红色、绿色、蓝色通道或 Alpha 通道对其抠像，将已有的遮罩移除，移除画面中遮罩的白色区域或黑色区域。

参数详解：

【遮罩类型】：设置遮罩的类型，包括【白色】和【黑色】两种。

(6)【超级键】：可以抠取素材中的某个颜色或相似颜色区域。

参数详解：

【输出】：设置素材的输出类型，包括【合成】、【Alpha 通道】、【颜色通道】3 种方式。

【设置】：设置抠取素材的类型，包括【默认】、【弱效】、【强效】和【自定义】4 种方式。

【主要颜色】：设置抠取素材的颜色值。

【遮罩生成】：设置遮罩产生的属性，包括【透明度】、【高光】、【阴影】、【容差】和【基值】5 种方式。

- 【透明度】：在背景上键控源后，控制源的透明度。
- 【高光】：增加源图像的亮区的不透明度。可以使用【高光】提取细节，比如透明物体上的镜面高光。
- 【阴影】：增加源图像的暗区的不透明度。可以使用【阴影】来校正由于颜色溢出而变透明的黑暗元素。
- 【容差】：从背景中滤出前景图像中的颜色。增加了偏离主要颜色的容差。可以使用【容差】移除由色偏所引起的伪像，也可以使用【容差】控制肤色和暗区上的溢出。
- 【基值】：从 Alpha 通道中滤出通常由粒状或低光素材所引起的杂色。源图像的质量越高，【基值】可以设置得越低。

【遮罩清除】：设置抑制遮罩的属性，包括【抑制】、【柔化】、【对比度】和【中间点】4 种方式。

- 【抑制】：缩小 Alpha 通道遮罩的大小。执行形态侵蚀（部分内核大小）。
- 【柔化】：使 Alpha 通道遮罩的边缘变模糊。执行盒形模糊滤镜（部分内核大小）。
- 【对比度】：调整 Alpha 通道的对比度。
- 【中间点】：选择对比度值的平衡点。

【溢出抑制】：设置对溢出色彩抑制的属性，包括【降低饱和度】、【范围】、【溢出】和【亮度】4 种方式。

- 【降低饱和度】：控制颜色通道背景颜色的饱和度。降低接近完全透明的颜色的饱和度。
- 【范围】：控制校正的溢出的量。
- 【溢出】：调整溢出补偿的量。
- 【亮度】：与 Alpha 通道结合使用可恢复源的原始明亮度。

【颜色校正】：调整素材的色彩。包括【饱和度】、【色相】和【明亮度】3 种方式。

- 【饱和度】：控制前景源的饱和度。设置为 0 时将会移除所有色度。
- 【色相】：控制颜色的色相。
- 【明亮度】：控制前景源的亮度。

(7)【轨道遮罩键】：将相邻轨道上的素材作为被叠加的素材底纹背景，底纹背景决定被叠加图像的透明区域。

参数详解：

【遮罩】：设置遮罩素材的轨道图层。

【合成方式】：设置素材合成的遮罩方式，包括【Alpha 遮罩】和【亮度遮罩】。

【反向】：选中该复选框，可以反转遮罩方向。

【非红色键】：可以同时去除素材中的蓝色和绿色背景。

参数详解：

【阈值】：设置抠取素材色值的容差度。

【屏蔽度】：调整素材，细微抠取素材的效果。

【去边】：设置前景去除颜色的方式，包括【无】、【蓝色】和【绿色】。

【平滑】：设置抠取素材边缘的平滑程度。

【仅蒙版】：选中该复选框，可以只显示 Alpha 通道的蒙版。

(8)【颜色键】：可以选择需要透明的颜色来完成抠像效果。

参数详解：

【主要颜色】：设置抠取素材的颜色值。

【颜色容差】：设置抠取素材颜色的容差程度。

【边缘细化】：设置抠取素材边缘的细化程度，其数值越小，边缘越粗糙。

【羽化边缘】：设置抠取素材边缘的柔化程度，其数值越大，边缘越柔和。

9.3 校园赏花练习

使用 Adobe After Effects 软件进行抠像练习，运用 Keylight 视频特效完成行人的蓝屏抠像效果，如图 9-14 所示。

图 9-14 效果图

9.3.1 案例分析

在本案例中，需要完成以下操作。

熟练掌握新建合成、导入文件的方法。

应用 Keylight 可以实现抠像效果，并调整相应参数。

9.3.2 项目的新建与保存

启动 After Effects 软件后，首先需要创建一个新的项目文件，或者打开已经保存的项目文件才能进行后续的工作。

(1) 新建项目，每次启动 After Effects 软件后，系统会默认新建一个项目，也可以自己重新创建项目。选择【文件】|【新建】|【新建项目】命令，或按组合键为 Ctrl+Alt+N。

(2) 在【项目】面板的空白处右击，在弹出的快捷菜单中选择【新建合成】命令，新建“合成 1”，如图 9-15 所示。

图 9-15　新建合成

(3) 保存项目。选择【文件】|【另存为】命令，在弹出的对话框中重新命名，将项目文件保存在相应的文件夹中。或按组合键 Ctrl+S。

9.3.3 素材导入及画面调整

(1) 在【项目】面板的空白处右击，在弹出的快捷菜单中选择【导入】|【文件】命令，或按组合键为 Ctrl+I，如图 9-16 所示。

(2) 将素材“校园海棠 .mp4”及“单人行走 .mp4”拖入轨道，如图 9-17 所示。

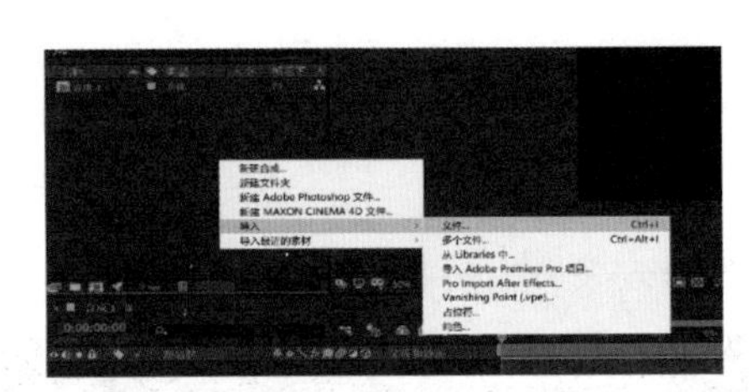

图 9-16　导入素材

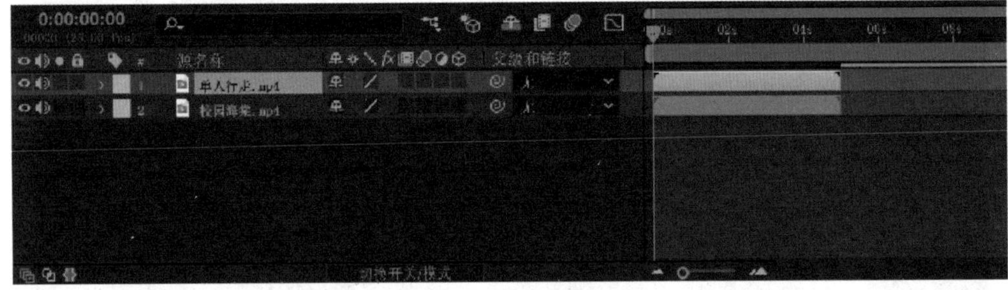

图 9-17　拖入视频轨道

(3) 调整背景大小，选中并右击素材“校园海棠 .mp4”，在弹出的快捷菜单中选择【变换】|【适合复合】命令，或按组合键 Ctrl+Alt+F，如图 9-18 所示。

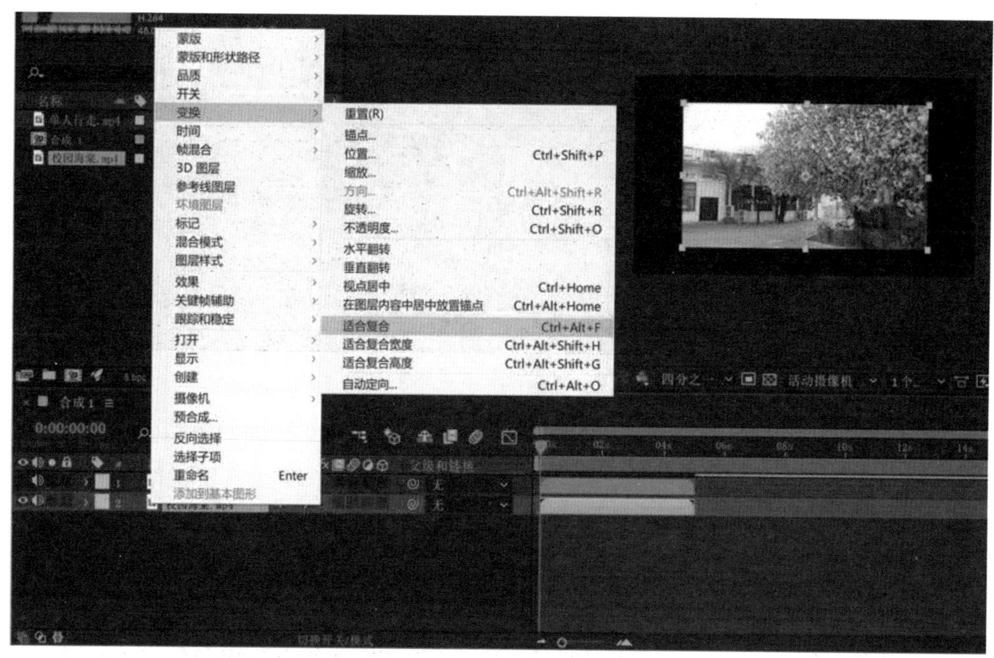

图 9-18 调整素材大小

9.3.4 添加效果并进行设置

(1) 为“单人行走 .mp4”添加效果，选中并右击素材，在弹出的快捷菜单中选择【效果】|Keylight 命令，或按组合键 Ctrl+Alt+Shift+E，如图 9-19 所示。

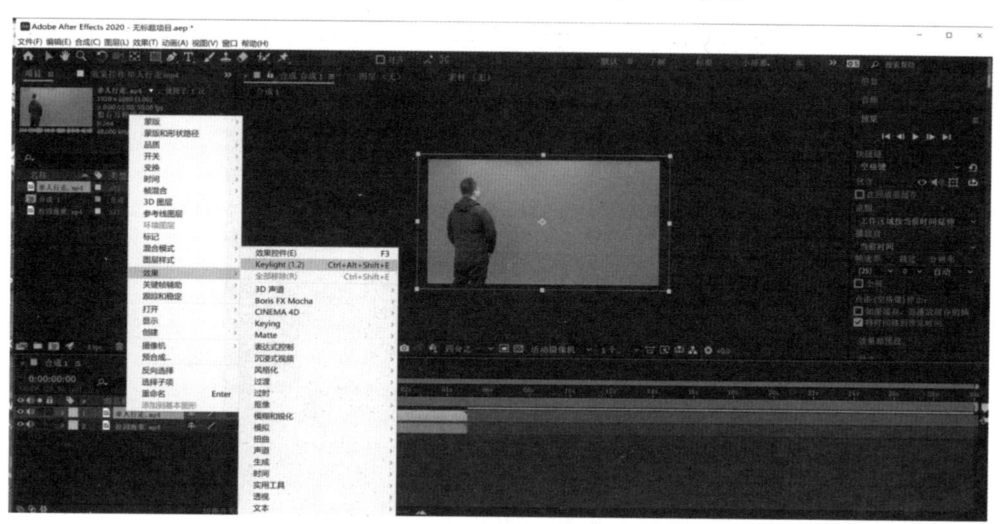

图 9-19 添加 Keylight 效果

(2) 在【效果控件】面板中选择 Screen Colour 属性，用吸管工具吸取视图区背景色，此时背景色去除干净，如图 9-20 所示。

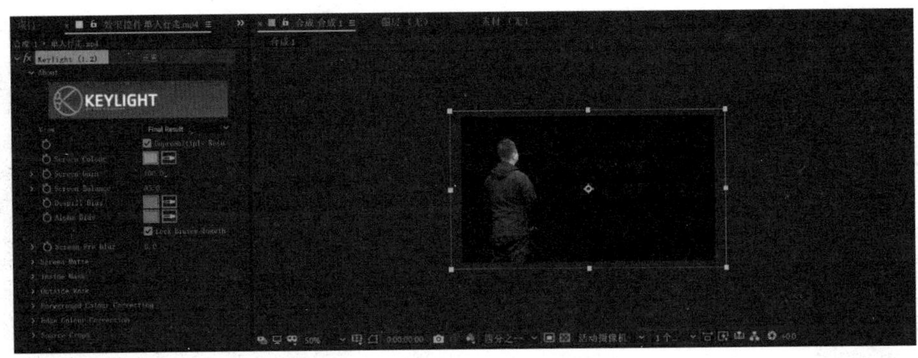

图 9-20　使用吸管工具吸取蓝色

(3) 在 View 选项组中选择 Screen Matte 视图，展开 Screen Matte 属性，设置 Screen Balance 参数为 30，Clip White 参数为 50，使得背景变色，主题变白（黑色去除，白色保留），如图 9-21、图 9-22 所示。

图 9-21　选择 Screen Matte 视图

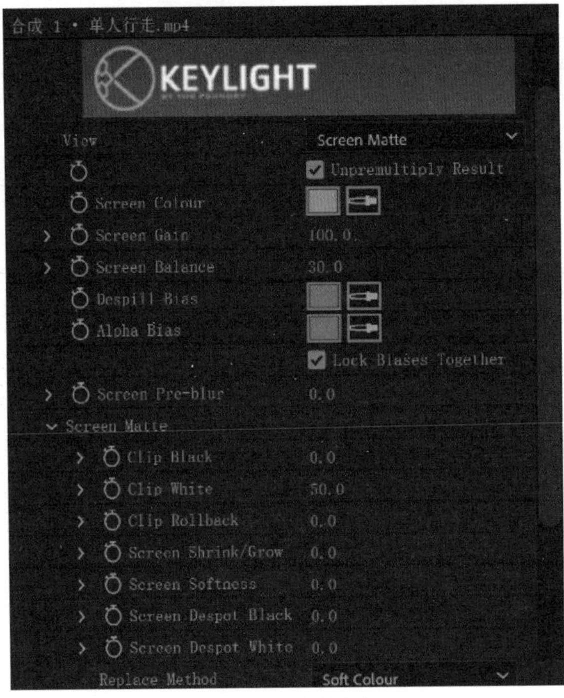

图 9-22　设置参数

9.3.5 调整并导出

(1) 在 View 选项组中选择 Final Result 视图，查看最终合成效果。

(2) 按住 Shift 键并拖动四角锚点，等比例缩放视频，调整人物大小，如图 9-23 所示。

图 9-23 成品预览

(3) 调整人物位置，导出。

提示： 在【项目】面板的左下角还有一个文件夹图标■。当导入的素材比较多时，可以新建素材文件夹用于对素材进行分类和整理使用。使用方法与一般的文件夹类似。

9.4 课堂练习

9.4.1 练习1

使用 Premiere Pro 对所提供的素材进行抠像练习，步骤如下。

(1) 启动 Adobe Premiere Pro 2020 软件，新建名为“练习 1”的项目。

(2) 选择【文件】|【新建】|【序列】命令，在弹出的对话框中进行新建序列“练习 1”，或按组合键 Ctrl+N，如图 9-24 所示。

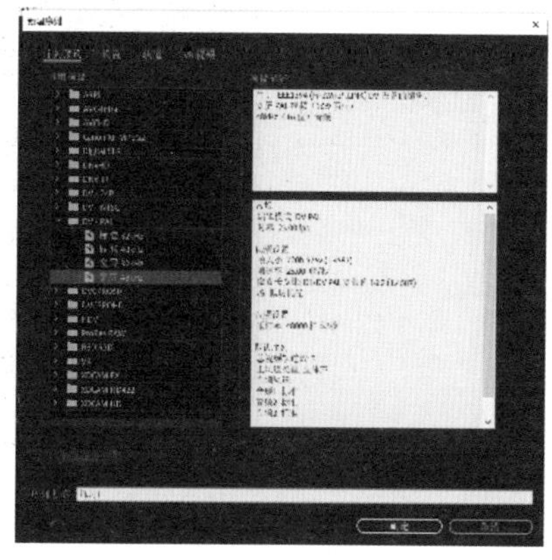

图 9-24 新建序列

(3) 导入素材，选择【文件】|【导入】命令，或按组合键 Ctrl+I，在弹出的对话框中选择合适路径“练习 9-1”，导入视频文件“顾客 .mp4”和图片“客厅渲染图 .jpg”。

(4) 将素材“客厅渲染图 .jpg”拖放到 V1 轨道上，设置图片播放时长为 5s，调整图片大小。将素材“顾客 .mp4”拖放到 V2 轨道上，调整视频大小，设置【缩放】为 90%，设置【位置】为 185.0, 320.0，如图 9-25 所示。

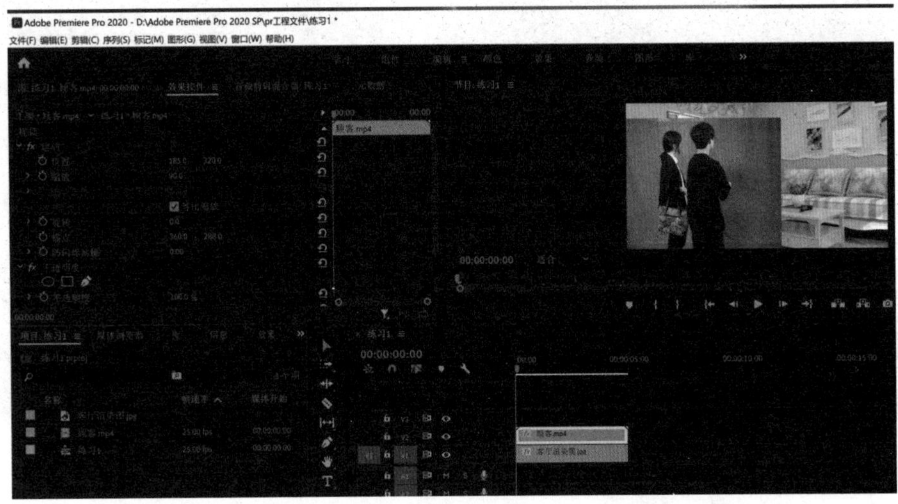

图 9-25　设置参数（1）

(5) 在【效果】面板中搜索【超级键】，将超级键特效拖放到 V2 轨道的“顾客 .mp4”上。在【效果控件】面板中对【超级键】的属性进行设置，如图 9-26 所示。

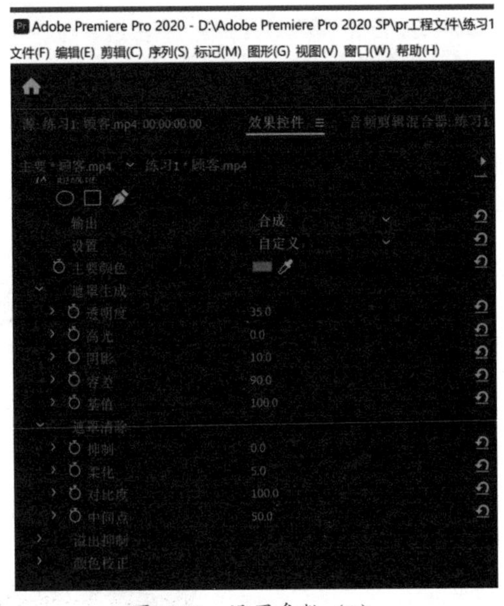

图 9-26　设置参数（2）

(6) 设置【超级键】属性的【输出】为【合成】，查看抠像效果，并保存导出，如图 9-27 所示。

图 9-27　练习 1 成品预览

9.4.2 练习2

使用 After Effects 对所提供的素材进行抠像练习，步骤如下。

(1) 新建名称为“练习 2”的合成，如图 9-28 所示。

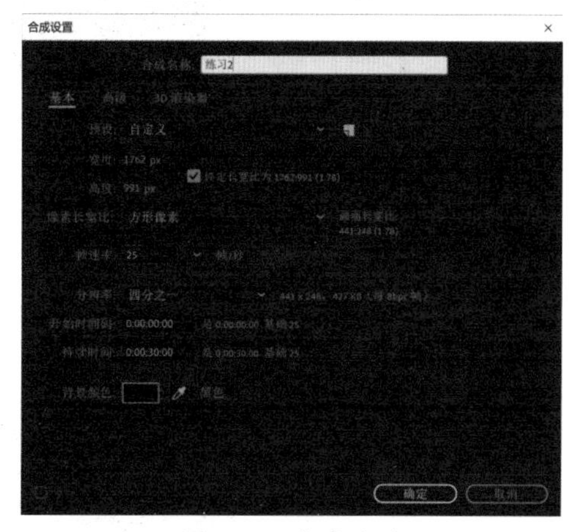

图 9-28　合成设置

(2) 导入素材，按组合键 Ctrl+Alt+I，或在【项目】面板的空白处右击，在弹出的快捷菜单中选择【导入】|【多个文件】命令，在弹出的对话框中导入相应素材“记录 .mp4”“楼道 .jpg”，如图 9-29、图 9-30 所示。

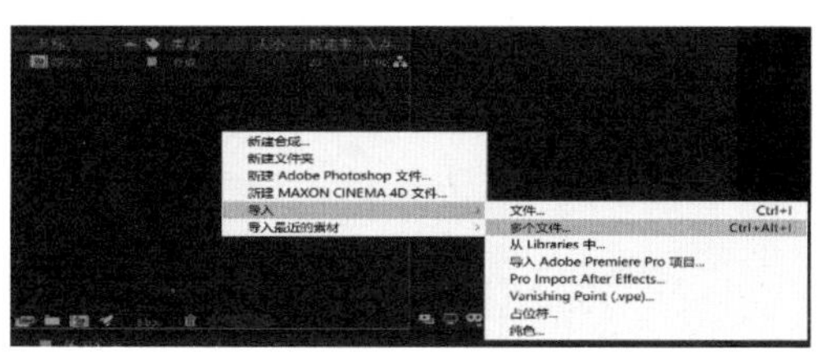

图 9-29　导入多个文件

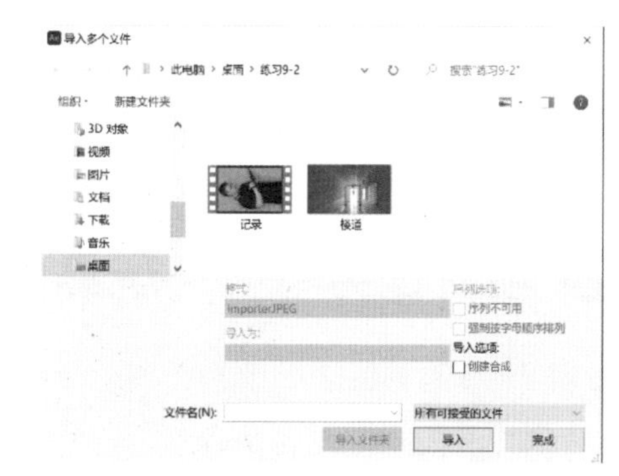

图 9-30　选择合适路径中的文件

(3) 将素材“楼道 .jpg”拖放到视频轨道上，调整素材“楼道 .jpg”的大小，右击素材，在弹出的快捷菜单中选择【变换】|【缩放】命令，在弹出的对话框中设置【缩放】为【保留当前比例】，【高度】为 50%，如图 9-31、图 9-32 所示。

图 9-31　缩放素材

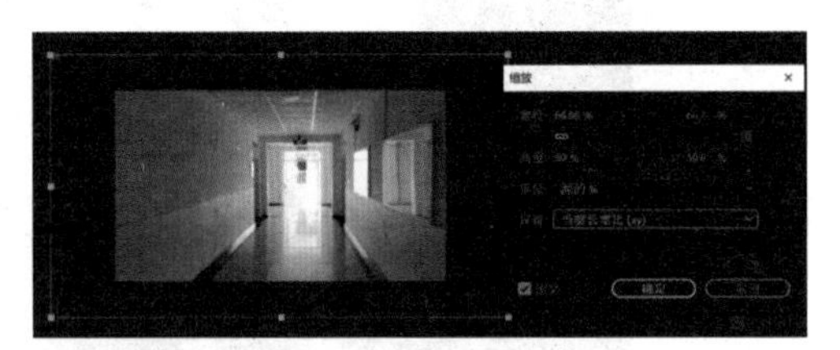

图 9-32　缩放素材设置

(4) 将素材“记录 .mp4”拖放到视频轨道上，层级在“楼道 .jpg”之上。使用旋转工具，或使用快捷键 M 顺时针旋转素材 90°，并调整位置和大小，如图 9-33 所示。

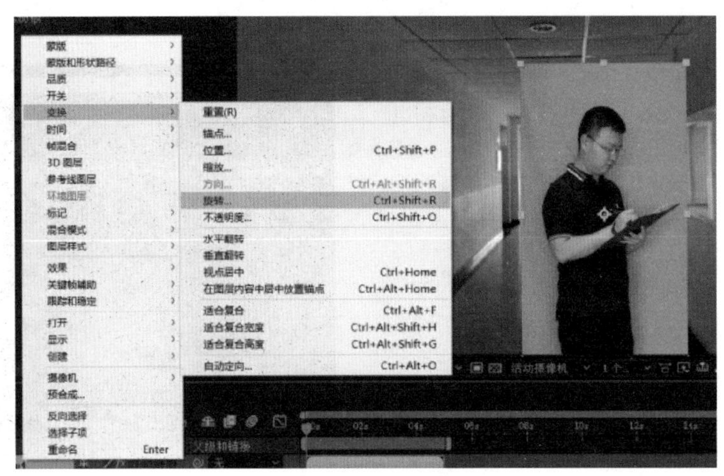

图 9-33　旋转素材

(5) 右击“记录 .mp4”素材，在弹出的快捷菜单中选择【效果】|Keylight 命令，使用滴管工具吸取绿色，完成抠像练习。

(6) 渲染并导出。

项目任务单——玩具火车抠像练习

1. 项目的新建与保存

启动 After Premiere 软件后，首先需要创建一个新的项目文件，或者打开已经保存的项目文件才能进行后续的后期工作。

（1）新建项目，新建名为“绿幕抠像”的项目，新建名为“火车抠像练习”序列，选择 DV-PAL 下方的【宽屏 48kHz】模式。

（2）保存项目，选择【文件】|【另存为】命令，命名为“绿幕抠像”，将项目文件保存在相应的文件夹中，或按组合键 Ctrl+S 进行保存。

项目记录：

____

____

____

____

____

____

2. 素材的导入与添加

（1）素材导入。将素材文件夹中的“火车绿幕 .mp4”和“社区夜景 .jpg”两个文件导入到【项目】面板中，或按组合键 Ctrl+I。

（2）素材添加至视频轨道。将素材“社区夜景 .jpg”添加到 V1 轨道上，右击素材，调整适合屏幕大小显示。右击素材，在弹出的快捷菜单中选择【速度 / 持续时间】命令，弹出【剪辑速度 / 持续时间】对话框，设置播放时间为 7 秒。

（3）将素材“火车绿幕 .mp4”添加到 V2 轨道上，并设置两段素材长度相同，适合屏幕大小显示。右击 V2 轨道，在弹出的快捷菜单中选择【取消链接】命令，将音视频拆分，并删除音频。

项目记录：

____

____

____

____

____

____

3. 添加并设置特效

（1）为素材“火车绿幕 .mp4”添加【键控】效果。单击【效果】面板上【视频特效】左侧的折叠按钮，选择【键控】类特效中的【超级键】视频特效，或直接搜索【超级键】，拖放到 V2 轨道中的素材“火车绿幕 .mp4”上。

（2）在【效果控件】面板中调整特效超级键参数，在【主要颜色】选项中，使用滴管工具吸取绿色（此时应注意吸取介于深绿与浅绿的中间色），将素材“火车绿幕 .mp4”的绿色背景扣掉。

（3）调整 V2 轨道上火车的位置与大小，设置【缩放】为 85%。对“火车绿幕 .mp4”上的【超级键】特效进行编辑，设置【输出】模式为【Alpha 通道】，此时白色部分为抠像后留存在视频轨道上的内容。在【遮罩生成】选项组中，设置【不透明度】为 35，【容差】为 100，【基值】为 100。在【遮罩清除】选项组中，设置【抑制】为 80，【柔化】为 10。设置【输出】模式为【合成】。观察效果。

（4）将“火车绿幕 .mp4”设置为倒放。

项目记录：

4. 创建矩形蒙版，遮挡建筑

（1）复制 V1 轨道上的图片素材，并将其粘贴到 V3 轨道上，设置 V3 轨道上“社区夜景 .jpg”素材的不透明度，在【效果控件】面板中单击【不透明度】属性。选择【矩形工具】绘制矩形，将图片右侧建筑覆盖。

（2）保存项目，选择【文件】|【保存】命令，或按组合键 Ctrl+S。导出媒体，选择【文件】|【导出】命令，或按组合键 Ctrl+M。

项目记录：

项目任务单——校园赏花练习

1. 项目的新建与保存

启动 After Effects 软件后，首先需要创建一个新的项目文件，或者打开已经保存的项目文件才能进行后续的工作。

（1）新建项目，每次启动 After Effects 软件后，系统会默认新建一个项目，也可以自己重新创建项目。选择【文件】|【新建】|【新建项目】命令，或按组合键 Ctrl+Alt+N。

（2）在【项目】面板的空白处右击，在弹出的快捷菜单中选择【新建合成】命令，新建“合成 1”。

（3）保存项目。选择【文件】|【另存为】命令，在弹出的对话框中重新命名，将项目文件保存在相应的文件夹中。或按组合键 Ctrl+S。

项目记录：

____

____

____

____

____

____

2. 素材导入及画面调整

（1）在【项目】面板的空白处右击，在弹出的快捷菜单中选择【导入】|【文件】命令，或按组合键 Ctrl+I。

（2）将素材“校园海棠 .mp4”及“单人行走 .mp4”拖入轨道。

（3）调整背景大小，选中并右击素材“校园海棠 .mp4”，在弹出的快捷菜单中选择【变换】|【适合复合】命令，或按组合键 Ctrl+Alt+F。

项目记录：

____

____

____

____

3. 效果添加并进行设置

（1）为“单人行走.mp4”添加效果，选中并右击素材，在弹出的快捷菜单中选择【效果】|Keylight 命令，或按组合键 Ctrl+Alt+Shift+E。

（2）在【效果控件】面板中选择 Screen Colour 属性，用吸管工具吸取视图区背景色，此时背景色去除干净。

（3）在 View 选项组中选择 Screen Matte 视图，展开 Screen Matte 属性，设置 Screen Balance 参数为 30，Clip White 参数为 50，使得背景变色，主题变白（黑色去除，白色保留）。

项目记录：

4. 调整并导出

（1）在 View 选项组中选择 Final Result 视图，查看最终合成效果。

（2）按住 Shift 键并拖动四角锚点，等比例缩放视频，调整人物大小。

（3）调整人物位置，导出。

项目记录：

9.4 课堂练习

1. 练习 1

使用 Premiere Pro 对所提供的素材进行抠像练习，步骤如下。

（1）启动 Adobe Premiere Pro 2020 软件，新建名为“练习 1”的项目。

（2）选择【文件】|【新建】|【序列】命令，在弹出的对话框中进行新建序列“练习 1”，或按组合键 Ctrl+N。

（3）导入素材，选择【文件】|【导入】命令，或按组合键 Ctrl+I，在弹出的对话框中选择合适路径“练习 9-1””，导入视频文件“顾客 .mp4”和图片“客厅渲染图 .jpg”。

（4）将素材“客厅渲染图 .jpg”拖放到 V1 轨道上，设置图片播放时长为 5s，调整图片大小。将素材“顾客 .mp4”拖放到 V2 轨道上，调整视频大小，设置【缩放】为 90%，设置【位置】为 185.0, 320.0。

（5）在【效果】面板中搜索【超级键】，将超级键特效拖放到 V2 轨道的“顾客 .mp4”上。在【效果控件】面板中对【超级键】的属性进行设置。

（6）设置【超级键】属性的【输出】为【合成】，查看抠像效果，并保存导出。

项目记录：

____

____

____

____

____

____

2. 练习 2

使用 After Effects 对所提供的素材进行抠像练习，步骤如下。

（1）启动 Adobe After Effects 软件，新建名为“练习 2”的项目。

（2）导入素材，按组合键 Ctrl+Alt+I，或在【项目】面板的空白处右击，在弹出的快捷菜单中选择【导入】|【多个文件】命令，在弹出的对话框中导入相应素材“记录 .mp4”“楼道 .jpg”。

（3）将素材“楼道 .jpg”拖放到视频轨道上，调整素材“楼道 .jpg”的大小，右击素材，在弹出的快捷菜单中选择【变换】|【缩放】命令，在弹出的对话框中设置【缩放】为【保留当前比例】，【高度】为 50%。

（4）将素材“记录 .mp4”拖放到视频轨道上，层级在“楼道 .jpg”之上。使用旋转工具，或使用快捷键 M 顺时针旋转素材 90°，并调整位置和大小。

（5）右击“记录 .mp4”素材，在弹出的快捷菜单中选择【效果】|Keylight 命令，使用滴管工具吸取绿色，完成抠像练习。

（6）渲染并导出。

项目记录：

____

____

____

____

____

____

课后习题

一、单项选择题

1. 在 Adobe Premiere Pro 软件中，导入的组合键为（　　）。

A．Ctrl+A　　B．Ctrl+M　　C．Ctrl+I　　D．Alt+S

2. 在 Adobe Premiere Pro 软件中，导出的组合键为（　　）。

A．Ctrl+A　　B．Ctrl+M　　C．Ctrl+I　　D．Alt+S

3. 在 Adobe Premiere Pro 软件中，“超级键”特效属于（　　）类特效。

A．键控　　B．通道　　C．变换　　D．风格化

4. 在 Adobe After Effects 软件中，导入的组合键为（　　）。

A．Ctrl+Alt+A　　B．Ctrl+Shift+M　　C．Ctrl+Alt +I　　D．Ctrl+Alt+S

5. 在 Adobe After Effects 软件中，新建项目的组合键（　　）。

A．Ctrl+Alt+N　　B．Ctrl+Shift+M　　C．Ctrl+Alt +O　　D．Ctrl+Alt+S

二、实际操作题

使用实训室中的绿屏或者蓝屏设备，导演并拍摄一段视频，并且用手中的视频或者静态场景做背景，制作一段有特定含义的短视频。

参考答案：1.C　2.B　3.A　4.C　5.A

项目10 Element 3D广告实例

项目导读：

本章主要对自定义三维模型设计影视广告案例进行讲解，选取汽车模型为基础素材，分别按照背景、光线、文字特效等模块分章节进行演示。选择 After Effects 中 Element 三维效果插件为媒介，将 MAYA 设计模型与影视特效充分融合，最终形成一个完整的影视设计案例。

在本项目中，我们将分别使用三维和后期软件，结合包装产品的特征及类别属性设计镜头及氛围环境。项目中，各环节操作均基于 After Effects 中 Element 三维空间进行布局搭建。基于项目的完整性，在讲解中会在“知识链接”和“提示”环节中对各个知识点进行详细的讲解。

10.1 Maya UV编辑器设置

启动 Maya 软件，导入素材“汽车 Maya.mb”文件，或者选择素材文件直接用鼠标左键拖曳至 Maya 视图窗口中，并进行后续操作任务。

(1) 在 Maya 中选择车身主体模型，在菜单栏中选择【网格】|【结合】命令，将车身模型结合为一个整体，便于后面的 UV 展开操作，如图 10-1 所示。

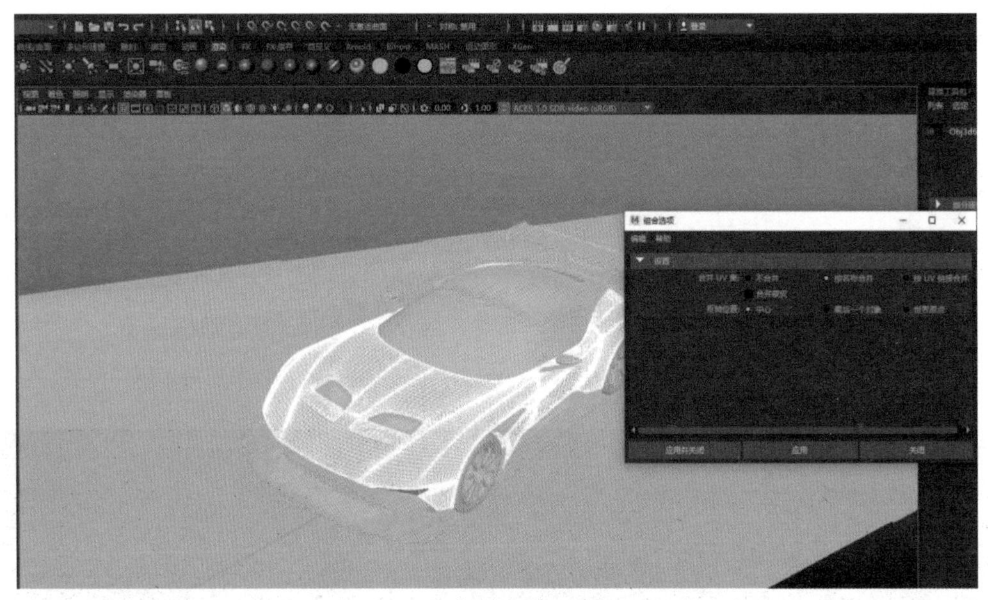

图 10-1　车身主体模型结合操作

(2) 在车身主体模型进行结合操作后，按模型材质分别对物体进行结合。为方便操作，在菜单栏中选择【显示】|【隐藏】命令，将已结合的模型进行隐藏，便于对几何体进行选择，如图 10-2 所示。

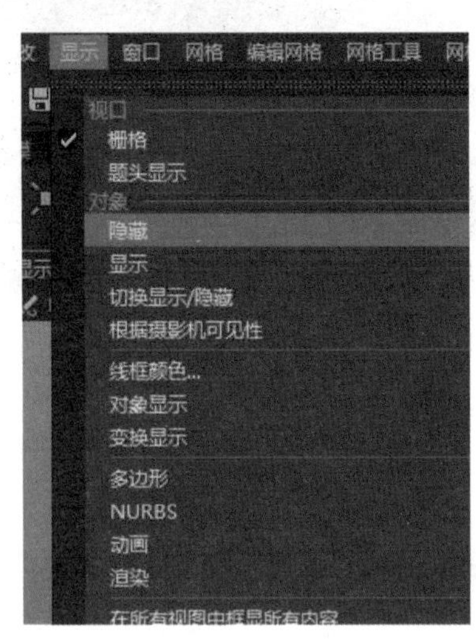

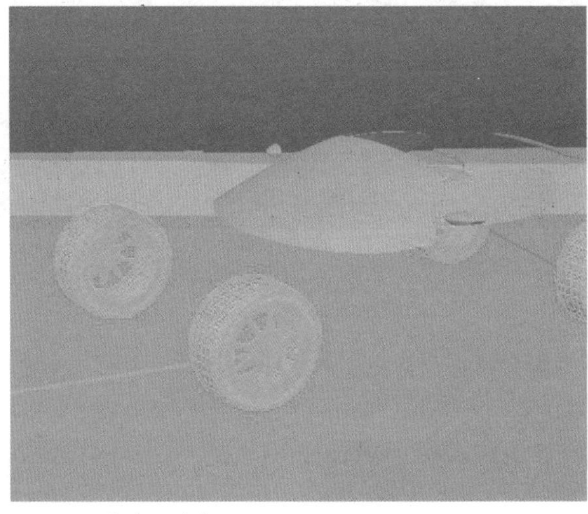

图 10-2　隐藏选定对象

(3) 在结合操作完成后，在菜单栏中选择【显示】|【显示】|【全部】命令，将已隐藏的几何体重新显示出来，如图 10-3 所示。

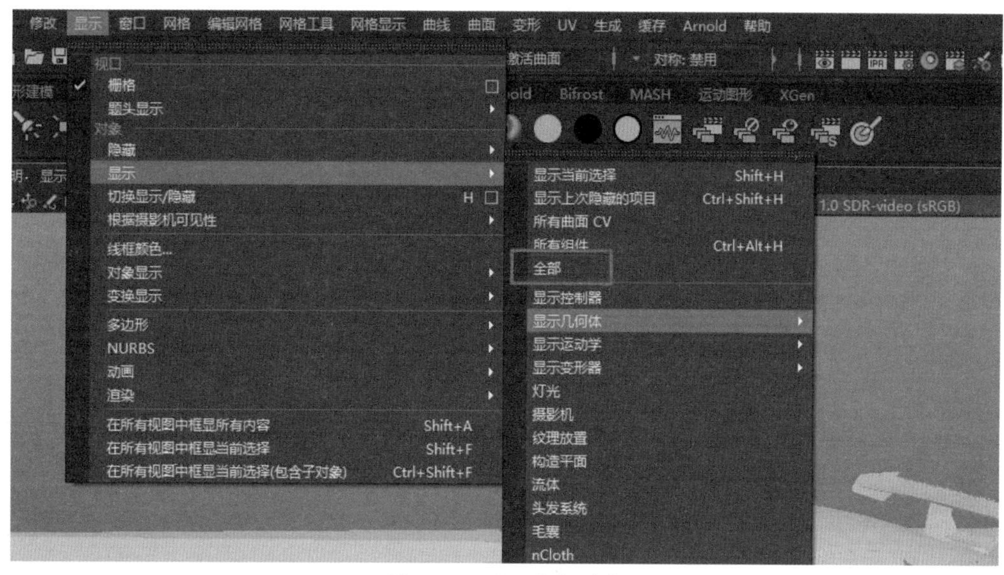

图 10-3　显示全部对象

(4) 为车身主体添加花纹。选中汽车主体模型，在菜单栏中选择 UV|【UV 编辑器】命令，调出车身主体模型的 UV。选中车身模型的所有面，在【UV 编辑器】界面中按住 Shift 键并右击，在弹出的快捷菜单中选择【展开】|【展开】命令，如图 10-4 所示。

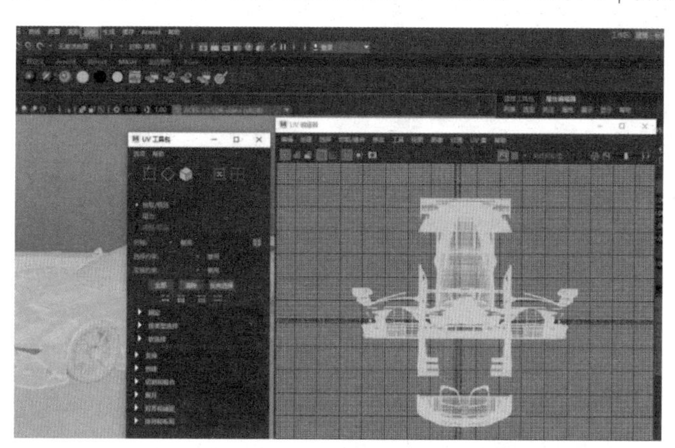
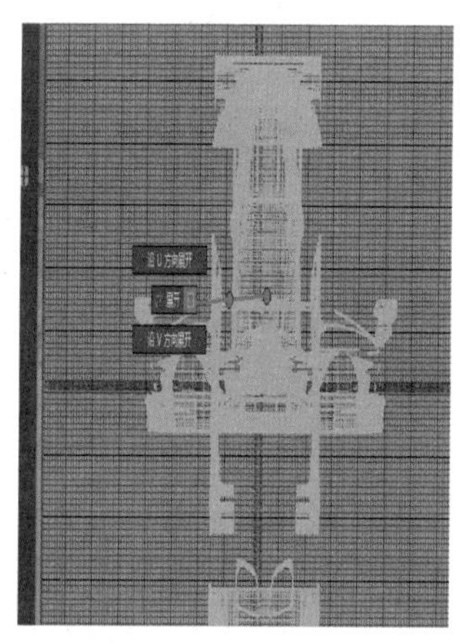

图 10-4　UV 展开操作

(5) 选中汽车主体模型的所有面，在【UV 编辑器】界面中按住 Shift 键并右击，在弹出的快捷菜单中选择【排布】|【排布 UV】命令。在系统中将 UV 排布到正方形网格框后，单击【UV 编辑器】界面中的【UV 快照】按钮，在弹出的对话框中进行导出设置，如图 10-5 所示。

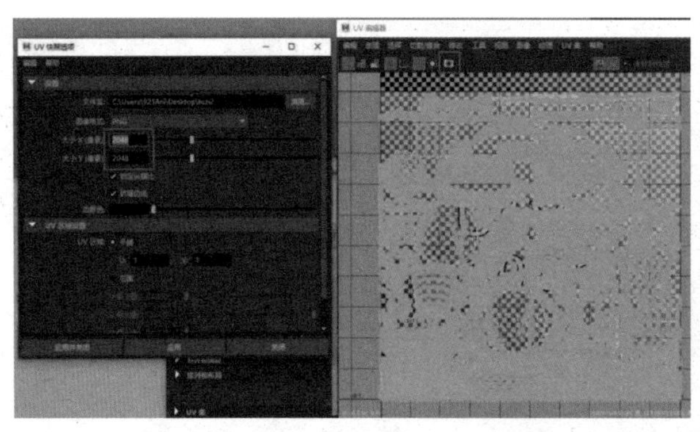
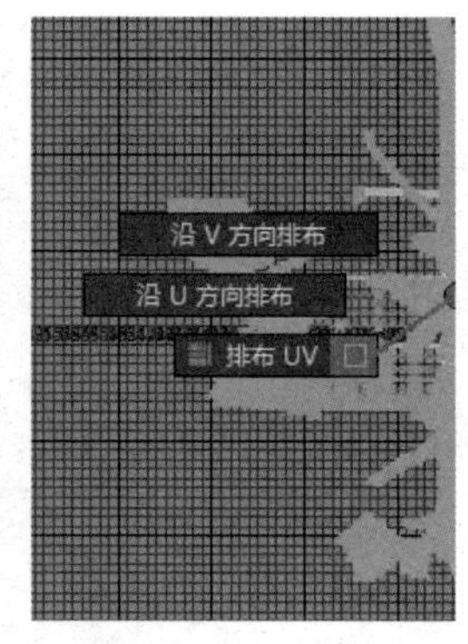

图 10-5　UV 快照导出

(6) 将 Maya 中导出的 UV 展开图拖入 Photoshop 中进行图像的绘制，即颜色的填充。绘制的图像应与展开的 UV 的各部分一一对应，并且每个部分都需要建立一个新的图层。将绘制好的图像从 Photoshop 软件中导出，导出时，应注意隐藏原有 UV 网格，如图 10-6 所示。

图 10-6　Photoshop 中绘制 UV 并导出

(7) 回到 Maya 中，选择车身主体模型。在菜单栏中选择【渲染】|【标准曲面材质】命令，并在右侧材质属性界面中，选择【基础】卷展栏下的【颜色】按钮右侧的棋盘格，在弹出的【创建渲染节点】对话框中选择【文件】选项，并调用 Photoshop 中绘制的 UV 贴图，如图 10-7 所示。

图 10-7　UV 贴图赋予汽车主体模型

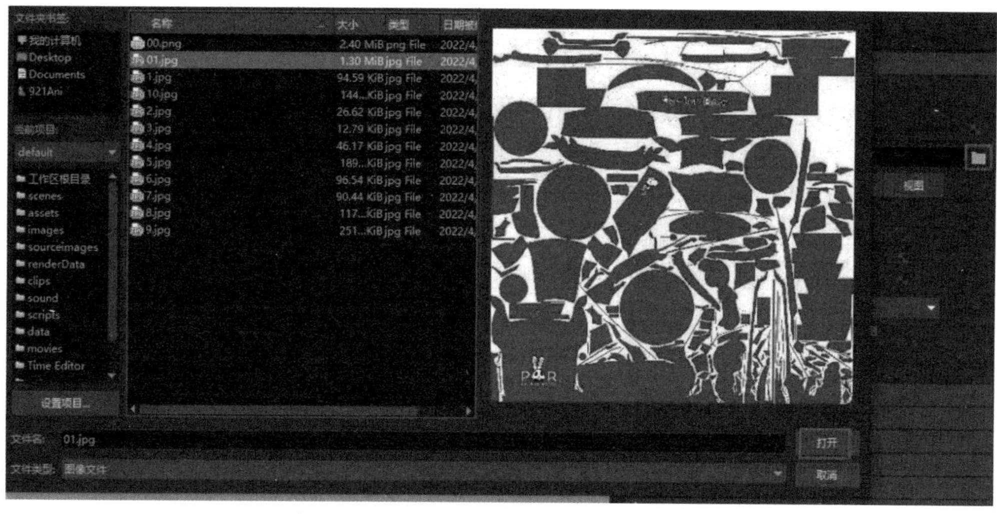

图 10-7 UV 贴图赋予汽车主体模型（续）

(8) 在 Maya 菜单栏中选择【文件】|【导出全部】命令，弹出【导出全部选项】对话框，将【常规选项】选项组中的【文件类型】设置为 OBJexport 并导出，如图 10-8 所示。

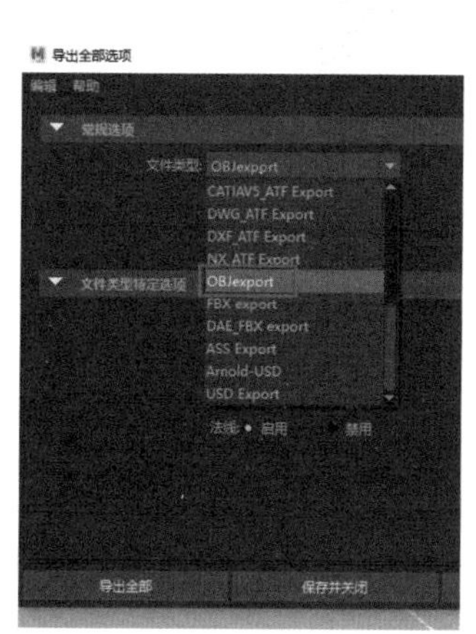

图 10-8 OBJ 格式导出

10.2 Element模型导入

启动 After Effects 软件，导入上一节课 Maya 中导出的 OBJ 格式文件，并进行 Element 模块后续操作任务。

(1) 在 After Effects 中新建合成，在图层列表中右击，在弹出的快捷菜单中选择【新建】|【纯色】命令，如图 10-9 所示。

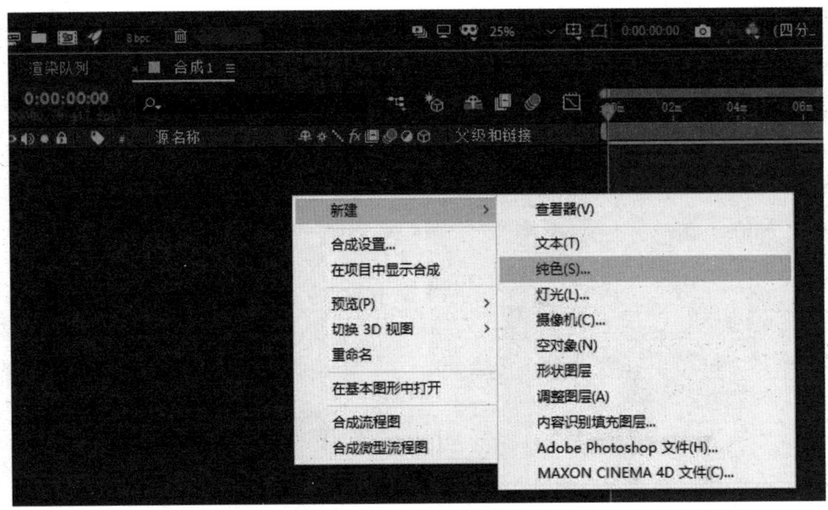

图 10-9　创建纯色图层

(2) 在 After Effects 中选中新建的纯色层，在菜单栏中选择【渲染】|Video Copilot|Element 命令，如图 10-10 所示。

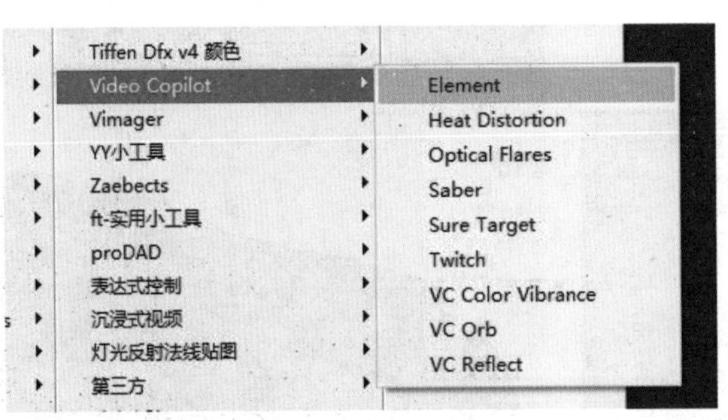

图 10-10　选择 Element 命令

(3) 在 After Effects 左上角【效果控件】面板中单击 Blement 下的 Scene Setup 按钮。

进入场景界面。单击场景界面中的【导入】按钮，找到上一节课 Maya 中导出的 OBJ 格式文件进行导入，如图 10-11 所示。

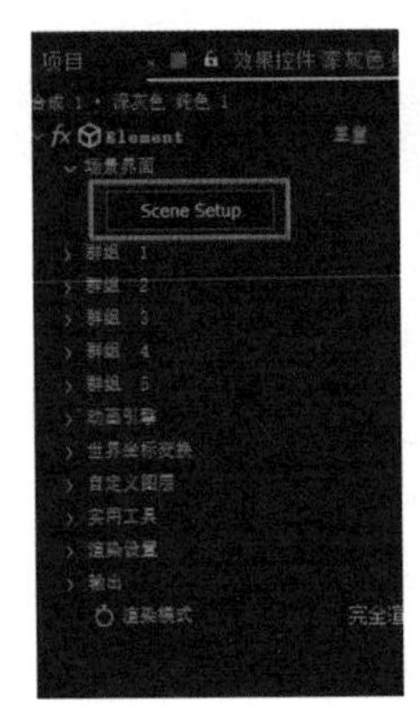

图 10-11　导入 Element 模型

(4) 在场景界面左下角【场景材质】功能区中选择汽车车身标准曲面材质球 standarsurface2s，在场景界面中间的【编辑】功能区中单击【纹理】卷展栏下【漫射】右侧的【无】按钮，在弹出的对话框中选择【从文件载入】选项，调用上一节 Photoshop 中绘制的 UV 贴图，如图 10-12 所示。

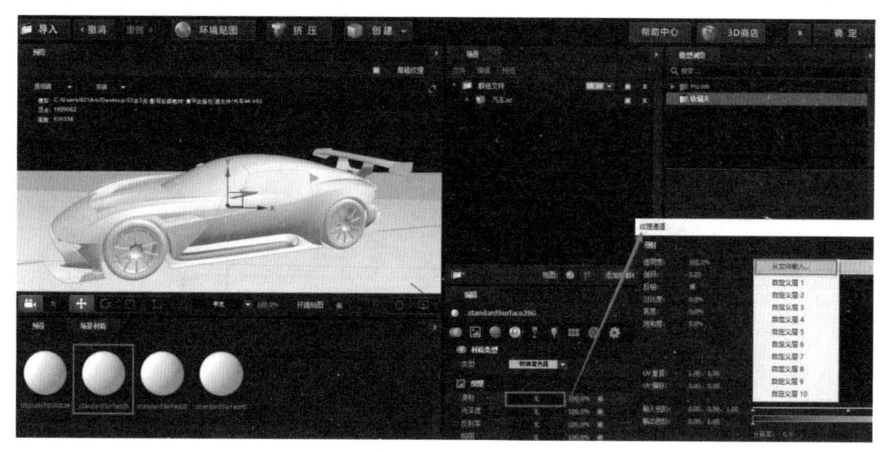

图 10-12 UV 贴图赋予 Element 模型

(5) 继续选择汽车车身标准曲面材质球 standarsurface2s，在场景界面中间的【编辑】功能区中单击【反射率】卷展栏的【强度】按钮，设置参数为 50% 左右，为材质增加反射效果。使用相同的方法，在场景界面左下角【场景材质】功能区中选择第一个材质球为展台添加贴图，如图 10-13 所示。

图 10-13 Element 模型 UV 材质调节

(6) 在场景界面左下角【场景材质】功能区中选择汽车车身标准曲面材质球 standarsurface3s，在场景界面中间的【编辑】功能区中单击【基本设置】卷展栏下的【漫射颜色】按钮，为车轮添加深色材质。选择汽车车身标准曲面材质球 standarsurface4s，在场景界面中间的【编辑】功能区中单击【基本设置】卷展栏下的【漫射颜色】按钮，为车窗玻璃添加深色材质，并单击【反射率】卷展栏下的【强度】按钮，设置参数为50%左右，为车窗玻璃材质增加反射效果，如图10-14所示。

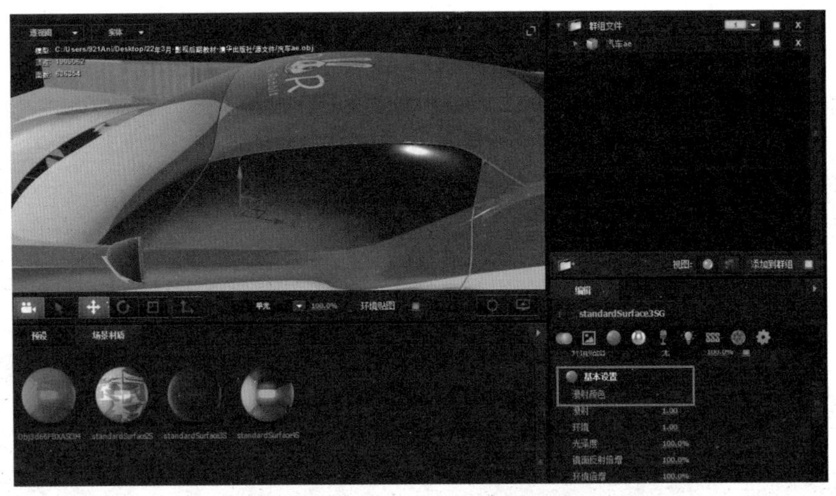

图 10-14　Element 模型材质调节

10.3　Element环境及摄像机动画

启动 After Effects 软件导入上一节课的工程文件，并在 Element 界面中进行环境设置等操作任务。

(1) 启动 After Effects 软件进入 Element 界面中，在场景界面左下角单击【预设】功能区【环境贴图】下的 Basic_2K 文件夹，从中选择全景图片，并在视图窗口中单击【环境贴图】按钮，打开环境显示观看效果，如图10-15所示。

图 10-15　Element 添加预设环境

(2) 确定设置后返回 After Effects 界面，在界面左侧【效果控件】面板中选中 Element 卷展栏中【渲染设置】下的【在背景显示】复选框，即可在视图窗口中显示背景，如图 10-16 所示。

图 10-16 After Effects 视图窗口背景显示

(3) 如果要对背景图片进行位置调整，同样需要在【渲染设置】下的【旋转环境贴图】中进行参数更改，视图窗口中会实时显示背景调整情况，如图 10-17 所示。

图 10-17 After Effects 视图背景调整

(4) 在 After Effects 主界面下端图层窗口中，右击，在弹出的快捷菜单中选择【新建】|【摄像机】命令，保持默认参数创建即可，如图 10-18 所示。

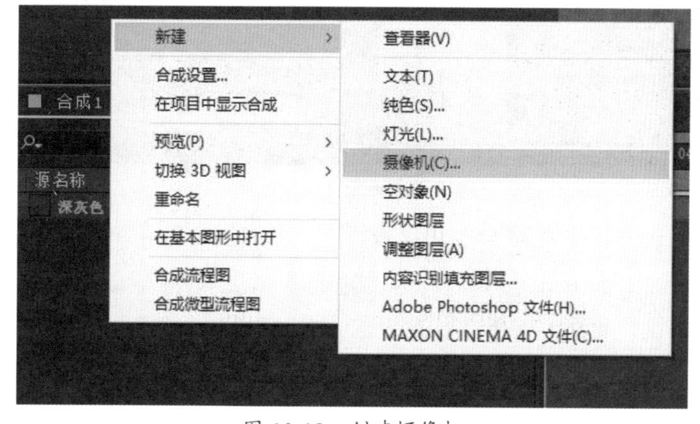

图 10-18 创建摄像机

(5) 在 After Effects 主界面工具栏中单击【摄像机工具】按钮，可在视图窗口中用鼠标左键旋转视角，用鼠标右键进行拉伸视角操作，如图 10-19 所示。

图 10-19　摄像机控制视角

(6) 在 After Effects 界面中为场景添加环境照明，在界面左侧【效果控件】面板中单击【照明】卷展栏下的【添加照明】下拉按钮，从中选择【风格化】选项，如图 10-20 所示。

图 10-20　添加环境照明

(7) 在 After Effects 主界面下端图层窗口中，右击，在弹出的快捷菜单中选择【新建】|【灯光】命令，打开灯光属性栏，将【投影】效果打开。为【灯光选项】中的【强度】属性添加关键帧动画，在 04m 位置设置【强度】为 0，在 08m 位置设置【强度】为 160，如图 10-21 所示。

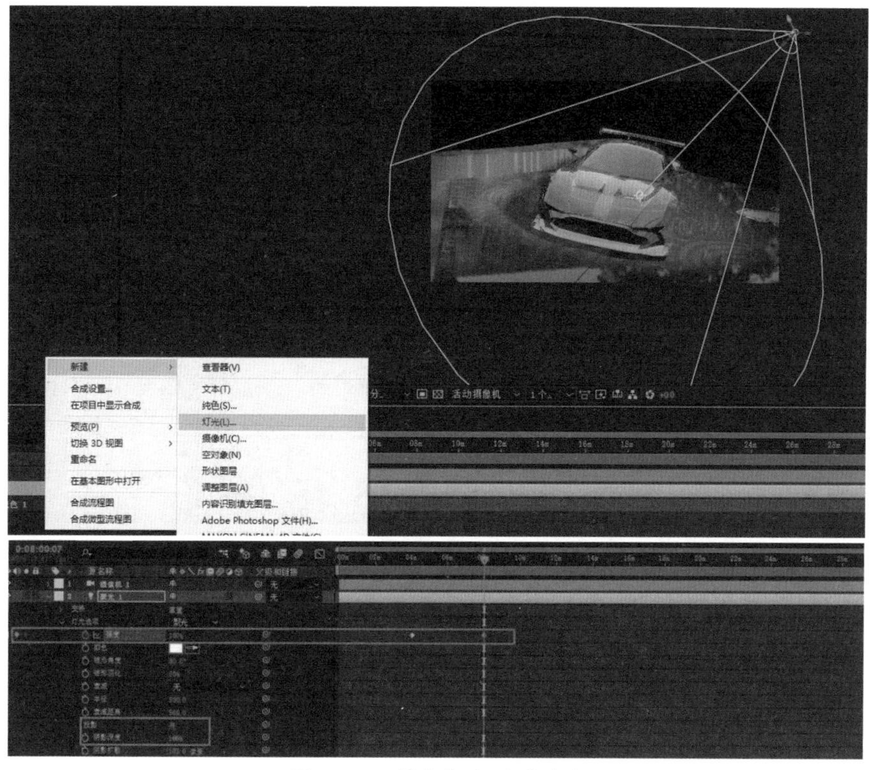

图 10-21　添加灯光照明动画

(8) 在 After Effects 主界面下端图层窗口中，为 Element 中【渲染设置】属性下的【辅助照明】|【亮度乘数】添加关键帧动画，在 05m 位置设置【强度】为 0，在 08m 位置设置【强度】为 35，如图 10-22 所示。

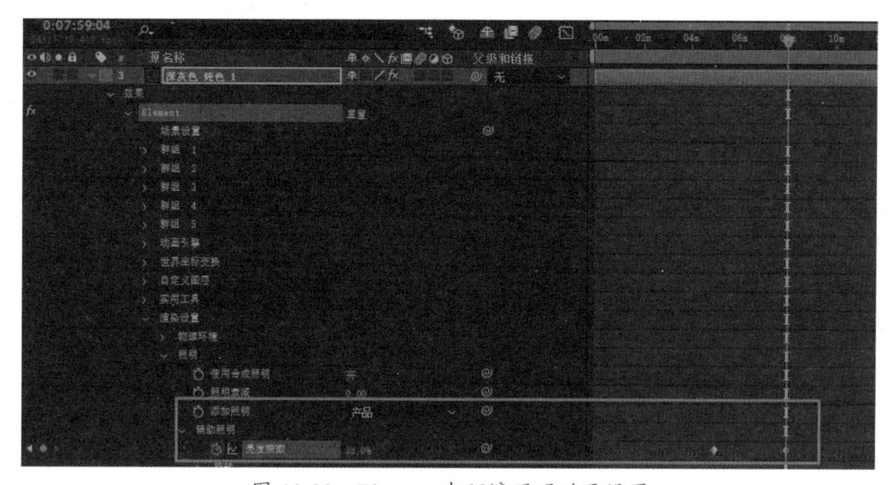

图 10-22　Element 中环境照明动画设置

(9) 在 After Effects 主界面下端图层窗口中，为摄像机分别在 00m 和 08m 两处位置添加动画，如图 10-23 所示。

图 10-23　摄像机位置动画设置

10.4　Element激光扫描动画

启动 After Effects 软件导入上一节课的工程文件，在 After Effects 主界面中对 Element 属性参数设置动画，完成本节操作任务。

(1) 在 After Effects 主界面下端图层窗口中，复制图层【深灰色 纯色 1】，并在左侧【效果控件】面板中单击【输出】卷展栏中的【显示】下拉按钮，从中选择【世界位置】选项，如图 10-24 所示。

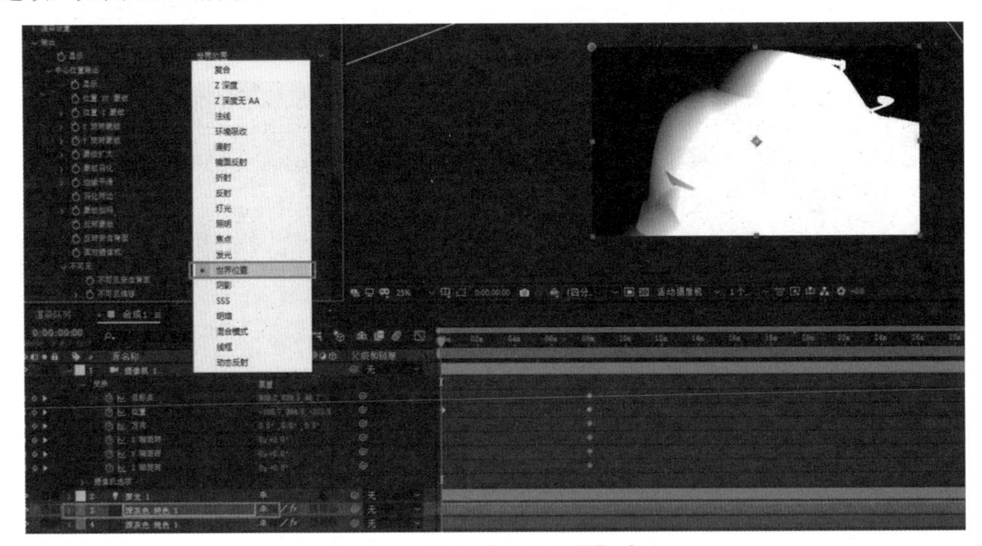

图 10-24　添加【世界位置】属性

(2) 打开 Element 卷展栏，在【输出】中的【中心位置输出】下选中【羽化两边】复选框，并将【蒙版羽化】参数设置为 8。在 After Effects 主界面下端图层窗口中，打开新复制的图层【深灰色 纯色 1】属性，选择效果卷展栏 Element 中【输出】下的【中心位置输出】，为【位置 Z 蒙版】设置动画。在 00m 处设置【位置 Z 蒙版】参数为 -370，在 02m 位置处设置参数为 870，如图 10-25 所示。

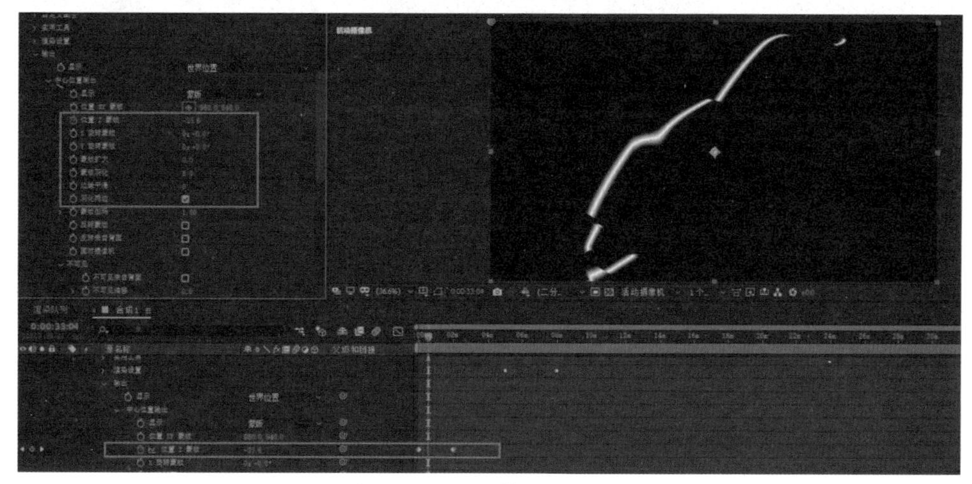

图 10-25　位置蒙版动画设置

(3) 在 After Effects 界面左下角选择第二个展开或折叠转换控制窗格开关，调出图层模式，将新复制的图层【深灰色 纯色 1】模式属性设置为【相加】，如图 10-26 所示。

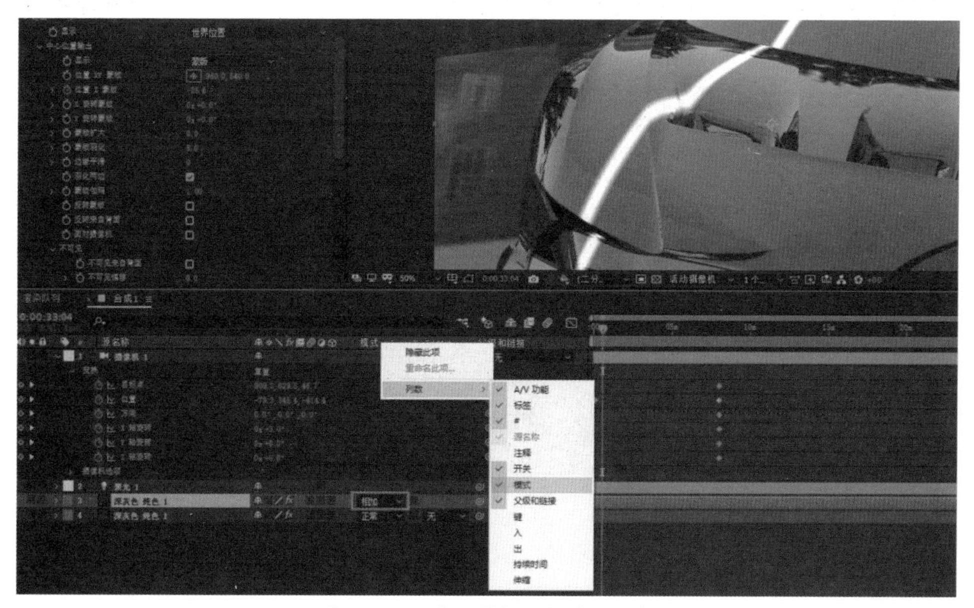

图 10-26　图层【相加】模式调整

(4) 选择新复制的图层【深灰色 纯色 1】，在 After Effects 主界面菜单栏中选择【效果】|【颜色校正】|【色调】命令，并在左侧【效果控件】面板的【色调】卷展栏中将【将白色映射到】设置为蓝色，如图 10-27 所示。

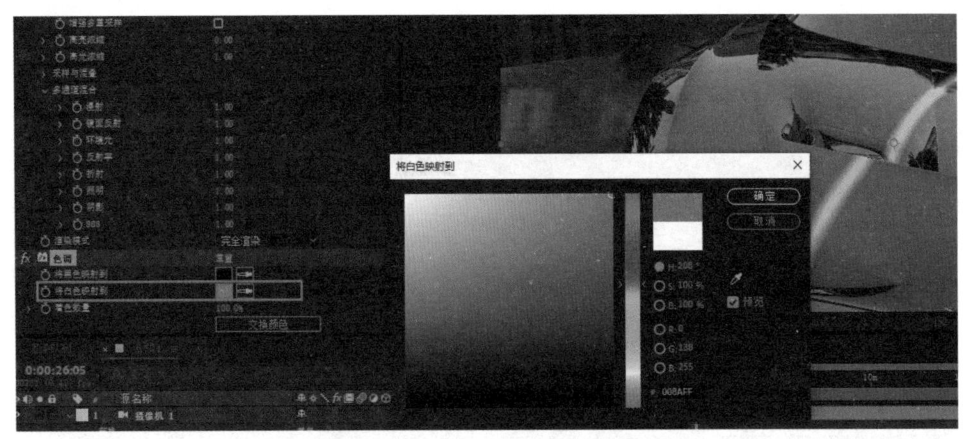

图 10-27　设置【色调】属性

(5) 选择新复制的图层【深灰色 纯色 1】，将该图层复制两个，在【时间轴】面板中将其中一个图层的起始时间拖曳至 00:20s，并将该图层 Element 卷展栏【输出】中【中心位置输出】下的【蒙版羽化】参数设置为 3。将另一个图层在【时间轴】面板中的起始时间拖曳至 00:45s，并将该图层 Element 卷展栏【输出】中【中心位置输出】下的【蒙版羽化】参数设置为 1，如图 10-28 所示。

图 10-28　激光线条复制

(6) 选择最初复制的图层【深灰色 纯色 1】，打开该图层属性，选择效果卷展栏 Element 中【输出】下的【中心位置输出】，将原有的【位置 Z 蒙版】动画关键帧删除。为【位置 XY 蒙版】设置动画，让该图层激光线从竖向左右移动变为横向前后移动，如图 10-29 所示。

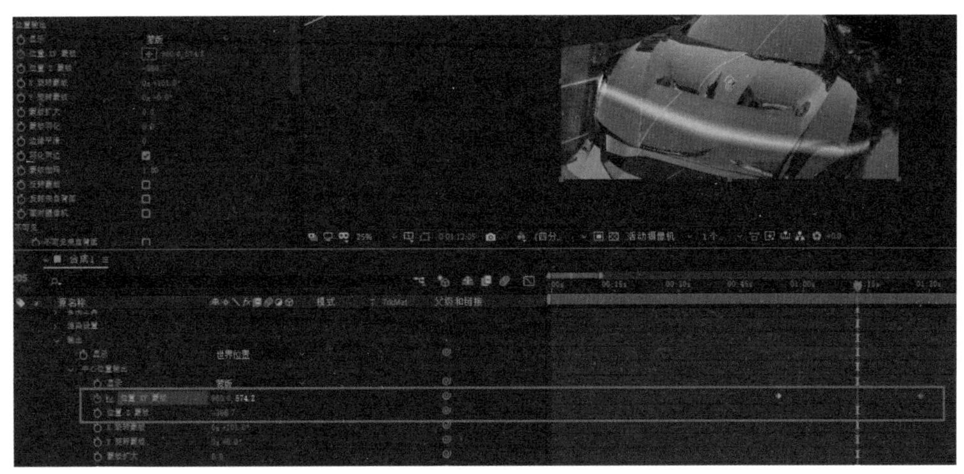

图 10-29 复制并更改激光线条方向

(7) 选择已更改为横向激光线条的图层，在【时间轴】面板中将该图层的起始时间拖曳至 00:55s，并将该图层复制两个。在【时间轴】面板中将其中一个新复制的图层起始时间拖曳至 01:05s，并将该图层 Element 卷展栏【输出】中【中心位置输出】下的【蒙版羽化】参数设置为 3。将另一个新复制的图层在【时间轴】面板中起始时间拖曳至 01:15s，并将该图层 Element 卷展栏【输出】中【中心位置输出】下的【蒙版羽化】参数设置为 1，如图 10-30 所示。

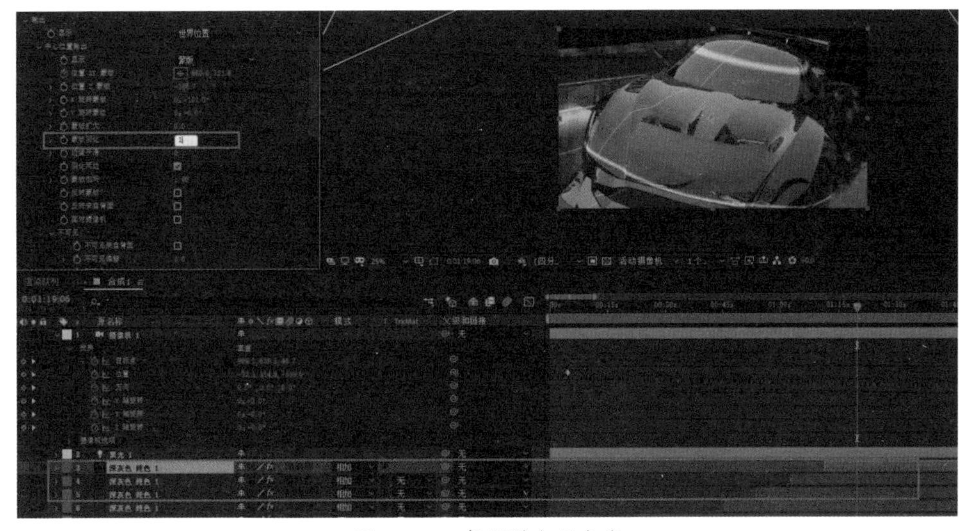

图 10-30 复制横向激光线

(8) 选择已完成的三个竖向激光线条图层和三个横向激光线条图层，按最后激光动画结束时间为准进行裁剪，并对这六个图层按时间节点复制两次，如图 10-31 所示。

图 10-31　复制激光线

(9) 选择时间轴上动画时间最靠结尾的三个横向激光层，右击，在弹出的快捷菜单中选择【时间】|【时间伸缩】命令，在弹出的对话框中将【拉伸因数】设置为 270%，如图 10-32 所示。

图 10-32　时间伸缩

10.5　背景碎裂特效动画

启动 After Effects 软件导入上一节课的工程文件，在 After Effects 主界面中模拟背景碎片效果并设置动画，完成本节操作任务。

(1) 在 After Effects 主界面下端图层窗口中，选择摄像机图层，对视图画面构图进行调节，留出背景空间，如图 10-33 所示。

图 10-33 摄像机位置设置

(2) 新建“项目合成 2”并将“项目 1”拖入，利用时间伸缩工具，将“项目 1”的持续时间设置为 20s，如图 10-34 所示。

图 10-34 设置持续时间

(3) 将【合成 1 】图层进行复制，在 After Effects 主界面工具栏中选择【钢笔工具】，勾画出画面黑色背景部分。并在该【合成 1】属性中将【蒙版 1】设置为【相减】，如图 10-35 所示。

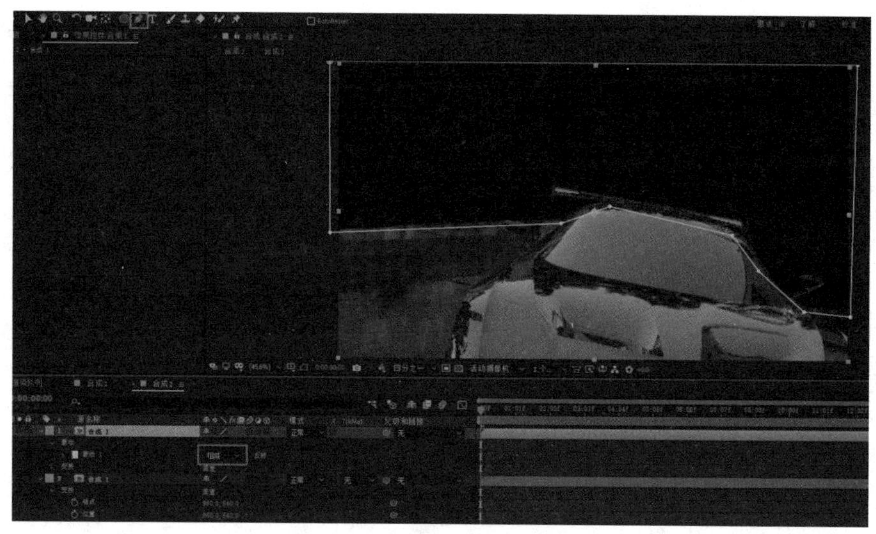

图 10-35　摄影机位置调节

(4) 在 After Effects 主界面菜单栏中选择【效果】|【抠像】|【颜色范围】命令，将黑色背景部分抠除，如图 10-36 所示。

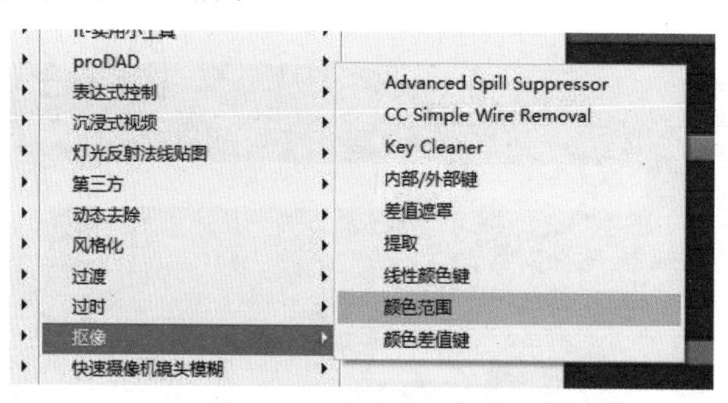

图 10-36　颜色范围抠像

(5) 在 After Effects 层级工作区中新建纯色图层，图层颜色设置为深蓝色，如图 10-37 所示。

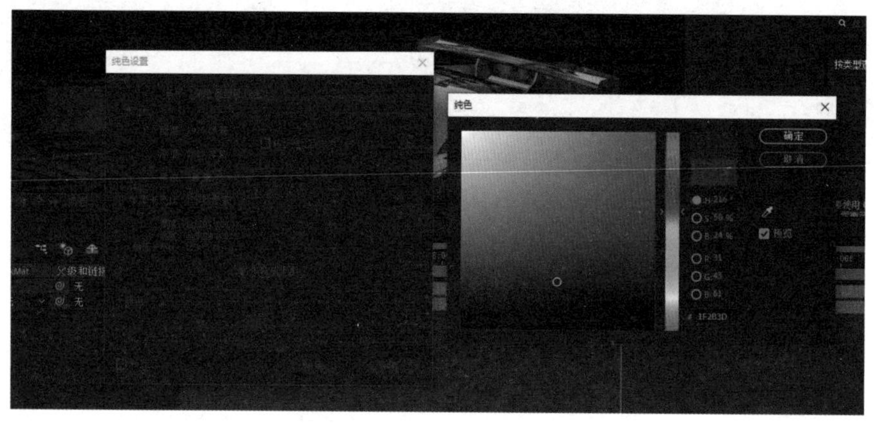

图 10-37　纯色图层建立

(6) 在 After Effects 时间工作区 12:00f 位置，将新建的纯色层进行分割。选择后半段纯色层并右击，在弹出的快捷菜单中选择【预合成】命令，并选中【预合成】对话框中的【将所有属性移动到新合成】单选按钮，如图 10-38 所示。

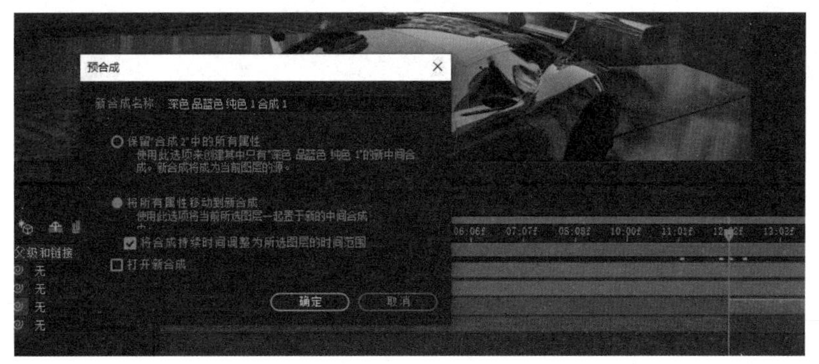

图 10-38　预合成设置

(7) 选中新建的预合成并在 After Effects 主界面菜单栏中选择【效果】|【模拟】|【碎片】命令。在界面左侧效果面板中将【碎片】下的【视图】选项设置为【已渲染】，如图 10-39 所示。

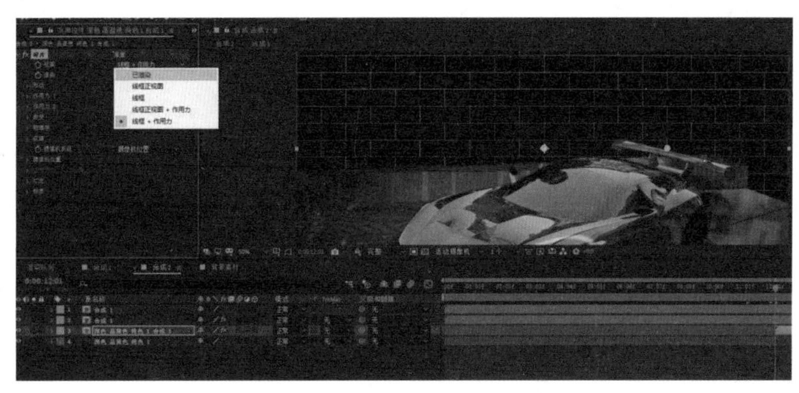

图 10-39　碎片视图选项设置

(8) 继续将界面左侧效果面板中【碎片】下的【形状】列表中的【图案】设置为【玻璃】，设置【重复】为 20，如图 10-40 所示。

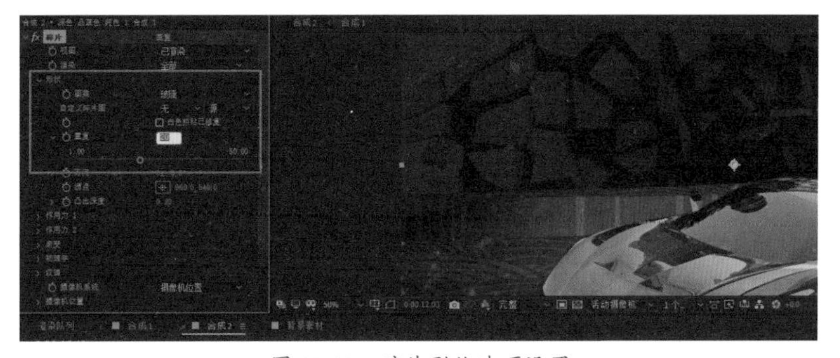

图 10-40　碎片形状选项设置

(9) 选择素材“背景素材 .mp4”文件，将该文件放置到新建的碎裂图层下方，如图 10-41 所示。

图 10-41　调整图层顺序

(10) 根据【合成 2 】视图窗口中的影片效果，返回【合成 1】工程文件，对汽车原始画面【深灰色 纯色 1 】进行【色阶】属性设置，如图 10-42 所示。

图 10-42　色阶属性修改

10.6　Element金属文字动画

启动 After Effects 软件导入上一节课的工程文件，在 After Effects 的 Element 模块中利用挤出工具建立金属文字并设置动画，完成本节操作任务。

(1) 新建项目【合成 3】并将【合成 2】工程文件置入，在 After Effects 主界面下端图层窗口中，新建一个纯色层和一个文本层，在文本层中输入文字并根据需要调整大小，如图 10-43 所示。

图 10-43　文本层建立

(2) 在 After Effects 主界面的【效果和预设】面板中搜索 Element 插件，并将其赋予新建的纯色层，如图 10-44 所示。

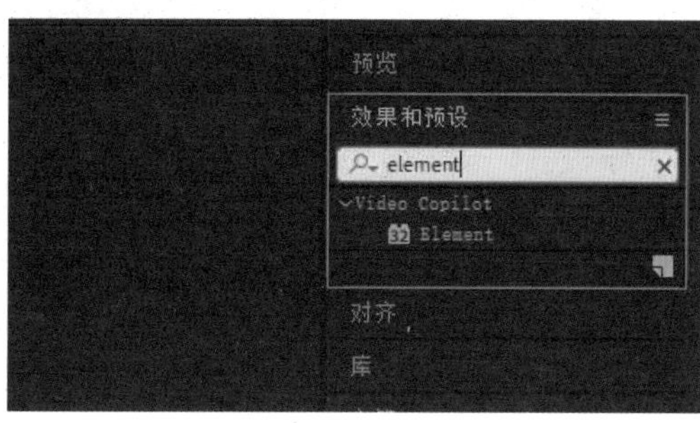

图 10-44　插件搜索

(3) 在 After Effects 中选中新建的纯色层，在菜单栏中选择【渲染】|Video Copilot|Element 命令。在 After Effects 主界面的【效果控件】面板中，打开 Element 卷展栏，将【自定义图层】中【自定义文本与蒙版】下的【路径图层 1】设置为【文本层（Po-lar Bear）】，如图 10-45 所示。

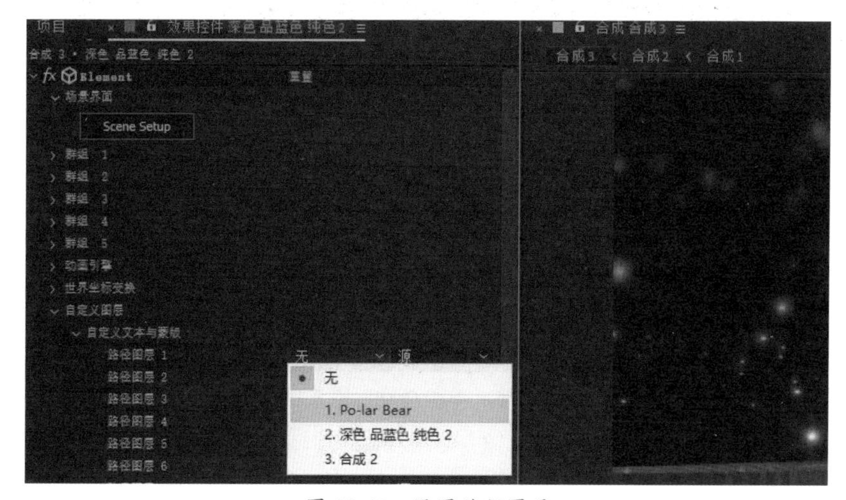

图 10-45　设置路径图层

(4) 进入 Element 模块，在场景界面顶端工具栏中单击【挤压】按钮，自动生成三维文本模型，如图 10-46 所示。

图 10-46　挤压生成三维文本

(5) 选中文本三维模型，在场景界面左下角【预设】功能区中选择 Bevels 下的 Physical 文件，拖动 Racing 预设材质到界面中上段【群组文件】下的【挤出模型】文件上，如图 10-47 所示。

图 10-47　预设材质赋予

(6) 在场景界面左下角选择【预设】功能区【环境贴图】下的 Basic_2K 文件夹，选择全景图片，并在视图窗口中单击【环境贴图】按钮，可根据实际调整材质的【基本设置】|【漫射颜色】和【反射率】|【强度】参数，如图 10-48 所示。

图 10-48　添加环境贴图文件

(7) 在 After Effects 界面中为场景添加环境照明。在界面左侧【效果控件】面板中，打开 Element 卷展栏，将【渲染设置】中【照明】下的【添加照明】设置为【电影】，如图 10-49 所示。

图 10-49 添加环境贴图文件

(8) 在 Element 场景界面中部窗口中右击【群组文件】文件夹，在弹出的快捷菜单中选择【复制所有】命令，如图 10-50 所示。

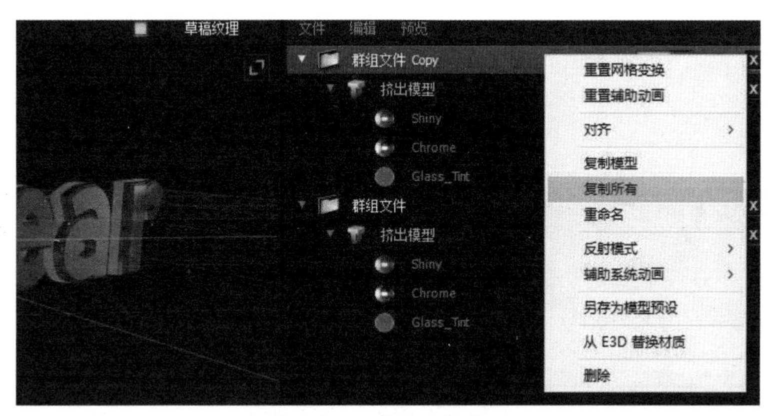

图 10-50 群组文件复制

(9) 为指定的 3D 对象分配群组，为【群组文件】分配群组 2，为【群组文件 Copy】分配群组 1，如图 10-51 所示。

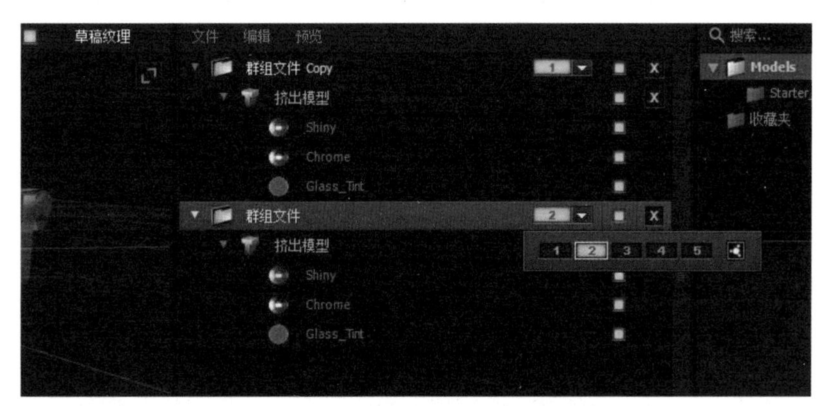

图 10-51 分配群组

(10) 分别选择【群组文件】下【挤出模型】中的 Chrome、Glass_Tint 两个材质，单击【高级设置】按钮，将【不透明度】设置为 0.0%。其中，Shiny 材质在文字动画设置完成后再进行同样操作，如图 10-52 所示。

图 10-52　挤出模型中的材质设置

(11) 在 After Effects 界面左侧【效果控件】面板中，打开 Element 卷展栏，将【场景界面】中【群组 2】下【粒子复制】的【旋转 -X 旋转】参数设置为 -90.0°，如图 10-53 所示。

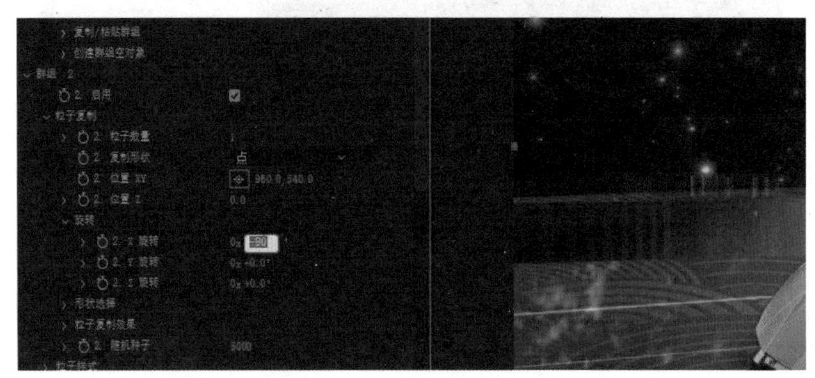

图 10-53　X 旋转参数设置

(12) 打开 Element 卷展栏，选择【场景界面】中【群组 2】下的【粒子复制】，对【位置 XY】和【位置 Z】进行参数设置，使两组模型底边一致，如图 10-54 所示。

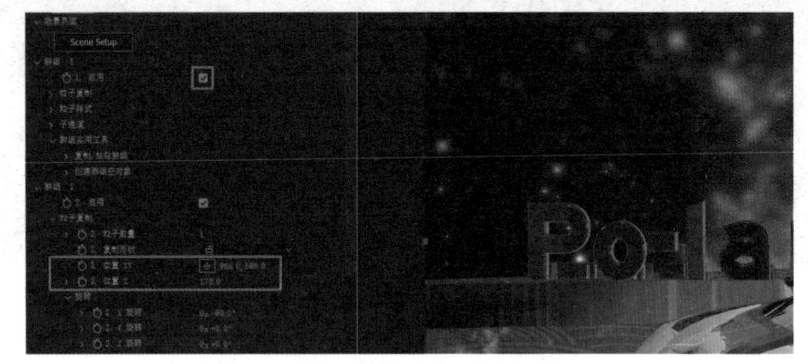

图 10-54　群组位置参数调节

(13) 在 Element 场景界面中，选择【群组文件】下【挤出模型】中的 Shiny 材质，单击【高级设置】按钮，将【不透明度】设置为 0.0%，如图 10-55 所示。

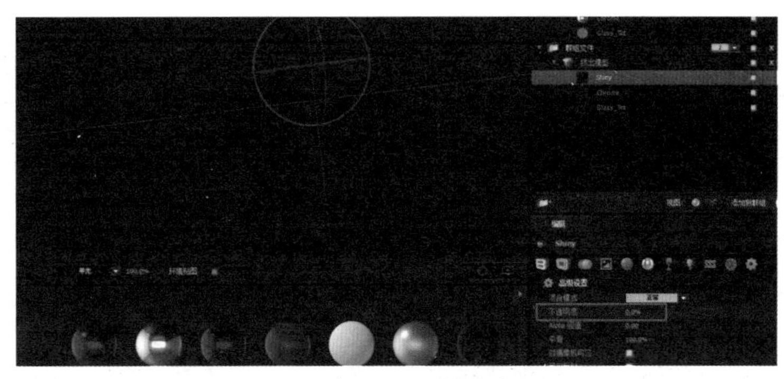

图 10-55　群组 Shiny 材质参数设置

(14) 在 After Effects 界面左侧【效果控件】面板中，打开 Element 卷展栏，在【场景界面】中的【动画引擎】下选中【启用】复选框，并针对【动画】参数进行 0%~100% 之间的拖动，观看视图界面文字翻转动画效果，如图 10-56 所示。

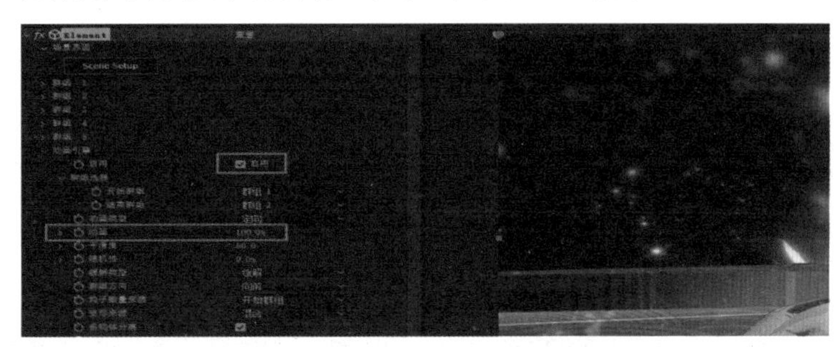

图 10-56　动画引擎参数设置

(15) 为实现文字单体翻转效果，分别在 Element 卷展栏【群组 1】和【群组 2】中，选中【启用多物体控制】复选框，如图 10-57 所示。

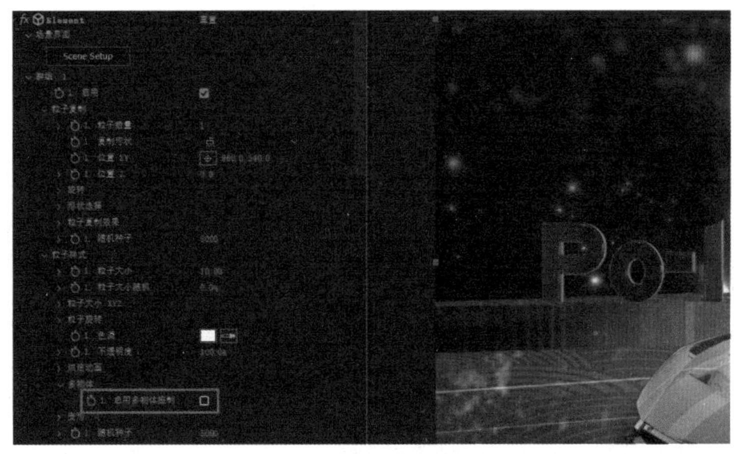

图 10-57　启用多物体控制

(16) 目前已实现文字单体翻转效果，为了进一步加强变化，实现字母随机先后翻转效果，在 Element 卷展栏【场景界面】中【动画引擎】下的【群组选择】中，将【动画类型】设置为【随机】，如图 10-58 所示。

图 10-58　动画类型设置

(17) 在 After Effects 主界面下端图层窗口中，选择为文字动画建立的纯色层，选择【效果】下的 Element，为【动画引擎】|【动画】属性设置关键帧。在时间轴 16:06f 处参数设置为 100%，在 18:08f 处参数设置为 0%，如图 10-59 所示。

图 10-59　动画属性设置

(18) 在 After Effects 主界面下端图层窗口中选择【合成 2】图层，在 17:05f 处进行裁切，为裁切后的图层制作【不透明度】渐变动画，如图 10-60 所示。

图 10-60　不透明度动画设置

(19) 在 After Effects 主界面下端图层窗口中右击，在弹出的快捷菜单中选择【新建】|【灯光】命令，并在图层窗口中打开灯光属性栏，设置【灯光选项】中的【强度】属性参数，为【目标点】属性添加关键帧动画，根据文字从左往右扫光。设置完成后复制该灯光图层，并将图层时间向后拖动，如图 10-61 所示。

图 10-61 灯光动画设置

项目任务单

10.1 Maya UV编辑器设置

启动 Maya 软件，导入素材“汽车 Maya.mb”文件，或者选择素材文件直接鼠标左键拖曳至 Maya 视图窗口中，并进行后续操作任务。

（1）在 Maya 中选择车身主体模型，在菜单栏中选择【网格】|【结合】命令，将车身模型结合为一个整体，便于后面的 UV 展开操作。

（2）在车身主体模型进行结合操作后，按模型材质分别对物体进行结合。为方便操作，在菜单栏中选择【显示】|【隐藏】命令，将已结合的模型进行隐藏，便于对几何体进行选择。

（3）在结合操作完成后，在菜单栏中选择【显示】|【显示】|【全部】命令，将已隐藏的几何体重新显示出来。

（4）为车身主体添加花纹。选中汽车主体模型，在菜单栏中选择 UV|【UV 编辑器】命令，调出车身主体模型的 UV。选中车身模型的所有面，在【UV 编辑器】界面中按住 Shift 键并右击，在弹出的快捷菜单中选择【展开】|【展开】命令。

（5）选中汽车主体模型的所有面，在【UV 编辑器】界面中按住 Shift 键并右击，在弹出的快捷菜单中选择【排布】|【排布 UV】命令。在系统将 UV 排布到正方形网格框后，单击【UV 编辑器】界面中的【UV 快照】按钮，在弹出的对话框中进行导出设置。

（6）将 Maya 中导出的 UV 展开图拖入 Photoshop 中进行图像的绘制，即颜色的填充。绘制的图像应与展开的 UV 的各部分一一对应，并且每个部分都需要建立一个新的图层。将绘制好的图像从 Photoshop 软件中导出，导出时，应注意隐藏原有 UV 网格。

（7）回到 Maya 中，选择车身主体模型。在菜单栏中选择【渲染】|【标准曲面材质】命令，并在右侧材质属性界面中，选择【基础】卷展栏下的【颜色】按钮右侧的棋盘格，在弹出的【创建渲染节点】对话框中选择【文件】选项，并调用 Photoshop 中绘制的 UV 贴图。

（8）在 Maya 菜单栏中选择【文件】|【导出全部】命令，弹出【导出全部选项】对话框，将【常规选项】选项组中的【文件类型】设置为 OBJexport 并导出。

项目记录：

____

____

____

____

____

____

10.2 Element模型导入

启动 After Effects 软件，导入上一节课 Maya 中导出的 OBJ 格式文件，并进行 Element 模块后续操作任务。

（1）在 After Effects 中新建合成，在图层列表中右击，在弹出的快捷菜单中选择【新建】|【纯色】命令。

（2）在 After Effects 中选中新建的纯色层，在菜单栏中选择【渲染】| Video Copilot | Element 命令。

（3）在 After Effects 左上角【效果控件】面板中单击 Blement 下的 Scene Setup 按钮。

进入场景界面。单击场景界面中的【导入】按钮，找到上一节课 Maya 中导出的 OBJ 格式文件进行导入。

（4）在场景界面左下角【场景材质】功能区中选择汽车车身标准曲面材质球 standarsurface2s，在场景界面中间的【编辑】功能区中单击【纹理】卷展栏下【漫射】右侧的【无】按钮，在弹出的对话框中选择【从文件载入】选项，调用上一节 Photoshop 中绘制的 UV 贴图。

（5）继续选择汽车车身标准曲面材质球 standarsurface2s，在场景界面中间的【编辑】功能区中单击【反射率】卷展栏下的【强度】按钮，设置参数为 50% 左右，为材质增加反射效果。使用相同的方法，在场景界面左下角【场景材质】功能区中选择第一个材质球为展台添加贴图。

（6）在场景界面左下角【场景材质】功能区中选择汽车车身标准曲面材质球 standarsurface3s，在场景界面中间的【编辑】功能区中单击【基本设置】卷展栏下的【漫射颜色】，为车轮添加深色材质。选择汽车车身标准曲面材质球 standarsurface4s，在场景界面中间的【编辑】功能区中单击【基本设置】卷展栏下的【漫射颜色】按钮，为车窗添加玻璃深色材质，并单击【反射率】卷展栏下的【强度】按钮，设置参数为 50% 左右，为车窗玻璃材质增加反射效果。

项目记录：

____

____

____

____

____

____

10.3 Element环境及摄影机动画

启动 After Effects 软件导入上一节课的工程文件，并在 Element 界面中进行环境设置等操作任务。

（1）启动 After Effects 软件进入 Element 界面中，在场景界面左下角单击【预设】功能区【环境贴图】下的 Basic_2K 文件夹，从中选择全景图片，并在视图窗口中单击【环境贴图】按钮，打开环境显示观看效果。

（2）确定设置后返回 After Effects 界面，在界面左侧【效果控件】面板中选中 Element 卷展栏中【渲染设置】下的【在背景显示】复选框，即可在视图窗口中显示背景。

（3）如要对背景图片进行位置调整，同样需要在【渲染设置】下的【旋转环境贴图】中进行参数更改，视图窗口中会实时显示背景调整情况。

（4）在 After Effects 主界面下端图层窗口中，右击，在弹出的快捷菜单中选择【新建】|【摄像机】命令，保持默认参数创建即可。

（5）在 After Effects 主界面工具栏中单击【摄像机工具】按钮，可在视图窗口中左键旋转视角，右键进行拉伸视角操作。

（6）在 After Effects 界面中为场景添加环境照明，在界面左侧【效果控件】面板中单击【照明】卷展栏下的【添加照明】下拉按钮，从中选择【风格化】选项。

（7）在 After Effects 主界面下端图层窗口中，右击，在弹出的快捷菜单中选择【新建】|【灯光】命令，打开灯光属性栏，将【投影】效果打开。为【灯光选项】中的【强度】属性添加关键帧动画，在 04m 位置设置【强度】为 0，在 08m 位置设置【强度】为 160。

（8）在 After Effects 主界面下端图层窗口中，为 Element 中【渲染设置】属性下的【辅助照明 - 亮度乘数】添加关键帧动画，在 05m 位置设置【强度】为 0，在 08m 位置设置

【强度】调为35。

(9)在 After Effects 主界面下端图层窗口中，为摄影机分别在 00m 和 08m 两处位置添加位置动画。

项目记录：

____

____

____

____

____

____

10.4　Element激光扫描动画

启动 After Effects 软件导入上一节课的工程文件，在 After Effects 主界面中对 Element 属性参数设置动画，完成本节操作任务。

(1)在 After Effects 主界面下端图层窗口中，复制图层【深灰色 纯色 1】，并在左侧【效果控件】面板中单击【输出】卷展栏中【显示】下拉按钮，从中选择【世界位置】选项。

(2)打开 Element 卷展栏，在【输出】中的【中心位置输出】下选中【羽化两边】复选框，并将【蒙版羽化】参数设置为 8。在 After Effects 主界面下端图层窗口中，打开新复制的图层【深灰色 纯色 1】属性，选择效果卷展栏 Element 中【输出】下的【中心位置输出】，为【位置 Z 蒙版】设置动画。在 00m 处设置【位置 Z 蒙版】参数为 -370，在 02m 位置处设置参数为 870。

(3)在 After Effects 界面左下角选择第二个展开或折叠转换控制窗格开关，调出图层模式，将新复制的图层【深灰色 纯色 1】模式属性设置为【相加】。

(4)选择新复制的图层【深灰色 纯色 1】，在 After Effects 主界面菜单栏中选择【效果】|【颜色校正】|【色调】命令，并在左侧【效果控件】面板的【色调】卷展栏中将【将白色映射到】设置为蓝色。

(5)选择新复制的图层【深灰色 纯色 1】，将该图层复制两个，在【时间轴】面板中将其中一个图层的起始时间拖曳至 00:20s，并将该图层 Element 卷展栏【输出】中【中心位置输出】下的【蒙版羽化】参数设置为 3。将另一个图层在【时间轴】面板中的起始时间拖曳至 00:45s，并将该图层 Element 卷展栏【输出】中【中心位置输出】下的【蒙版羽化】参数设置为 1。

(6)选择最初复制的图层【深灰色 纯色 1】，打开该图层属性，选择效果卷展栏

Element 中【输出】下的【中心位置输出】，将原有的【位置 Z 蒙版】动画关键帧删除。为【位置 XY 蒙版】设置动画，让该图层激光线从竖向左右移动变为横向前后移动。

（7）选择已更改为横向激光线条的图层，在【时间轴】面板中将该图层的起始时间拖曳至 00:55s，并将该图层复制两个。在【时间轴】面板中将其中一个新复制的图层起始时间拖曳至 01:05s，并将该图层 Element 卷展栏【输出】中【中心位置输出】下的【蒙版羽化】参数设置为 3。将另一个新复制的图层在【时间轴】面板中起始时间拖曳至 01:15s，并将该图层 Element 卷展栏【输出】中【中心位置输出】下的【蒙版羽化】参数设置为 1。

（8）选择已完成的三个竖向激光线条图层和三个横向激光线条图层，按最后激光动画结束时间为准进行裁剪，并对这六个图层按时间节点复制两次。

（9）选择时间轴上动画时间最靠结尾的三个横向激光层，右击，在弹出的快捷菜单中选择【时间】|【时间伸缩】命令，在弹出的对话框中将【拉伸因数】设置为 270%。

项目记录：

____

____

____

____

____

____

10.5 背景碎裂特效动画

启动 After Effects 软件导入上一节课的工程文件，在 After Effects 主界面中模拟背景碎片效果并设置动画，完成本节操作任务。

（1）在 After Effects 主界面下端图层窗口中，选择摄影机图层，对视图画面构图进行调节，留出背景空间。

（2）新建“项目合成 2”并将“项目 1”拖入，利用时间伸缩工具，将“项目 1”持续时间设置为 20s。

（3）将【合成 1 】图层进行复制，在 After Effects 主界面工具栏中选择【钢笔工具】，勾画出画面黑色背景部分。并在该【合成 1】属性中将【蒙版 1】设置为【相减】。

（4）在 After Effects 主界面菜单栏中选择【效果】|【抠像】|【颜色范围】命令，将黑色背景部分抠除。

（5）在 After Effects 层级工作区中新建纯色图层，图层颜色设置为深蓝色。

（6）在 After Effects 时间工作区 12:00f 位置，将新建的纯色层进行分割。选择后半段纯色层并右击，在弹出的快捷菜单中选择【预合成】命令，并选中【预合成】对话框中的【将所有属性移动到新合成】单选按钮。

（7）选中新建的预合成并在 After Effects 主界面菜单栏中选择【效果】|【模拟】|【碎片】命令。在界面左侧效果面板中将【碎片】下的【视图】选项设置为【已渲染】。

（8）继续将界面左侧效果面板中【碎片】下的【形状】列表中的【图案】设置为【玻璃】，并设置【重复】为 20。

（9）选择素材“背景素材 .mp4”文件，将该文件放置到新建的碎裂图层下方。

（10）根据“合成 2”视图窗口中的影片效果，返回【合成 1】工程文件，对汽车原始画面【深灰色 纯色 1 】进行【色阶】属性设置。

项目记录：

____

10.6　Element金属文字动画

启动 After Effects 软件导入上一节课的工程文件，在 After Effects 的 Element 模块中利用挤出工具建立金属文字并设置动画，完成本节操作任务。

（1）新建项目【合成 3】并将【合成 2】工程文件置入，在 After Effects 主界面下端图层窗口中，新建一个“纯色”层和一个文本层，在文本层中输入文字并根据需要调整大小。

（2）在 After Effects 主界面的【效果和预设】面板中搜索 Element 插件，并将其赋予新建的纯色层。

（3）在 After Effects 中选中新建的纯色层，在菜单栏中选择【渲染】| Video Copilot | Element 命令。在 After Effects 主界面的【效果控件】面板中，打开 Element 卷展栏，将【自定义图层】中【自定义文本与蒙版】下的【路径图层 1】设置为【文本层（Po-lar Bear）】。

（4）进入 Element 模块，在场景界面顶端工具栏中单击【挤压】按钮，自动生成三维文本模型。

（5）选中文本三维模型，在场景界面左下角【预设】功能区中选择 Bevels 下的

Physical 文件，拖动 Racing 预设材质到界面中上段【群组文件】下的【挤出模型】文件上。

（6）在场景界面左下角选择【预设】功能区【环境贴图】下的 Basic_2K 文件夹，选择全景图片，并在视图窗口中单击【环境贴图】按钮，可根据实际调整材质的【基本设置】|【漫射颜色】和【反射率】|【强度】参数。

（7）在 After Effects 界面中为场景添加环境照明。在界面左侧【效果控件】面板中，打开 Element 卷展栏，将【渲染设置】中【照明】下的【添加照明】设置为【电影】。

（8）在 Element 场景界面中部窗口中右击【群组文件】文件夹，在弹出的快捷菜单中选择【复制所有】命令。

（9）为指定的 3D 对象分配群组，为【群组文件】分配群组 2，为【群组文件 Copy】分配群组 1。

（10）分别选择【群组文件】下【挤出模型】中的 Chrome、Glass_Tint 两个材质，单击【高级设置】按钮，将【不透明度】设置为 0.0%。其中，Shiny 材质在文字动画设置完成后再进行同样操作。

（11）在 After Effects 界面左侧【效果控件】面板中，打开 Element 卷展栏，将【场景界面】中【群组 2】下【粒子复制】的【旋转 -X 旋转】参数设置为 -90.0°。

（12）打开 Element 卷展栏，选择【场景界面】中【群组 2】下的【粒子复制】，对【位置 XY】和【位置 Z】进行参数设置，使两组模型底边一致。

（13）在 Element 场景界面中，选择【群组文件】下【挤出模型】| Shiny 材质，单击【高级设置】按钮，将【不透明度】设置为 0.0%。

（14）在 After Effects 界面左侧【效果控件】面板中，打开 Element 卷展栏，在【场景界面】中的【动画引擎】下选中【启用】复选框，并针对【动画】参数进行 0%~100% 之间的拖动，观看视图界面文字翻转动画效果。

（15）为实现文字单体翻转效果，分别在 Element 卷展栏【群组 1】和【群组 2】中，选中【启用多物体控制】复选框。

（16）目前已实现文字单体翻转效果，为了进一步加强变化，实现字母随机先后翻转效果，在 Element 卷展栏【场景界面】中【动画引擎】下的【群组选择】中，将【动画类型】设置为【随机】。

（17）在 After Effects 主界面下端图层窗口中，选择为文字动画建立的纯色层，选择【效果】下的 Element，为【动画引擎】|【动画】属性设置关键帧。在时间轴 16:06f 处参数设置为 100%，在 18:08f 处参数设置为 0%。

（18）在 After Effects 主界面下端图层窗口中选择【合成 2】图层，在 17:05f 处进行裁切，为裁切后的图层制作【不透明度】渐变动画。

（19）在 After Effects 主界面下端图层窗口中，右击，在弹出的快捷菜单中选择【新建】|【灯光】命令，并在图层窗口中打开灯光属性栏，设置【灯光选项】中的【强度】属性参数，为【目标点】属性添加关键帧动画，根据文字从左往右扫光。设置完成后复制该灯光图层，并将图层时间向后拖动。

项目记录：

____

____

____

____

____

____

课后习题

一、单项选择题

1. After Effects 插件 Element 的全称叫作（　　）。

   A. After Element 3D　　B. Video Copilot Element 3D　　C. Effects Video Element 3D

2. After Effects 插件 Element 支持通用模型和 cinema4d 专用的工程文件导入格式是（　　）。

   A. 通用 mb 模型和 cinema4d 专用的 fbx 工程文件

   B. 通用 fbx 模型和 cinema4d 专用的 obj 工程文件

   C. 通用 obj 模型和 cinema4d 专用的 c4d 工程文件

3. 不属于 After Effects 插件 Element 材质系统的是（　　）。

   A. 漫射　　B. 镜面高光　　C. 光线跟踪着色

4. After Effects 插件 Element 高级 OpenGL 渲染中不包含（　　）。

   A. 景深效果　　B. 3D 运动模糊

   C. 可直接使用 After Effects 内建灯光系统并投射阴影

5. 对 Element 描述错误的是（　　）。

   A. 单独显示灯光 / 环境反射和阴影

   B. 可同时选择多个模型移动（按住 Ctrl 多选）

   C. 可在 E3D 里直接快速创建简单三维模型

二、实际操作题

创建姓名文字动画，根据自己的姓名在 Element 中建立立体文字并赋予金属材质。画面尺寸设置为 1280*720px，模式设置为屏幕。在效果栏搜索 Saber 效果，一个点光源灯图层，将灯向上移动，要求只让灯光照到字体中间部分，并建立动画。

参考答案：1. B　2. C　3. C　4. C　5. B

参考文献

[1] 吉家进，樊宁宁 . After Effects CS6 技术大全 [M]. 北京：人民邮电出版社，2013.

[2] Adobe 公司 . Adobe After Effects 经典教程 [M]. 北京：人民邮电出版社，2009.

[3] 程明才 . After Effects CS4 影视特效实例教程 [M]. 北京：电子工业出版社，2010.

[4] 沿铭洋，聂清彬 . Illustrator CC 平面设计标准教程 [M]. 北京：人民邮电出版社，2016.

[5] Adobe 公司 . Adobe InDesign CC 经典教程 [M]. 北京：人民邮电出版社，2014.